U0352826

高职高专土建教材编审委员会

"十二五"职业教育国家规划教材

经全国职业教育教材审定委员会审定

汪绯 主编

史增录 副主编

建筑材料

第二版

化学工业出版社

·北京·

本书着重叙述了建筑工程中常用材料的基本性质、技术性能、质量标准、合理使用及储运等内容，主要介绍了建筑材料常用术语，当前大量使用的石灰、石膏、各种水泥、混凝土、砂浆、建筑钢材、墙体材料等，并对装饰材料、功能材料以及新型建材作了相应介绍。另外，为了满足建筑工程专业知识的要求，对材料使用过程中的管理知识也做了单独的阐述，突出了实用性。

　　本书为高职高专、成人教育的建筑工程技术专业、建筑工程管理专业等专业的教材，也可供从事以上专业的工程技术及管理工作的人员自学参考。

图书在版编目（CIP）数据

建筑材料/汪绯主编．—2 版．—北京：化学工业出版社，2015.5

"十二五"职业教育国家规划教材

ISBN 978-7-122-23270-0

Ⅰ.①建…　Ⅱ.①汪…　Ⅲ.①建筑材料-高等职业教育-教材　Ⅳ.①TU5

中国版本图书馆 CIP 数据核字（2015）第 044766 号

责任编辑：王文峡　　　　　　　　　　装帧设计：刘剑宁
责任校对：吴　静

出版发行：化学工业出版社（北京市东城区青年湖南街 13 号　邮政编码 100011）
印　　刷：北京永鑫印刷有限责任公司
装　　订：三河市宇新装订厂
787mm×1092mm　1/16　印张 16　字数 390 千字　　2015 年 5 月北京第 2 版第 1 次印刷

购书咨询：010-64518888（传真：010-64519686）　售后服务：010-64518899
网　　址：http://www.cip.com.cn

定　　价：35.00 元

前　言

本教材通过评审立项为"十二五"职业教育国家规划教材。

建筑材料课程是建筑工程类专业重要的专业基础课之一。它研究建筑材料的组成、构造、技术性质、标准、工程应用、检验检测以及材料运输、保管要求等方面内容。

本书在编写过程中力求体现高等教育建筑工程类专业最新教学改革成果，着重叙述了建筑工程中常用的各种主要建筑材料。本书在种类繁多的工程材料中以当前大量使用的气硬性胶凝材料（石膏、石灰等）、水泥、混凝土、砂浆、建筑钢材等结构材料为重点，考虑到本专业的需要，对众多的装饰材料、功能材料、防水材料及其新型建材也作了适当叙述。

为培养出高层次、高质量、具有较强专业知识的应用型人才，本书在编写过程中侧重于建筑材料的技术标准、性能特点及工程应用，尤其兼顾目前新材料、新技术、新工艺等前沿建筑工程科学技术知识，教材具有实用性与应用性的特点。每章的"本章小结"，系统、全面地归纳出了各章的核心内容，并加以详细概括总结，是全书的重要组成部分。部分章节后附有"案例分析"。

本教材由汪绯主编，史增录副主编，盖宇、信思源参与编写，王春宁主审。其中绪论、第一章、第二章、第三章由史增录编写，第四章、第七章由信思源编写，第五章、第六章由盖宇编写，第八章、第九章、第十章及建筑材料试验由汪绯编写。

本书可作为高职高专教育建筑工程类及相近专业教材使用，也可作为应用型本科、建筑业岗位培训教材和建筑工程技术及管理人才自学参考书。

由于笔者水平有限，不妥之处望广大读者批评指正。

编　者

2015 年 1 月

目　　录

绪　论

建筑材料这门课程，顾名思义，讨论的对象就是建筑上使用的材料。广义的建筑材料是指，除用于建筑物本身的各种材料之外，还包括给水排水（含消防）、暖通（含通风、空调）、供电、供燃气、电信以及楼宇控制等配套工程所需设备与器材，另外，施工过程中的暂设工程，如围墙、脚手架、板桩、模板等所涉及的器具与材料，也都属于广义建筑材料的范畴。本课程讨论的是狭义的建筑材料，即构成建筑物本身的材料，从地基基础、承重构件（梁、板、柱等），直到墙体、屋面、地面等所需用的材料。

建筑材料是建筑工程由设计图纸转化为建筑实物作品的物质基础，也是建设项目"三大生产要素"之一。据统计，在建设工程中，材料费用一般要占工程总造价的50％左右，有的高达70％；一座普通的建筑物，要使用近60种材料及制品建造完成；建筑物的建筑与结构形式以及采取的施工方法又无一不受材料及制品的种类所制约；建筑材料的品种、质量及规格直接影响建筑工程的坚固、耐久性和适用性。以上这些足以说明建筑材料在建设工程中非常重要且有着不可替代的作用。

🏠 一、建筑材料常用术语

依据《建筑材料术语标准》（JGJ/T 191—2009），对常用建筑材料术语解释如下。

1. 热轧带肋钢筋：经热轧成型并自然冷却而表面通常带有两条纵肋和沿长度方向均匀分布的横肋钢筋。

2. 热轧光圆钢筋：经热轧成型并自然冷却的表面平整、截面为圆形的钢筋。

3. 冷轧带肋钢筋：热轧圆盘条经冷轧减径后，在其表面带有沿长度方向均匀分布的三面或两面横肋的钢筋。

4. 冷拉钢筋：热轧光圆钢筋或热轧带肋钢筋在常温下经拉伸强化以提高其屈服强度的钢筋。

5. 低碳钢热轧圆盘条：低碳钢经热轧工艺轧成圆形断面并卷成盘状的连续长条。

6. 预应力钢丝：优质碳素结构钢盘条经索氏体化处理后，冷拉制成的用于预应力混凝土的钢丝。

7. 预应力钢绞丝：由冷拉光圆钢丝及刻痕钢丝捻制而成的钢丝束。

8. 冷拔低碳钢丝：采用低碳钢热轧圆盘条，在常温下经冷拔减小直径而成的钢丝。

9. 混凝土：以水泥、骨料和水为主要原材料，也可加入外加剂和矿物掺合料等材料，经拌和、成型、养护等工艺制作的、硬化后具有强度的工程材料。

10. 普通混凝土：干表观密度为 $2000\sim2800\text{kg/m}^3$ 的混凝土。

11. 轻骨料混凝土：用轻粗骨料、轻砂或普通砂等配制的干表观密度不大于 1950kg/m^3

的混凝土。

12. 素混凝土：无筋或不配置受力钢筋的混凝土。

13. 钢筋混凝土：配置受力的普通钢筋、钢筋网或钢筋骨架的混凝土。

14. 预应力混凝土：由配置受力的预应力钢筋通过张拉或其他方法建立预加应力的混凝土。

15. 高强度混凝土：强度等级不低于 C60 的混凝土。

16. 预拌混凝土：在搅拌站生产的、在规定时间内运至使用地点、交付时处于拌合物状态的混凝土。

17. 泵送混凝土：可在施工现场通过压力泵及输送管道进行浇筑的混凝土。

18. 大体积混凝土：体积较大的、可能由水泥水化热引起的温度应力导致有害裂缝的结构混凝土。

19. 清水混凝土：直接以混凝土成型后的自然表面作为饰面的混凝土。

20. 钢纤维混凝土：掺加短钢纤维作为增强材料的混凝土。

21. 喷射混凝土：采用喷射设备喷射到浇筑面上的、可快速凝结硬化的混凝土。

22. 钢管混凝土：钢管与浇注其中的混凝土的总称。

23. 砂浆：以胶凝材料、细骨料、掺加料（可以是矿物掺合料、石灰膏、电石膏、黏土膏等一种或多种）和水等为主要原材料进行拌和，硬化后具有强度的工程材料。

24. 砌筑砂浆：将砖、石、砌块等黏结成为砌体的砂浆。

25. 水泥砂浆：以水泥、细骨料和水为主要原材料，也可根据需要加入矿物掺合料等配制而成的砂浆。

26. 水泥混合砂浆：以水泥、细骨料和水为主要原材料，并加入石灰膏、电石膏、黏土膏中的一种或多种，也可根据需要加入矿物掺合料等配制而成的砂浆。

27. 水泥：凡细磨成粉末状，加入适量水后，可成为塑性浆体，既能在空气中硬化，又能再水中硬化，并能把砂、石等材料牢固地胶结在一起的水硬性胶凝材料。

28. 通用硅酸盐水泥：由硅酸盐水泥熟料和适量的石膏以及规定的混合材料制成的水硬性胶凝材料。

29. 硅酸盐水泥：由硅酸盐水泥熟料、不大于 5% 的石灰石或粒化高炉矿渣以及适量石膏磨细制成的水硬性凝胶材料。

30. 普通硅酸盐水泥：由硅酸盐水泥熟料、大于 5% 且不大于 20% 的混合材料和适量石膏磨细制成的水硬性胶凝材料，代号 P·O。

31. 矿渣硅酸盐水泥：由硅酸盐水泥熟料、大于 20% 且不大于 70% 的粒化高炉矿渣和适量石膏磨细制成的水硬性胶凝材料，代号 P·S。

32. 火山灰质硅酸盐水泥：由硅酸盐水泥熟料、大于 20% 且不大于 40% 火山灰质混合材和适量石膏磨细制成的水硬性胶凝材料，代号 P·P。

33. 粉煤灰硅酸盐水泥：由硅酸盐水泥熟料、大于 20% 且不大于 40% 粉煤灰和适量石膏磨细制成的水硬性胶凝材料，代号 P·F。

34. 复合硅酸盐水泥：由硅酸盐水泥熟料、大于 20% 且不大于 50% 两种或两种以上规定的混合材料、适量石膏磨细制成的水硬性胶凝材料，代号 P·C。

35. 骨料：在混凝土或砂浆中起骨架和填充作用的岩石颗粒等粒状松散材料。

36. 粗骨料：粒径大于 4.75mm 的骨料。

37. 碎石：由天然岩石经破碎、筛分得到的粒径大于 4.75mm 的岩石颗粒。

38. 卵石：由自然条件作用而形成表面较光滑的、经筛分后粒径大于 4.75mm 的岩石颗粒。

39. 细骨料：粒径小于等于 4.75mm 的骨料。

40. 天然砂：由自然条件作用形成的，粒径小于等于 4.75mm 的岩石颗粒。

41. 人工砂：由岩石（不包括软质岩、风化岩石）经除土开采、机械破碎、筛分制成的，粒径小于等于 4.75mm 的岩石颗粒。

42. 轻骨料：堆积密度不大于 1200kg/m³ 的骨料。

43. 再生骨料：利用废弃混凝土或碎砖等生产的骨料。

44. 矿物掺合料：以硅、铝、钙等的一种或多种氧化物为主要成分，具有规定细度，掺入混凝土中能改变混凝土性能的粉体材料。

45. 粉煤灰：从煤粉炉烟道气体中收集的粉体材料。

46. 粒化高炉矿渣粉：从炼铁高炉中排出的，以硅酸盐和铝硅酸盐为主要成分的熔融物，经淬冷成粒后粉磨所得的粉体材料。

47. 外加剂：在混凝土搅拌之前或拌制过程中加入的、用以改善新拌合（或）硬化混凝土性能的材料。

48. 混凝土用水：混凝土拌合用水和混凝土养护用水的总称。

49. 建筑石膏：采用天然石膏或工业副产石膏经脱水处理制得，以 β-半水硫酸钙为主要成分，不预加任何外加剂或添加物的粉状胶凝材料。

50. 粉刷石膏：将二水硫酸钙或无水硫酸钙煅烧后的生成物单独或两者混合后掺入外加剂，也可加入骨料制成的抹灰材料。

51. 石灰：生石灰和消石灰的总称。

52. 生石灰：采用以碳酸钙为主要成分的原料在低于烧结温度下煅烧所得的产物。

53. 消石灰：由生石灰加水消解而成的氢氧化钙。

54. 石灰膏：消石灰和水混合并达到一定稠度的膏状物。

55. 原木：伐倒的树干经打枝和造材后，被截成长度适合于锯制商品材的木段。

56. 锯材：将原木锯割成各种规格、带或不带钝棱的木材。

57. 实木：经干燥并加工的天然树木实体。

58. 胶合板：由三层或三层以上的单板按对称原则、相邻层单板纤维方向互为直角组坯胶合而成的板材。

59. 纤维板：以木材或其他植物纤维为原料，经分离成纤维，施加或不施加添加剂，成型热压而成的板材。

60. 刨花板：将木材或非木材植物加工成刨花碎料，并施加胶黏剂和其他添加剂热压而成的板材。

61. 细木工板：以实木木条组成的拼版或木格结构板为板芯的胶合板。

62. 砖：建筑用的人造小型块材，外形主要为直角六面体，长、宽、高分别不超过 365mm、240mm 和 115mm。

63. 实心砖：无孔洞或孔洞率小于 25% 的砖。

64. 普通砖：规格尺寸为 240mm×115mm×53mm 的实心砖。

65. 多孔砖：孔洞率不小于 25%，孔的尺寸小而数量多的砖。

66. 空心砖：孔洞率不小于 40％，孔的尺寸大而数量少的砖。

67. 烧结普通砖：以黏土、页岩、煤矸石、粉煤灰等为主要原材料，经制坯和焙烧制成的普通砖。

68. 砌块：建筑用的人造块材，外形主要为直角六面体，主规格的长度，宽度和高度至少一项分别大于 365mm、240mm 和 115mm，且高度不大于长度或宽度的 6 倍，长度不超过高度的 3 倍。

69. 小型空心砌块：系列中主规格的高度大于 115mm 且小于 380mm，空心率不小于 25％的砌块。

70. 普通混凝土小型空心砌块：以水泥、矿物掺合料、砂、石、水等为原材料，经搅拌、压振成型、养护等工艺制成的主规格尺寸为 390mm×190mm×190mm 的小型空心砌块。

71. 屋面板：直接承受屋面荷载的板。

72. 纸面石膏板：以建筑石膏为主要原材料，掺入纤维增强材料和外加剂等辅助材料，经搅拌、成型并黏结护面纸而制成的板材。

73. 瓦：用于建筑物屋面覆盖及装饰的板状或块状制品。

74. 烧结瓦：由黏土或其他无机非金属原料，经成型、烧结等工艺制成的瓦。

75. 琉璃瓦：以瓷土、陶土为主要原材料，经成型、干燥和表面施釉焙烧而制成的釉面光泽明显的瓦。

76. 不锈钢无缝钢管：通过热轧或冷拔等无缝工艺制成的不锈钢管。

77. 塑料管材：使用高分子材料通过连续挤出等方式制成的管材，有聚烯烃管材、聚氯乙烯管材、聚丙烯管材、聚乙烯管材和塑料金属复合管材。

78. 陶瓷砖：采用黏土和其他无机非金属原料经成型、高温焙烧制成的板状制品。

79. 瓷质砖：吸水率不超过 0.5％的陶瓷砖。

80. 炻瓷砖：吸水率大于 0.5％但不超过 3％的陶瓷砖。

81. 细炻砖：吸水率大于 3％但不超过 6％的陶瓷砖。

82. 炻质砖：吸水率大于 6％但不超过 10％的陶瓷砖。

83. 陶质砖：吸水率大于 10％的陶瓷砖。

84. 中空玻璃：两片或多片玻璃以有效支撑均匀隔开并周边黏结密封，使玻璃层间形成有干燥气体空间的制品。

85. 真空玻璃：与中空玻璃结构相似，但玻璃之间保持真空状态的复合玻璃。

86. 钢化玻璃：通过热处理工艺，使其具有良好机械性能，且破碎后的碎片达到安全要求的玻璃。

87. 夹层玻璃：两层或多层玻璃用一层或多层塑料作为中间层胶合而成的玻璃制品。

88. 岩棉：采用天然火成岩石（玄武岩、辉绿岩、安山岩等）经高温熔融，用离心力、高压载能气体喷吹而制成的纤维状材料。

89. 矿渣棉：采用高炉矿渣、锰矿渣、磷矿渣等工业废渣，经高温熔融，用离心力、高压载能气体喷吹而制成的纤维状材料。

90. 玻璃棉：用天然矿石（石英砂、白云石、腊石等）配以化工原料（纯碱、硼酸等）熔制玻璃，在熔融状态下拉制、吹制或甩成的极细的纤维状材料。

91. 膨胀珍珠岩：由酸性火山玻璃质熔岩（珍珠岩、松脂岩、黑曜岩等）经破碎、筛分、高温焙烧、膨胀冷却而成的颗粒状多孔材料。

92. 防水卷材：可卷曲的片状柔性防水材料。

93. 防水涂料：具有防水功能的涂料。

94. 止水带：以橡胶或塑料制成的定性密封材料。

95. 嵌缝膏：由油脂、合成树脂等矿物填充材料混合制成的，可表面形成硬化膜而内部硬化缓慢的密封材料。

96. 涂料：涂于物体表面能形成具有保护、装饰或特殊性能（如绝缘、防腐、标志等）的固态涂膜的一类液体或固体材料。

97. 溶剂型外墙涂料：以合成树脂为主要成膜物质，与颜料、体质颜料及各种助剂配置而成的，施涂后能形成表面平整的薄质涂层的外墙涂料。

98. 结构胶：用于承重结构构件黏结的、能长期承受设计应力和环境作用的胶结剂。

99. 灌浆材料：在压力作用下注入地层、围岩或建（构）筑物的缝隙、孔洞中，固（硬）化后可达到增加承载能力、防止渗透及提高整体性能等效果的流体材料。

100. 混凝土界面剂：用于改善砂浆、混凝土基层表面黏结性能的材料。

二、建筑材料的发展过程及发展趋势

人类最早"穴居巢处"。随着社会生产力的发展，人类进入能制造简单工具的石器、铁器时代，才开始挖土、凿石为洞、伐木搭竹为棚，利用天然材料建造非常简陋的房屋，到人类能够用黏土烧制砖、瓦，用岩石烧制石灰、石膏之后，建筑工程材料才由天然材料进入了人工简易生产阶段，为较大规模建造房屋创造了基本条件。我国的"秦砖汉瓦"、举世闻名的万里长城、都江堰水利工程，国外的埃及金字塔、古罗马角斗场、雅典卫城等都充分说明了古代人类在材料生产及使用方面的成就。

18~19 世纪，资本主义兴起，促进了工商业及交通运输业的蓬勃发展，原有的建筑工程材料已不能与此相适应，在其他科学技术的推动下，建筑工程材料进入了一个新的发展阶段。1824 年，英国人阿斯普定（J. Aspdin）采用人工配料，再经煅烧、磨细制造出水泥，并取得专利权。因这种水泥凝结后与英国波特兰岛的石灰石颜色相似，故称波特兰水泥（即我国的硅酸盐水泥）。该水泥于 1925 年用于修建泰晤士河水下公路隧道工程。钢材在 19 世纪中叶也得到应用。1850 年法国人朗波制造了第一只钢筋混凝土小船，1872 年在纽约出现了第一座钢筋混凝土房屋。钢材、水泥、混凝土及其他材料相继问世，为现代建筑工程奠定了基础。

进入 20 世纪后，由于社会生产力突飞猛进，以及材料科学与工程学的形成和发展，建筑工程材料不仅性能和质量不断改善，而且品种不断增加，以有机材料为主的化学建材异军突起，一些具有特殊功能的新型材料，如绝热材料、吸声隔声材料、耐热防火材料、防水抗渗材料以及耐磨、耐腐蚀、防爆和防辐射等材料应运而生。为适应现代建筑装饰装修的需要，玻璃、陶瓷、塑料、铝合金等各种新型建筑装饰材料更是层出不穷。

随着现代测试技术的发展，已可以实现按指定性能来设计和制造某些材料，以及对传统材料按要求进行各种改性。预期在不久的将来，将研制出更多的新型多功能建筑工程材料。为了适应经济建设的发展需要，今后建筑工程材料的发展将具有以下一些趋势。

① 开发高性能材料。例如轻质、高强度、高耐久性、优异装饰性和多功能性的材料，以及充分利用和发挥各种材料的特性，采用复合技术，制造出具有特殊功能的复合材料。

② 绿色建材。绿色建材又称生态材料或健康材料。它是指生产材料的原料尽可能少用天然资源，大量使用工业废渣、废液，采用低能耗制造工艺和不污染环境的生产技术。产品配制和生产过程中不使用有害和有毒物质，产品设计应以改善生活环境、提高生活质量为宗旨，以及产品可循环再利用，无污染环境的废弃物。绿色建材能满足可持续发展之需，已成为世界各国 21 世纪建材工业发展的战略重点。

③ 提高经济效益。大力发展和使用不仅能给建设工程带来优良的技术效果，还同时具有良好经济效益的建筑工程材料。

④ 为适应建筑工业化、现代化的要求，构件向大型化、标准化的方向发展。

三、建筑材料的分类及建筑物各部位使用的材料

1. 建筑材料的分类

建筑材料的种类繁多，可按多种方法进行分类。

按建筑材料化学成分分类，通常可分为有机材料、无机材料和复合材料三大类，见表 0-1。

表 0-1　建筑材料按化学成分分类

分　类			实　例
无机材料	金属材料	黑色金属	包括铁及其合金、钢、锰及铬等
		有色金属	包括轻金属(铝、镁、锂、铍等)，重金属(铜、锌、镍、铅等)，贵金属(金、银、铂等)，稀有金属(钛、锆、钒、钨、钼等)。
	非金属材料	天然石材	毛石、料石、石板材、碎石、卵石、砂
		烧土制品	烧结砖、瓦、陶器、炻器、瓷器
		玻璃及熔融制品	玻璃、玻璃棉、岩棉、矿棉
		胶凝材料	气硬性:石灰、石膏、菱苦土、水玻璃 水硬性:各类水泥
		混凝土类	砂浆、混凝土、硅酸盐水泥
有机材料	植物质材料		木材、竹板、植物纤维及其制品
	合成高分子材料		塑料、橡胶、胶黏剂、有机涂料
	沥青材料		石油沥青、沥青制品、煤沥青
	金属-无机非金属复合材料		钢筋混凝土、钢纤维混凝土
	无机非金属-有机复合材料		沥青混凝土、聚合物混凝土、玻纤增强塑料、水泥刨花板
	金属-有机复合材料		轻质金属夹芯板

按建筑工程材料的功能可分为承重和非承重材料、保温和隔热材料、吸声和隔声材料、防水材料、装饰材料等。

按用途可分为结构材料、墙体材料、屋面材料、地面材料、饰面材料以及其他用途的材料。

2. 建筑物组成部分使用的材料

建筑物的组成如图 0-1 所示，一般是由基础、墙或柱、楼地面、楼梯、屋顶和门窗六大部分组成。各组成部分通常使用的材料如表 0-2 所示。

四、建筑材料的技术标准

目前我国绝大多数的建筑工程材料都制定了产品的技术标准，这些标准包括产品规格、分类、技术要求、检验方法、验收规则、标志、运输和贮存等方面的内容。

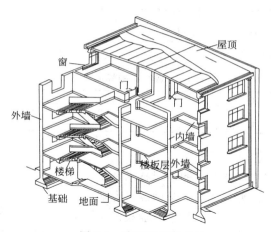

图 0-1　建筑物的组成

表 0-2　建筑物组成部分通常使用的材料

建筑物组成部位	通常使用的材料
基础	钢筋混凝土、石材、砖等
墙	砖、砌块、墙板等,墙表面饰装饰装修材料及功能材料
柱、梁	钢筋混凝土、建筑钢材、木材等,表面饰装饰装修材料及功能材料
楼板层	钢筋混凝土、表面饰装饰装修材料
楼梯	钢筋混凝土、建筑钢材、木材等,表面饰装饰装修材料
屋顶	由钢筋混凝土板承重层、保温材料层、防水材料层等叠加而成
门、窗	建筑塑料、钢材、木材、铝合金

　　建筑材料的技术标准是产品质量的技术依据。对于生产企业,必须按标准生产合格的产品,同时它可促进企业改善管理,提高生产效率,实现生产过程合理化。对于使用部门,则应按标准选用材料,可使设计和施工标准化,从而加速施工进度,降低建筑造价。同时,技术标准又是供需双方对产品质量验收的依据,是保证工程质量的先决条件。

　　目前,我国的技术标准分为四级:国家标准、部级标准、地方标准和企业标准。国家标准是由国家标准局发布的全国性的指导技术文件,其代号为 GB;部级标准由主管生产部(或总局)发布,其代号按部名而定,如建材标准代号为 JC,建工标准的代号为 JG;地方标准是地方主管部门发布的地方性指导技术文件,其代号为 DB;企业标准则仅适用于本企业,其代号为 QB,凡没有制定国家标准、部级标准的产品,均应制定企业标准。

　　标准的表示方法由标准名称、部门代号、编号和颁布执行年份等组成,例如:《普通混凝土配合比设计规程》(JGJ 55—2011),部门代号为 JG,J 表示建工行业,工程建设标准编号为 55,颁布执行年份为 2000 年;例如:《建筑用砂》(GB/T 14684—2011),表示国家推荐性标准编号为 14684 号,是 2011 年颁布执行的建筑用砂标准。

　　由于技术标准是根据一个时期的技术水平制定的,因此它只能反映该时期内的技术水平,具有暂时相对稳定性。技术标准应根据技术发展的速度与要求不断地进行修订,我国约五年左右修订一次。为了适应市场经济的需要,当前我国的各种技术标准正向国际标准靠拢。

　　与建筑工程材料关系密切的国际或外国标准主要有:国际标准,代号为 ISO;美国材料试验学会标准，代号为 ASTM；日本工业标准，代号为 JIS；德国工业标准，代号为 DIN；英国标准，代号为 BS；法国标准，代号为 NF 等。

各行业的标准代号见表 0-3。

表 0-3　各行业的标准代号

行业名称	建工行业	冶金行业	石化行业	交通行业	建材行业	铁路行业
标准代号	JG	YB	SH	JT	JC	TB

五、本课程的学习目的与学习方法

建筑材料课程是建筑工程类专业的一门技术基础课。

本课程的教学目的，是为其他专业基础课、专业课、课程设计、毕业论文及生产实训等提供建筑材料的基础知识，并为今后从事专业技术工作时，合理选择和使用建筑材料打下基础。同时，也为今后从事建筑材料科学技术的专门研究奠定必要的理论基础。

建筑材料的品种很多，为教学方便，本教材将按下述各种常用的建筑材料分别进行讨论：石膏、石灰、水玻璃、水泥、混凝土、砂浆、建筑钢材、墙材、防水材料、保温隔热材料、吸声材料和装饰材料等，各种材料需要研究的内容范围很广，涉及原料、生产、组成、构造、性质、应用、检验、运输、验收、储藏以及使用管理等各个方面，在学习方法上，首先要注意着重学好主要内容——材料的技术性质和合理应用。其他内容都应围绕这个中心来学习。一般来说，土建工程技术和管理人员是材料的使用者、管理者，学习材料的原料、生产、组成和构造，其目的是为了对材料性质的形成因素有必要的理解，所以学习这些方面的内容时，都应当以掌握材料性质和应用技术为目的。有关材料的检验、运输、验收和贮藏方面的基本原则问题也应从材料的技术性质和应用范围来演绎推导，不可将它们变成一些孤立、僵死的概念。

对于同一类属的不同品种的材料，不但要学习它们的共性，而且，更重要的是要了解它们各自的特性和具备这些特性的原因。例如学习各种水泥时，不但要知道它们都能在水中变硬等共同性质，而且更要注意它们的各自的质的区别及因而反映在性能上的差异。

实验课是本课程的重要教学环节，其任务是验证基本理论，学习试验方法，培养科学研究能力和严谨缜密的科学态度。做实验时，要严肃认真，一丝不苟。即使对一些操作简单的实验，也不应例外。要了解实验条件对实验结果的影响，因而能对实验结果作出正确的分析和判断。

第一章 建筑材料的基本性质

建筑材料在建筑物中要承受一定的外力和自重作用，同时还会受到周围介质（如水、蒸气、腐蚀性气体和液体等）的物理和化学作用。因此材料必须具有抵抗各种作用的能力。为保证建筑物的正常使用，对许多建筑材料还要求具有一定吸声、隔声、装饰、防火等功能。建筑材料应具备哪些性质要根据材料在结构中的功用和所处的环境来决定。一般来说，建筑材料的性质主要可归纳为物理性质、力学性质和耐久性质。掌握建筑工程材料的基本性质是掌握建筑材料知识、正确选择与合理使用材料的基础。

本章所讨论的各种性质是一般建筑工程材料经常考虑的性质，即建筑工程材料的基本性质。

第一节 材料的组成与结构

一、材料的组成

材料的组成不仅影响材料的化学性质，也是决定材料的物理性质、力学性质的重要因素。材料的组成包括材料的化学组成、矿物组成和相组成。

1. 化学组成（chemical composition）

化学组成是指构成材料的化学元素及化合物的种类和数量。当材料与外界自然环境以及各类物质相接触时，它们之间必然要按化学变化规律发生作用。根据化学组成可大致地判断出材料的一些性质，如耐久性、化学稳定性等。

2. 矿物组成（mineral composition）

将无机非金属材料中具有特定的晶体结构、特定的物理力学性能的组成结构称为矿物。矿物组成是指构成材料的矿物的种类和数量。例如，水泥熟料的矿物组成为硅酸三钙（$3CaO \cdot SiO_2$）、硅酸二钙（$2CaO \cdot SiO_2$）、铝酸三钙（$3CaO \cdot Al_2O_3$）、铁铝酸四钙（$4CaO \cdot Al_2O_3 \cdot Fe_2O_3$）。

3. 相组成（phase composition）

材料中具有相同物理、化学性质的均匀部分称为相。自然界中的物质可分为气相、液相和固相。同种物质在温度、压力等条件发生变化时常常会转变其存在的状态，如由气相转变为液相或固相。建筑工程材料大多数是多相固体，凡由两相或两相以上物质组成的材料称为复合材料。例如，混凝土可认为是集料颗粒（集料相）分散在水泥浆基体（基相）中所组成的两相复合材料。

二、材料的结构

材料的结构是决定材料性质的极其重要的因素。材料的结构可分为宏观结构、细观结构和微观结构。

1. 宏观结构（macrostructure）

建筑工程材料的宏观结构是指用肉眼或放大镜能够分辨的粗大组织。其尺寸在 10^{-3} m 级以上。按不同的结构特征分类如下。

（1）按孔隙特征分

① 致密结构　可以看作无宏观层次的孔隙存在，如钢铁、有色金属、致密天然石材、玻璃、玻璃钢、塑料等。

② 多孔结构　指具有粗大孔隙的结构，如加气混凝土、人造轻质多孔材料等。

③ 微孔结构　是指具有微细孔隙的结构，如石膏制品、烧结黏土制品等。

（2）按存在状态或构造特征分

① 堆聚结构　由集料与胶凝材料胶结成的结构。如水泥混凝土、砂浆、沥青混合料等。

② 纤维结构　由纤维状物质构成的材料结构。如木材、岩棉、钢（玻璃）纤维增强水泥混凝土与制品等。

③ 层状结构　天然形成或人工采用黏结等方法将材料叠合而成层状的材料结构。如胶合板、纸面石膏板、蜂窝夹芯板、各种新型节能复合墙板等。

④ 散粒结构　指松散颗粒状结构。如混凝土集料、膨胀珍珠岩等。

2. 细观结构（submicroscopical structure）

细观结构（原称亚微观结构）是指用光学显微镜所能观察到的材料结构。其尺寸范围在 $10^{-6}\sim10^{-3}$ m。建筑工程材料的细观结构只能针对某种具体材料来进行分类研究。例如，对混凝土可分为基相、集料相、界面；对天然岩石可分为矿物、晶体颗粒、非晶体组织。

材料细观结构层次上的各种组织性质各不相同，这些组织的特征、数量、分布和界面性质对材料性能有重要影响。

3. 微观结构（microstructure）

微观结构是指原子分子层次的结构。可用电子显微镜或 X 射线来分析研究该层次上的结构特征。微观结构的尺寸范围在 $10^{-10}\sim10^{-6}$ m。材料的许多物理性质如强度、硬度、熔点、导热性、导电性都是由其微观结构所决定的。

在微观结构层次上，材料可分为晶体、玻璃体、胶体。

（1）晶体（crystal）

质点（离子、原子、分子）在空间上按特定的规则呈周期性排列时所形成的结构称晶体结构。晶体具有如下特点。

① 具有特定的几何外形，这是晶体内部质点按特定规则排列的外部表现。

② 具有各向异性，这是晶体的结构特征在性能上的反映。

③ 具有固定的熔点和化学稳定性，这是晶体键能和质点所处最低的能量状态所决定的。

④ 结晶接触点和晶面是晶体破坏或变形的薄弱部分。

由于各种材料在微观结构上的差异，它们的强度、变形性质、硬度、熔点、导热性等各不相同。可见微观结构对其物理、力学性质影响巨大。

在复杂的晶体结构中，其键结合的情况也是相当复杂的。建筑工程材料中占有重要地位的硅酸盐（例如 $2CaO \cdot SiO_2$），其结构是由硅氧四面体单元 SiO_4（见图 1-1）与其他金属离子结合而成由共价键与离子键交互构成的。SiO_4 四面体可以形成链状结构，如石棉。其纤维与纤维之间的键合力要比链状结构方向上的共价键弱得多，所以容易分散成纤维状；黏土、云母、滑石等则由 SiO_4 四面体单元互相连接成片状结构，许多片状结构再叠合成层状结构。层与层之间是由范德华力结合的，故其键合力弱，此种结构容易剥成薄片。石英是由 SiO_4 四面体形成的立体网状结构，所以具有坚硬的质地。

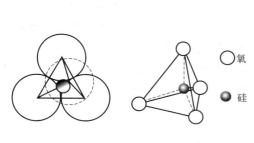

图 1-1 硅氧四面体结构示意图

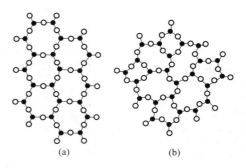

图 1-2 晶体与非晶体原子排列示意图

（2）玻璃体（vitreous body）

玻璃体也称无定形体或非晶体，如无机玻璃。玻璃体的结合键为共价键与离子键。其结构特征为构成玻璃体的质点在空间上呈非周期性排列，如图 1-2 所示。

具有一定化学成分的熔融物质，若经急冷，则质点来不及按一定规则排列，便凝固成固体，此时则得玻璃体结构。

玻璃体是化学不稳定的结构，容易与其他物质起化学作用。如火山灰、炉渣、粒化高炉矿渣与石灰在有水的条件下起硬化作用，而被用作建筑材料。玻璃体在烧结黏土制品或某些天然岩石中起着胶黏剂的作用。

（3）胶体（colloid）

粒径为 $10^{-9} \sim 10^{-7}$ m 的固体颗粒作为分散相，称为胶粒，分散在连续相介质中形成的分散体系被称为胶体。

在胶体结构中，若胶粒较少，液体性质对胶体结构的强度及变形性质影响较大，称这种胶体结构为溶胶结构。若胶粒数量较多，胶粒在表面能的作用下发生凝聚作用，或由于物理、化学作用而使胶粒彼此相连，形成空间网络结构，从而使胶体结构的强度增大，变形性减小，形成固态或半固状态，称此胶体结构为凝胶结构。与晶体及玻璃体结构相比，胶体结构强度较低、变形较大。

三、材料的构造

材料的构造是指具有特定性质的材料结构单元间的相互组合搭配情况。构造这一概念与结构相比，更强调了相同材料或不同材料间的搭配组合关系。如具有特定构造的节能墙板，就是具有不同性质的材料经特定组合搭配而成的一种复合材料。这种构造赋予了墙板良好的隔热保温、隔声吸声、防火抗震、坚固耐久等整体功能和综合性质。

随着材料科学理论和技术的日益发展，深入研究探索材料的组成、结构、构造与材料性能之间的关系，不仅有利于为工程正确选用材料，而且会加速满足现代建筑所需新型建筑材料的生产。

第二节 材料的基本物理性质

本节将建筑材料与质量、水、热、声等有关基本性质的概念、表达式及工程意义一并列出，掌握材料的这些基本性质是掌握建筑材料知识、正确选择与合理使用建筑材料的基础。

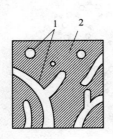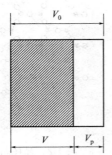

图 1-3 多孔材料体积组成示意图
1—孔隙；2—固体物质
V—实体积；V_p—孔隙体积

一、密度（density）

密度是指材料在绝对密实状态下，单位体积的质量。按下式计算：

$$\rho = \frac{m}{V}$$

式中　ρ——材料的密度，g/cm^3；

m——材料在干燥状态下的质量，g；

V——材料在绝对密实状态下的体积，cm^3。

块材的体积状态见图 1-3。绝对密实状态下的体积是指不包括孔隙在内的体积。除了钢材、玻璃等少数材料外，绝大多数材料都有一些孔隙。在测定有孔隙材料的密度时，应把材料磨成细粉，干燥后，用李氏瓶（见图 1-4）测定其实体积。材料磨得越细，测得的密度就越精确。砖、石材等块状材料的密度即用此法测得。

二、表观密度（approximate density）

表观密度是指材料在绝对密实、封闭孔隙（可能部分）在内的体积状态下单位体积的质量。按下式计算：

$$\rho' = \frac{m}{V'}$$

式中　ρ'——材料的表观密度，g/cm^3；

m——材料在干燥状态下的质量，g；

V'——材料在自然状态下不含开口孔隙的体积，cm^3。

在测量某些致密材料（如卵石等）的密度时，直接以块状材料为试样，以排液置换法测量其体积，材料中部分与外部不连通的封闭孔隙无法排除，这时所求得的密度的近似值，又称为"视密度"。混凝土配合比中，砂、石用量计算时往往需要知道的是砂、石的表观密度。

三、体积密度（apparent density）

体积密度是指材料在自然状态下，单位体积的质量，又称容重，按下式计算：

$$\rho_0 = \frac{m}{V_0}$$

式中　ρ_0——材料的体积密度，kg/m^3 或 g/cm^3；

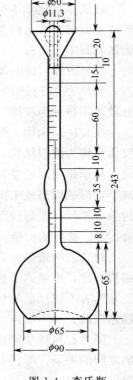

图 1-4 李氏瓶

m——材料在干燥状态下的质量，kg 或 g；

V_0——材料在自然状态下的体积，或称表观体积，m^3 或 cm^3。

材料自然状态下体积包括材料内部所有封闭孔隙体积和开口孔隙体积，测定材料的体积密度时，材料的质量可以是任意含水状态下的，须注明含水情况。如未注明均指干燥材料的体积密度。

材料的自然状态体积 V_0，对于规则形状的材料，可直接测量其外观尺寸，用几何公式求出；对于不规则形状的材料，则须在材料表面涂蜡后（封闭开口孔隙），用排水法测定。

【例 1-1】 某教室钢筋混凝土梁尺寸为 $b \times h \times l = 250mm \times 550mm \times 6000mm$，采用 C25 混凝土，体积密度为 $\rho_0 = 2400kg/m^3$。求此梁的质量。

解：梁的体积 V_0：

$$V_0 = b \times h \times l = 250 \times 550 \times 6000 \times 10^{-9} = 0.825 \ (m^3)$$

梁的质量 m：

$$m = V_0 \cdot \rho_0 = 0.825 \times 2400 = 1980 \ (kg)$$

四、堆积密度（bulk density）

指粒状材料或粉末状材料在堆积状态下，单位体积的质量，计算式如下：

$$\rho'_0 = \frac{m}{V'_0}$$

式中　ρ'_0——材料的堆积密度，kg/m^3；

m——材料在干燥状态下的质量，kg；

V'_0——材料的堆积体积（如图 1-5 所示），m^3。

堆积体积通过既定容积的容器计量而得。堆积密度的大小与材料装填于容器中的条件或材料的堆积状态有关，在自然堆积状态下称松堆密度，当紧密堆积（如振实）时称为紧堆密度。

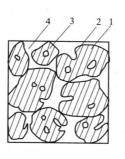 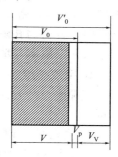

图 1-5　散粒材料的堆积状态示意图
1—颗粒中固体物质；2—颗粒的开口空隙；
3—颗粒的闭口孔隙；4—颗粒间的空隙（V_V）

在建筑工程中，确定材料的用量、构件的自重、材料的配比以及材料的运输量与堆放空间等经常用到材料的密度、视密度、表观密度和堆积密度值。常用建筑材料的密度、表观密度、体积密度和堆积密度数值见表 1-1。

表 1-1　常用建筑材料的密度、表观密度、体积密度和堆积密度数值

材料名称	密度/(g·cm⁻³)	表观密度/(g·cm⁻³)	体积密度/(kg·m⁻³)	堆积密度/(kg·m⁻³)
钢材	7.85		7850	
木材(松木)	1.55		400~800	
烧结普通砖	2.5~2.7		1500~1800	
烧结空心黏土砖	2.5~2.7		800~1100	
花岗岩	2.6~2.9	2.6~2.85	2500~2850	
水泥	2.8~3.1			1000~1600
砂	2.6~2.8	2.55~2.75		1450~1700
碎石或卵石	2.6~2.9	2.55~2.85		1400~1700
普通混凝土			2000~2500	

五、孔隙率和密实度

1. 孔隙率（porosity）

指材料内孔隙体积占材料自然状态下总体积的百分率，表达式如下：

$$P = \frac{V_P}{V_0} = \frac{V_0 - V}{V_0} = 1 - \frac{V}{V_0} = \left(1 - \frac{\rho_0}{\rho}\right) \times 100\%$$

孔隙率的大小直接反映了材料的致密程度。材料内部孔隙的构造，可分为连通的与封闭的两种，连通孔隙不仅彼此贯通且与外界相通。而封闭孔隙则不仅彼此不连通且与外界相隔绝。孔隙按尺寸大小又分为极微细孔隙、细小孔隙和较粗孔隙。孔隙大小的分布对材料的性能影响较大。

2. 密实度（dense condition）

指材料体积（自然状态）内，固体物质所充实的程度，表达式如下：

$$D = \frac{V}{V_0} \times 100\% = \frac{\rho_0}{\rho} \times 100\%$$

密实度同样反映材料的密实程度，D 值越大，则材料越密实。

材料的孔隙率和密实度有关，有孔隙的材料，两者之和 $P + D = 1$。完全密实的材料，孔隙率 $P = 0$，密实度 $D = 1$。材料的许多性质，如强度、吸水性、抗渗性、抗冻性、导热性、吸声性都与孔隙率有关。

六、空隙率与填充率

1. 空隙率（void ratio）

空隙率（P'）是指散粒材料在堆积体积（V'_0）中，颗粒之间的空隙体积（V_v）所占的比例。

2. 填充率（fill ratio）

填充率（D'）是指散粒材料在某堆积体积中，固体物质体积（V）所充实的程度（V/V'_0）。

对于致密材料，如普通天然砂、石，可用表观密度 ρ' 近似替代干燥时体积密度 ρ_0。在配制混凝土、砂浆等材料时，砂、石的空隙率是作为控制混凝土中骨料级配与计算混凝土砂率时的重要依据。

七、亲水性与憎水性（hydrophilic and hydrophobic nature）

当水与材料在空气中接触时，将出现图 1-6(a) 或图 1-6(b) 所示的情况。

材料具有亲水性或憎水性的根本原因在于材料的分子结构，亲水性材料与水分子之间的分子亲和力，大于水本身分子间的内聚力；反之，憎水性材料与水分子之间的亲和力，小于水本身分子间的内聚力。

在材料、水和空气交点处，沿水滴表面作切线，此切线和水与材料接触面所成的夹角 θ 称为润湿角。润湿角 $\theta \leqslant 90°$ 时，材料表现为亲水性。润湿角 $\theta > 90°$ 时，材料表现为憎水性。润湿角 θ 越小，亲水性越强，憎水性越弱。憎水性材料具有较好的防水性、防潮性，常用作防水材料，也可用于对亲水性材料进行表面处理，以降低吸水率，提高抗渗性。大多数建筑材料属于亲水性材料，如混凝土、砖、石、木材、钢材等；大部分有机材料属于憎水

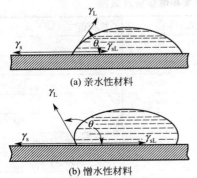

(a) 亲水性材料

(b) 憎水性材料

图 1-6　材料润湿示意图

性材料，如沥青、塑料、石蜡和有机硅等。但必须指出的是孔隙率较小的亲水性材料同样也具有较好的防水性、防潮性，仍可作为防水或防潮材料使用，如水泥砂浆、水泥混凝土等。

八、吸水性（water absorption）

指材料在水中吸收水分的性质，用质量吸水率 W_m 或体积吸水率 W_V 来表示。质量吸水率是指材料在吸水饱和状态下，所吸水的质量占材料干质量的百分率，体积吸水率是指材料在吸水饱和时，所吸水的体积占材料自然状态下体积的百分率，表达式分别如下：

$$W_m = \frac{m_{sw}}{m} \times 100\% = \left(\frac{m'_{sw} - m}{m}\right) \times 100\%$$

$$W_V = \frac{V_{sw}}{V_0} \times 100\% = \frac{m'_{sw} - m}{V_0} \times \frac{1}{\rho_w} \times 100\%$$

式中　m_{sw} ——材料吸水饱和时所吸水的质量，g 或 kg；

　　　m'_{sw} ——材料吸水饱和时材料的质量，g 或 kg；

　　　V_{sw} ——材料吸水饱和时所吸水的体积，cm^3 或 m^3；

　　　ρ_w ——水的密度，g/cm^3 或 kg/m^3。

质量吸水率和体积吸水率的关系为：$W_V = \rho_0 \times W_m$

材料吸水率主要与材料的孔隙率以及孔隙特征（开口孔、闭口孔）有关，并与材料的亲水性和憎水性有关。一般来说，孔隙率越大，吸水率也越大；闭口孔隙水分不能进入；而极大的开口孔隙不易吸满水分；具有很多微小开口孔隙的材料，吸水率非常大。

九、吸湿性（moisture absorption）

指材料在空气中吸收水分的性质。吸湿性用含水率 W'_m 表示，即材料所含水的质量 m_w 与材料干质量 m 的百分比。

$$W'_m = \frac{m_w}{m} \times 100\%$$

式中　m_w ——材料在空气中吸收水分的量，kg；

　　　m ——材料干燥时的质量，kg。

材料含水与空气湿度相平衡时的含水率称为平衡含水率。建筑材料在正常使用状态下，均处于平衡含水状态。

必须指出的是含水率是随环境而变化的，而吸水率却是一个定值，材料的吸水率可以说是该材料的最大含水率，二者不能混淆。

【**例 1-2**】　从室外取来的质量为 2700g 的一块烧结普通砖，浸水饱和后的质量为 2850g，而绝干时的质量为 2600g。求此砖的含水率、体积密度、开口孔隙率（烧结普通砖实测规格为 240mm×115mm×53mm）。

解： 含水率为

$$W'_m = (m'_w - m)/m = (2700 - 2600)/2600 \times 100\% = 3.8\%$$

吸水率为

$$W_m = (m_2 - m_1)/m_1 = (2850 - 2600)/2600 \times 100\% = 9.6\%$$

体积密度为

$$\rho_0 = m/V_0 = 2600/(24 \times 11.5 \times 5.3) = 1777(kg/m^3)$$

开口孔隙率为：

$$P = V_K/V_0 = (2850 - 2600)/(24 \times 11.5 \times 5.30) \times 100\% = 17.1\%$$

十、耐水性 （water resistance）

指材料长期在水的作用下，保持其原有性质的能力。用软化系数 K_p 表示：

$$K_p = \frac{f_{sw}}{f_d}$$

式中 f_{sw}——材料在吸水饱和状态下的抗压强度，MPa；

f_d——材料在干燥状态下的抗压强度，MPa。

一般来说，材料含有水分时，强度都有所下降，因为水分在材料的微粒表面吸附，削弱了微粒间的黏合力。K_p 值的大小，表明材料浸水饱和后强度下降的程度。K_p 越小，表明材料吸水后强度下降越大，即耐水性越差。材料的软化系数 K_p 在 $0 \sim 1.0$ 之间。不同材料的 K_p 值相差颇大，如黏土 $K_p = 0$，而金属 $K_p = 1$。工程中将 $K_p \geqslant 0.85$ 的材料称为耐水材料。当选择受水作用的结构材料时，K_p 是项重要指标。经常位于水中或受潮严重的重要结构所用材料，K_p 不宜小于 0.85；受潮较轻或次要结构所用材料，K_p 不宜小于 0.70。

十一、抗渗性 （impermeability）

抗渗性指材料抵抗压力水或其他液体渗透的性质，用渗透系数 K 来表示，计算式如下：

$$K = \frac{Qd}{AtH}$$

式中 K——渗透系数，$cm^3/(cm^2 \times h)$ 或 cm/h；

Q——渗水量，cm^3；

d——试件厚度，cm；

A——渗水面积，cm^2；

t——渗水时间，h；

H——水头（水压力），cm 。

渗透系数 K 越大，则材料的抗渗性越差。

材料的抗渗性与材料的孔隙率和孔隙特征有关。开口孔隙率越大，大孔含量越多，则抗渗性越差。

在工程上，材料的抗渗性也可用抗渗等级来表示。抗渗等级是以规定的试件，在规定试验方法下，材料所能承受的最大水压力来表示。以符号 P_n 表示，其中 n 为该材料所能承受的最大水压力（MPa）数值的 10 倍，如 P_2、P_4、P_6、P_8 等，分别表示材料最大能承受 $0.2MPa$、$0.4MPa$、$0.6MPa$、$0.8MPa$ 的水压力而不渗水。

地下建筑及水工建筑等，因经常受压力水的作用，所用材料应具有一定的抗渗性。对于防水材料则应具有很好的抗渗性。

十二、抗冻性 （frost resistance）

指材料吸水饱和状态下，能够经受多次冻融循环而不破坏，也不严重降低强度的性能称为抗冻性。

材料的抗冻性通常是用抗冻等级来表示的。抗冻等级是材料在吸水饱和状态下（最不利状态），经冻融循环作用，强度损失和质量损失均不超过规定值时所能承受的最大冻融循环次数。用符号 F_n 来表示，其中 n 即为最大冻融循环次数，如 F_{25}、F_{50}、F_{100}、F_{150} 等。

材料在冻融循环作用下产生破坏，是由于材料内部毛细孔隙及大孔隙中的水结冰时体积膨胀（约 9%）造成的。膨胀对材料孔壁产生巨大的压力，使材料内部产生微裂缝，强度下降。

🏠 十三、导热性（thermal conduction）

指材料传导热量的性质，用热导率 λ 表示，计算式如下：

$$\lambda = \frac{Qa}{(T_1 - T_2)AZ}$$

式中　λ——热导率，$W/(m \cdot K)$；

　　　Q——传递的热量，J；

　　　a——材料的厚度，m；

$T_1 - T_2$——材料两侧的温差，K；

　　　A——材料传热面的面积，m^2；

　　　Z——传热的时间，h。

热导率的物理意义是：面积为 $1m^2$，厚度为 1m 的材料，当两侧温差为 1K 时，经 1h 所传递的热量。材料热导率越小，表示材料的绝热性能越好。各种建筑材料的热导率差别很大，非金属材料的大致为 $0.035 \sim 3.50W/(m \cdot K)$，如发泡塑料 $\lambda = 0.035W/(m \cdot K)$，大理石 $\lambda = 3.48W/(m \cdot K)$。工程中通常把 $\lambda < 0.23W/(m \cdot K)$ 的材料称为绝热材料。

材料热导率是采暖房屋的墙体和屋面热工计算，以及确定热表面或冷藏库绝热层厚度的重要参数。

绝热材料在运输、存放、施工及使用过程中，必须保持为干燥状态。

🏠 十四、热容量（heat capacity）

指材料受热时吸收热量，冷却时放出热量的性质。单位质量材料在温度升高或降低 1℃ 时，材料吸收或放出的热量称为材料的比热容或热容量系数，其表达式为：

$$C = \frac{Q}{m(t_2 - t_1)}$$

式中　C——材料的比热容，$J/(kg \cdot K)$；

　　　Q——材料吸收（或放出）的热量，J；

　　　m——材料的质量，kg；

$t_2 - t_1$——材料受热（或冷却）前后的温度差，K。

比热容 C 与质量 m 的乘积称为热容量。材料的热容量大，则材料在吸收或放出较多的热量时，其自身的温度变化不大，即有利于保证室内温度相对稳定。

为保证建筑物室内温度稳定性较高，在设计围护结构（墙体、屋面等）时，应选择热导率较小，比热容较大的材料。

🏠 十五、吸声性（sound absorbing）

当声波传播到材料的表面时，一部分声波被反射，另一部分穿透材料，其余部分则传递给材料。声能穿透材料和被材料消耗的性质称为材料的吸声性，用吸声系数 α 来表示。吸声系数是指穿透材料的声能和被材料消耗的声能之差与传递给材料表面的总声能的比值，其表达式如下：

$$\alpha = \frac{E_\alpha - E_\tau}{E_0}$$

式中　E_α——穿透材料的声能；

　　　E_τ——材料消耗的声能；

　　　E_0——入射到材料表面的全部声能。

吸声系数 α 越大，材料的吸声性越好。

吸声系数 α 与声音的入射方向和频率有关。因此吸声系数采用声音从各个方向入射的吸收平均值，并指明是哪一频率下的吸收值。通常使用的六个频率为125Hz、250Hz、500Hz、1000Hz、2000Hz、4000Hz。

一般将上述六个频率的平均吸声系数 $\alpha \geqslant 0.20$ 的材料称为吸声材料。最常用的吸声材料为多孔吸声材料。吸声材料能抑制噪声和减弱声波的反射作用。在音质要求高的场所，如音乐厅、影剧院、播音室等，必须使用吸声材料。

第三节　材料的力学性质

一、材料的强度（strength）

材料的强度是指材料在外力（荷载）作用下，抵抗破坏的能力。根据受力形式分为抗压强度、抗拉强度、抗弯（折）强度、抗剪强度等，如图1-7所示。

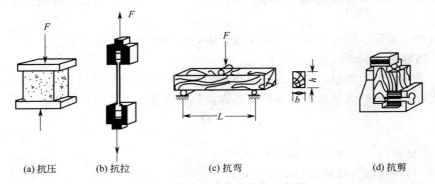

(a) 抗压　　　(b) 抗拉　　　(c) 抗弯　　　(d) 抗剪

图1-7　材料承受各种外力示意图

抗压强度、抗拉强度、抗剪强度的计算公式如下：

$$f = \frac{F_{max}}{A}$$

式中　f——材料的强度，Pa；

　　F_{max}——破坏时的最大荷载，N；

　　　A——受力截面面积，m^2。

材料的抗弯（折）强度与材料的受力情况、截面形状及支承条件等有关。对矩形截面的条形试件（或小梁），在两端支撑，中间作用一个集中荷载的情况下［见图1-7(c)］，其抗弯（折）强度用下式计算：

$$f = \frac{3F_{max}L}{2bh^2}$$

材料的强度与其组成、结构构造有关，如孔隙率越大，强度越低。此外，还与材料的测试条件有很大的关系。为了使实验结果比较准确，且具有可比性，国家标准规定了各种材料强度的标准实验方法，在测定材料强度时必须严格按照规定执行。

二、强度等级（strength classes）

为便于合理地使用材料，按材料强度值的高低划分为若干等级，称为材料的强度等级。

脆性材料主要按抗压强度来划分，如水泥、混凝土、砖、石，塑性材料和韧性材料主要以抗拉强度来划分，如钢材等。强度等级中各强度值以兆帕（MPa）为单位。

三、比强度（specific strength）

比强度是指材料强度与体积密度的比值。比强度是衡量材料轻质高强性能的一项重要指标。比强度越大，则材料的轻质高强性能越好。选用比强度大的材料或者提高材料的比强度，对增加建筑高度、减轻结构自重、降低工程造价等具有重大意义。

四、变形性能（deformation property）

1. 弹性（elasticity）

材料在外力作用下产生变形，当去掉外力后，完全恢复到原来状态的性质称为材料的弹性，材料的这种完全能恢复的变形称为弹性变形。具备这种变形特征的材料称为弹性材料。

2. 塑性（plasticity）

材料在外力作用下产生变形，去掉外力后，材料仍保持变形后的形状和尺寸的性质称为材料的塑性，材料的这种不能恢复的变形称为塑性变形（或称不可恢复的变形）。具有塑性变形的材料称为塑性材料。

实际上，单纯弹性变形或塑性变形的材料是没有的。通常一些材料在受力不大时表现为弹性，受力达到一定程度时表现出塑性特征，如低碳钢就是典型的这种材料。另外，一些材料在受力时，弹性变形和塑性变形同时发生，当外力取消后，弹性变形恢复，而塑性变形不能消失，混凝土就是这类弹塑性材料。

3. 脆性（brittleness）

脆性是材料在荷载作用下，在破坏前没有明显预兆（即塑性变形），表现为突发性破坏的性质。脆性材料的特点是塑性变形很小，且抗压强度比抗拉强度高出 5～50 倍。无机非金属材料多属于脆性材料。

4. 韧性（toughness）

韧性又称冲击韧性，是材料在冲击、振动荷载作用下，能承受很大的变形而不发生突发性破坏的性质称为韧性。韧性材料的特点是变形大，特别是塑性变形大。木材、建筑钢材、橡胶等属于韧性材料。

在建筑工程中，对于要求承受冲击荷载和有抗震要求的结构，如吊车梁、桥梁、路面等所用的材料均应考虑材料的韧性。

第四节　材料的耐久性

材料的耐久性（durability）是指材料长期抵抗各种内外破坏因素或腐蚀介质的作用，保持其原有性质的能力。材料的耐久性是材料的一项综合性质，一般包括抗渗性、抗冻性、耐腐性、抗老化性、抗碳化、耐热性、耐溶蚀性、耐磨性、耐旋光性等。

一、影响耐久性的因素

内部因素是造成材料耐久性下降的根本原因。内部因素主要包材料的组成、结构与性质。当材料的组成成分易溶于水或其他液体，或与其他物质发生化学反应时，则材料的耐水性、耐化学腐蚀性等较差，当材料的开口孔隙较多时，则材料的耐久性往往较差；当材料强度较高时，则材料的耐久性往往较好。

外部因素也是影响耐久性的主要因素。外部因素包括：①各种酸、碱、盐及其水溶液，各种腐蚀性气体，对材料具有化学腐蚀作用和氧化作用；②光、热、电、温度差、湿度差、干湿循环、冻融循环、溶解等物理作用，可使材料的结构发生变化，如内部产生微裂纹或孔隙率增加；③冲击、疲劳荷载，各种气体、液体及固体引起的磨损与磨耗等机械作用；④菌类、昆虫等，可使材料腐朽、虫蛀等。

实际工程中，材料受到的外界破坏因素往往是两种以上因素同时作用。金属材料常由化学和电化学作用引起腐蚀和破坏；无机非金属材料常由化学作用、溶解、冻融、风蚀、温差、湿差、摩擦等其中某些因素或综合作用引起破坏；有机材料常由生物作用、溶解、化学腐蚀、光、热、电等作用而破坏。

二、提高耐久性的措施

为了提高材料的耐久性，可设法减轻大气或其他介质对材料的破坏作用，如降低湿度、排除侵蚀性物质；提高材料本身的密实度、改变材料的孔隙构造；适当改变成分、进行憎水处理及防腐处理等；也可用保护层、保护材料，如抹灰、刷涂料、作饰面等免受破坏。

建筑材料的耐久性，是随着材料实际使用条件的不同而异。因此，在实际使用条件下还应进行具体分析、观测、试验、作出正确判断。如根据使用要求，应在试验室进行下列快速试验：①干湿循环；②冻融循环；③湿润与紫外线照射干燥循环；④盐溶液浸渍与干燥循环；⑤碳化；⑥化学介质浸渍等。也可以在自然条件下进行长期的暴露实验。

本 章 小 结

1. 材料的组成

（1）化学组成

化学组成是指构成材料的化学元素及化合物的种类和数量。根据化学组成可大致地判断出材料的一些性质，如耐久性、化学稳定性等。

（2）矿物组成

将无机非金属材料中具有特定的晶体结构、特定的物理力学性能的组成结构称为矿物。矿物组成是指构成材料的矿物的种类和数量。

（3）相组成

材料中具有相同物理、化学性质的均匀部分称为相。自然界中的物质可分为气相、液相和固相。建筑工程材料大多数是多相固体，凡由两相或两相以上物质组成的材料称为复合材料。

2. 材料的结构

（1）宏观结构

宏观结构是指用肉眼或放大镜能够分辨的粗大组织。其尺寸在 $10^{-3}m$ 级以上。按孔隙特征可分为：①致密结构；②多孔结构；③微孔结构。按存在状态或构造特征分为：①堆聚结构；②纤维结构；③层状结构；④散粒结构。

（2）细观结构（原称亚微观结构）

细观结构是指用光学显微镜所能观察到的材料结构。其尺寸范围在 $10^{-6} \sim 10^{-3}m$。材料细观结构层次上的各种组织的特征、数量、分布和界面性质对材料性能有重要影响。

（3）微观结构

微观结构是指原子分子层次的结构。微观结构的尺寸范围在 $10^{-6} \sim 10^{-10} m$。材料的许多物理性质如强度、硬度、熔点、导热性、导电性都是由其微观结构所决定的。

3. 材料的构造

材料的构造是指具有特定性质的材料结构单元间的相互组合搭配情况。构造这一概念与结构相比，更强调了相同材料或不同材料间的搭配组合关系。

4. 建筑材料的基本性质（见表 1-2）

表 1-2　建筑材料的基本性质一览表

性　质		概　　念	表示方法	实际意义
物理性质	密度	指材料在绝对密实状态下，单位体积的质量	$\rho = m/V$	计算材料用量、运输量、自重、堆放空间。预测强度、抗冻性、导热性、抗渗性
	表观密度	只包括封闭孔隙体积而不含开口孔隙体积计算出的密度值	$\rho' = m/V'$	
	体积密度	指材料在自然状态下，单位体积的质量	$\rho_0 = m/V_0$	
	堆积密度	指散粒材料在自然堆积状态下单位体积的质量	$\rho_0' = m/V_0'$	
	孔隙率 P	指材料内孔隙体积占材料在自然状态下总体积的百分率	$P = V_p/V_0 = [1 - (\rho_0/\rho)] \times 100\% = 1 - D$	预测材料自重、吸水性、吸湿性、耐水性、强度、导热性、吸声性
	密实度 D	指材料体积内固体物质所充实的程度	$D = V/V_0 \times 100\% = \rho_0/\rho \times 100\%$	
	空隙率 P'	散粒材料堆积状态下，颗粒间空隙体积占堆积体积百分率	$P' = V_v/V_0' = (1 - \rho_0'/\rho_0) \times 100\%$	
	填充率 D'	散粒材料在某堆积体积中，被其颗粒填充的程度	$D' = V/V_0' = \rho_0'/\rho_0 \times 100\%$	
	亲水性	材料与水分子之间的分子亲和力，大于水本身分子间的内聚力	$\theta \leqslant 90°$	憎水性材料可以作为防水材料
	憎水性	材料与水分子之间的亲和力，小于水本身分子间的内聚力	$\theta > 90°$	
	吸水性	指材料在水中吸收水分的性质	$W_m = m_{sw}/m \times 100\% = [(m_{sw}' - m)/m] \times 100\%$ $W_V = V_{sw}/V_0 \times 100\% = [(m_{sw}' - m)/V_0] \times 1/\rho_w \times 100\%$ $W_V = \rho_0 \times W_m$	预测密度、强度、抗冻性、导热性，保温材料、水泥等注意防潮
	吸湿性	指材料在空气中吸收水分的性质	$W_m' = m_w/m \times 100\%$	
	耐水性	指材料在水的作用下保持其原有性质的能力	$K_p = \dfrac{f_{sw}}{f_d}$	耐水材料 $K_p \geqslant 0.85$
	抗渗性	指材料抵抗压力水或其他液体渗透的性质	$K = Qd/AtH$ P_n	
	抗冻性	指材料吸水饱和状态下能够经受多次冻融循环而不破坏，也不严重降低强度的性能	F_n	寒冷地区衡量耐久性的指标
	导热性	指材料传导热量的性质	$\lambda = Qa/(T_1 - T_2)AZ$	保温材料一定要烘干后使用
	热容量	指材料受热时吸收热量，冷却时放出热量的性质	$C = Q/m(t_2 - t_1)$	判断室温稳定性
	吸声性	声能穿透材料和被材料消耗的性质	$\alpha = (E_a + E_\tau)/E_0$	判断材料吸收声音的能力

续表

性　质		概　念	表示方法	实际意义
力学性质	强度	指材料在外力（荷载）作用下，抵抗破坏的能力。根据力的种类分有抗压强度、抗拉强度、抗弯强度、抗剪强度四种。 强度等级：按材料强度值的高低划分为若干等级	$f = P/A$ $f = 3PL/2bh^2$	承重材料的主要性能指标
耐久性	耐久性	指材料长期抵抗各种内外破坏因素或腐蚀介质的作用，保持其原有性质的能力	抗渗性、抗冻性、耐腐性、抗老化性、抗碳化、耐热性、耐溶蚀性、耐磨性、耐旋光性等	判断材料经久耐用的能力

思　考　题

1. 材料的密度、视密度、表观密度及堆积密度有什么区别？怎样测定？
2. 材料与水有关的性能有哪些？用什么指标表示？
3. 影响抗渗性的因素有哪些？如何改善材料抗渗性？
4. 材料受冻破坏的原因是什么？抗冻性如何表示？
5. 当某一建筑材料的孔隙率增大时，下表内其他性质将如何变化（用符号填写：↑表示增大；↓表示下降；—表示不变；? 表示不定）。

孔隙率	密度	表观密度	强度	吸水率	抗冻性	导热性

6. 解释以下名词
(1) 孔隙率；(2) 空隙率；(3) 吸水率；(4) 含水率；(5) 比强度。
7. 含水率为10%的100g湿砂，其中干砂的质量为多少克？
8. 某材料试样，其形状不规则，要求测定其体积密度。现已知材料的干燥质量 m，表面涂以密度为 ρ 的石蜡后，称得质量为 m_1。将涂以石蜡的石子放入水中称得在水中的质量为 m_2。试求该材料的体积密度（水的密度为 ρ_w）。
9. 某种墙体材料密度为 2.7g/cm³，浸水饱和状态下的体积密度为 1862kg/m³，其体积吸水率为4.62%。试问该材料干燥状态下体积密度及孔隙率各为多少？
10. 材料的强度与强度等级的关系如何？
11. 简述材料耐久性的概念及影响因素。

第二章 气硬性无机胶凝材料

胶凝材料（binding material）是建筑工程中常用的一种材料。这种材料能通过自身的物理、化学作用，从浆体变成坚硬的固体，并能把散粒材料或块状材料胶结成为一个整体。

胶凝材料按其化学成分可分为有机胶凝材料和无机胶凝材料两大类。有机胶凝材料（organic binding material）是指以天然或合成高分子化合物为基本组分的一类胶凝材料，如沥青、树脂等。无机胶凝材料（inorganic binding material）又称矿物胶凝材料，按硬化条件又可分为气硬性胶凝材料和水硬性胶凝材料。气硬性胶凝材料（air-hardening binding material）只能在空气中硬化、保持并继续发展其强度，如石灰、石膏、水玻璃等；水硬性胶凝材料（hydraulic binding material）不仅能在空气中硬化，而且能更好地在水中硬化、保持并继续发展其强度，如各种水泥。气硬性胶凝材料只适用于地上或干燥环境；水硬性胶凝材料既适用于地上，也可用于地下或水中环境。

第一节 石　膏

石膏（gypsum）是一种以硫酸钙为主要成分的气硬性胶凝材料。我国天然石膏矿资源丰富、储量大、分布广，化工石膏的产量也很大。

石膏品种很多，建筑上使用较多的是建筑石膏，其次是高强石膏、硬石膏水泥等。

一、石膏的原料、生产与品种

1. 石膏的原料

生产石膏的原料主要是天然二水石膏（$CaSO_4 \cdot 2H_2O$，又称生石膏或软石膏）、天然无水石膏（$CaSO_4$，又称硬石膏），也可采用化工石膏（$CaSO_4 \cdot 2H_2O$）。

2. 石膏的生产与品种

将天然二水石膏或化工石膏经加热燃烧、脱水、磨细即得石膏产品。随着加热温度和压力的变化，可制得多种晶体结构和性能各异的石膏产品（见图 2-1），通称熟石膏。

α 型（高强石膏）半水石膏和 β 型（建筑石膏）半水石膏，虽同为半水石膏，但在宏观性能上相差很大，如表 2-1 所示。β 型半水石膏晶粒较细、分散度大、结晶度较差，而 α 型半水石膏晶粒粗大、分散度小、结晶良好。因此 β 型半水石膏的水化速率快、水化热高、需水量大、硬化体强度低。与之相比，α 型半水石膏需水量小、硬化体强度较高，所以称为高强石膏（其强度比 β 型半水石膏要高 2～7 倍）。高强石膏适用于强度要求较高的抹灰工程和石膏制品，也可用来制作模型等。

可溶性硬石膏（soluble hard gypsum）遇水后能逐渐生成半水石膏甚至二水石膏。

死烧石膏（dead-burning gypsum）完全失去水分，成为不溶性硬石膏［$CaSO_4$（Ⅱ）］，失去了凝结硬化能力，但加入某些激发剂（如各种硫酸盐、石灰、粒化高炉矿渣等）混合磨细后，则重新具有水化硬化能力，成为无水石膏水泥（或称硬石膏水泥）。无水石膏水泥可制作石膏灰浆、石膏板和其他石膏制品。

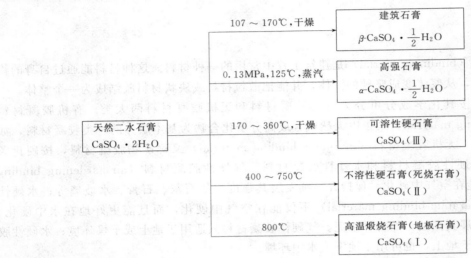

图 2-1　不同条件下的石膏产品示意图

表 2-1　α 型半水石膏和 β 型半水石膏性能比较

类　　　别	α 型半水石膏	β 型半水石膏
晶粒平均粒径/nm	94	38.8
内比表面积/（m^2/kg）	19300	47000
标准稠度需水量	0.40～0.45	0.70～0.85
抗压强度/MPa	24～40	7～10
密度/（g/cm^3）	2.73～2.75	2.62～2.64
水化热/（J/mol）	17200±85	19300±85

高温煅烧石膏（hard-burned gypsum）中部分硬石膏分解出 CaO，此时 CaO 起碱性激发剂的作用，石膏硬化后有较高的强度和耐水性，又称地板石膏。

二、建筑石膏的水化、凝结和硬化

胶凝材料与水之间的化学反应称为水化（hydration）。当材料加水后，随着时间的推移，水化反应不断进行，水化产物（晶粒或胶粒等）不断增加，材料浆体的流动性不断降低，开始失去塑性，直至最后完全失去塑性，这一过程称为凝结（setting）。开始失去塑性时称为初凝（initial set），完全失去塑性时称为终凝（final set）。凝结后材料的强度开始逐渐增加。

建筑石膏的凝结硬化一般用吕·查德理（H. Lechatelier）的结晶理论（或称溶解-沉淀理论）加以解释。建筑石膏加水后，与水发生化学反应，生成二水石膏并放出热量。反应式如下：

$$\beta\text{-}CaSO_4 \cdot \frac{1}{2}H_2O + \frac{3}{2}H_2O \longrightarrow CaSO_4 \cdot 2H_2O + 15.4kJ$$

在此过程中，由于二水石膏在常温（20℃）下的溶解度（2.04g/L）比 β 型半水石膏的溶解度（8.85g/L）小得多，比值为 1：5 左右，β 型半水石膏的饱和溶液就成为二水石膏的过饱和溶液，所以二水石膏胶体微粒不断从过饱和溶液中沉淀析出，促使一批新的半水石膏继续溶解和水化，直至 β 型半水石膏全部转化为二水石膏为止。

随着水化的进行，二水石膏胶体微粒不断增多；同时，石膏浆中的水分因水化和蒸发而逐渐减少，浆体的稠度逐渐增加，颗粒间的摩擦力逐渐增大而使浆体失去流动性，可塑性也开始减小，此时表现为石膏的初凝，随着水分的进一步蒸发和水化的继续进行，浆体完全失去可塑性，则表现为石膏的终凝。

其后，随着水分的减少，石膏胶体凝聚并逐步转变为晶体，且晶体间相互搭结、交错、连生，使凝结的浆体逐渐变硬并产生强度，直至完全干燥，这就是石膏的硬化（hardening）。

由上可见，石膏浆体的水化、凝结和硬化实际上是一个连续的溶解、水化、胶化和结晶过程，是交叉进行的，其最终硬化完全是干燥和结晶作用的结果。

三、建筑石膏的性质

1. 建筑石膏的特性

与水泥、石灰相比，石膏具有以下特性。

（1）凝结硬化快

建筑石膏一般在加水后 6min 可达到初凝，30min 左右即可完全凝结，在室内自然干燥条件下，一星期左右能完全硬化。为满足施工操作的要求，往往需掺加适量缓凝剂，如可掺 0.1%～0.2% 的动物胶（需经石灰处理过）或 1% 的亚硫酸纸浆废液，也可掺 0.1%～0.5% 的硼砂或柠檬酸等。

（2）凝结硬化时体积微膨胀

石膏浆体在凝结硬化初期会产生体积微膨胀（膨胀率为 0.05%～0.15%），这使得石膏制品表面光滑细腻、尺寸精确、轮廓清晰、形体饱满，而且干燥时不开裂，有利于制造复杂图案花形的石膏装饰制品。

（3）孔隙率高、强度低

建筑石膏水化的理论需水量为 18.6%，但为满足施工要求的可塑性，实际加水量约为 60%～80%。石膏凝结后，多余水分蒸发，在石膏硬化体内留下大量孔隙，孔隙率可高达 40%～60%，因而建筑石膏制品的体积密度小（800～1000kg/m³），热导率小 [0.121～0.205W/(m·K)]，隔热保温性与吸声性亦好，但吸水性强，耐水性差（软化系数仅为 0.2～0.3）、抗冻性亦差、强度低（7～10MPa）。

（4）防火性能良好

建筑石膏硬化后的主要成分是二水石膏，而制品的大量孔隙中也会存在一些自由水分。遇火时，首先孔隙中的自由水蒸发，继而二水石膏中结晶水吸收热量也大量蒸发，在制品表面形成水蒸气幕，隔绝空气，有效地阻止火势的蔓延。同时，又因其热导率小，传热慢，故防火性好。制品厚度越大，防火性能越好。

（5）具有一定的调温调湿性

由于石膏制品孔隙率大，当空气湿度大时，能通过毛细孔很快地吸水，在空气干燥时又很快地向周围散失水分，直到和空气湿度达到相对平衡，起到调节室内湿度的作用。

2. 建筑石膏的技术要求

建筑石膏为白色粉状材料，密度为 $2.60\sim2.75\text{g/cm}^3$，堆积密度为 $800\sim1000\text{kg/m}^3$。根据《建筑石膏》（GB/T 9776—2008）的规定，建筑石膏的技术要求主要有细度、凝结时间和强度，按 2h 抗折强度，将建筑石膏划分为 3.0、2.0、1.6 三个等级，并要求它们的初凝时间不小于 3min，终凝时间不大于 30min，见表 2-2。

表 2-2 建筑石膏物理力学性能

等　级	细度（0.2mm 方孔筛筛余）/%	凝结时间/min		2h 强度/MPa	
		初凝	终凝	抗折	抗压
3.0				≥3.0	≥6.0
2.0	≤10	≥3	≤30	≥2.0	≥4.0
1.6				≥1.6	≥3.0

建筑石膏在正常运输和贮存条件下存放期为三个月。

四、建筑石膏的应用

在房屋建筑工程中，建筑石膏是一种应用广泛的工程材料，主要用于配制石膏抹面灰浆、石膏砂浆、石膏混凝土和制作各种石膏制品。

1. 粉刷石膏（wall plaster）

粉刷石膏，是在建筑石膏中掺入优化抹灰性能的辅助材料及外加剂配制而成，具有表面坚硬、光滑细腻、不起灰、便于进行再装饰等优点。

2. 石膏砂浆（gypsum mortar）

将建筑石膏加水、砂拌和成的石膏砂浆可用于室内抹灰或作为油漆打底层。用石膏砂浆抹灰后的墙面，不仅光滑、细腻、洁白、美观，而且保温、隔热性能好，施工效率高，为高级室内抹灰材料。

3. 石膏板（gypsum board）

建筑石膏可与石棉、玻璃纤维、轻质填料等配制成各种石膏板材。目前我国使用较多的是纸面石膏板、石膏空心条板、纤维石膏板、装饰石膏板等（见第七章）。

4. 艺术装饰石膏制品（fresco）

艺术装饰石膏制品包括浮雕艺术石膏角线、线板、角花、灯圈、壁炉、罗马柱、雕塑板、压花板、多空吸音板等（见图 2-2、图 2-3），其产品形状和花色丰富，仿真效果好，成本低廉，制作安装方便，可满足建筑物对室内装饰的外观要求。

图 2-2　石膏浮雕板

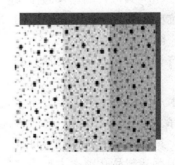

图 2-3　石膏多孔吸音板

第二节 石 灰

石灰（lime）是以石灰石为原料，经高温煅烧所得的以氧化钙为主要成分的气硬性胶凝材料。是人类最早使用的建筑材料之一。由于生产石灰的原料分布很广，生产工艺简单，使用方便，成本低廉，且具有良好的技术性质，因此在建筑上一直得到广泛应用。

一、石灰的生产

1. 石灰的原料和煅烧

生产石灰的原料主要是以碳酸钙为主要成分的天然岩石，如石灰岩。其中，可能会含有少量的碳酸镁及其他黏土杂质。石灰岩经燃烧、分解，排出二氧化碳后，所得到的块状材料，称为生石灰（也称块灰）。其反应式如下：

$$CaCO_3 \longrightarrow CaO + CO_2 \uparrow$$
$$MgCO_3 \longrightarrow MgO + CO_2 \uparrow$$

$CaCO_3$ 理论分解温度为 900℃，生产中实际控制煅烧温度一般为 900～1100℃。所得生石灰的主要成分是 CaO，还含有部分 MgO。当 MgO 含量小于或等于 5％时称为钙质石灰（calcium lime）；当 MgO 含量大于 5％时称为镁质石灰（magnesium lime）。

石灰岩的煅烧温度及时间要适宜。煅烧时温度正常的块状石灰称正火石灰。若煅烧温度过高、时间过长，石灰岩中所含黏土杂质中的 SiO_2、Al_2O_3 等成分发生熔结，从而使多孔结构的石灰变得结构致密，局部表观密度增大，水化反应速率极慢，称为过火石灰（或称死烧石灰）。过火石灰呈黄褐色，当石灰砂浆中含有这类过火石灰时，它将导致在硬化的石灰砂浆中继续水化成 $Ca(OH)_2$，产生体积膨胀，从而形成凸出放射状膨胀裂纹。

若煅烧温度过低，或料块尺寸太大，煅烧时间不足时，其成分仍为 $CaCO_3$ 或 $MgCO_3$，不能与水反应，成为"渣子"，降低了石灰的产浆量。欠火石灰呈青白色，属于石灰的废品。

2. 石灰的品种

石灰经加工后所得成品，按其形态和化学成分可分为以下四种。

（1）块状生石灰（lump lime）

块状生石灰是由石灰岩煅烧后所得的原产品，主要成分为 CaO，是生产其他石灰产品的原料。

（2）生石灰粉（unslaked lime powder）

生石灰粉是由块状生石灰磨细而成的，其细度大致与水泥相同，主要成分仍为 CaO。

（3）消石灰粉（slaked lime）

消石灰粉是将块状生石灰用适量水经消解、干燥、磨细、筛分而制成的粉末，亦称熟石灰粉。其加水量应以能充分消解而又不过湿成团为度，实际加水量常为石灰质量的 60％～80％，主要成分为 $Ca(OH)_2$。

工地调制消石灰粉时，一般先堆放 0.5m 高的生石灰块，再淋适量的水。

（4）石灰浆（膏）（lime milk/plaster）

石灰浆（膏）是将生石灰用过量水（约为生石灰体积的 34 倍）消解，或是将消石灰与水拌和所得的可塑性浆体，或达到一定稠度的膏状物。主要成分是 $Ca(OH)_2$ 和 H_2O。如果水分加得更多，则可制成石灰乳。

建筑石灰供应的品种（市售品种）有块状生石灰、磨细生石灰粉和消石灰粉三种，其技术指标分别见表 2-3、表 2-4 和表 2-5。

表 2-3　建筑生石灰的技术指标（JC/T 479—2013）

项　目	钙质生石灰			镁质生石灰		
	优等品	一等品	合格品	优等品	一等品	合格品
有效成分（CaO + MgO）含量/%，不小于	90	85	80	85	80	75
CO_2 含量/%，不大于	5	7	9	6	8	10
未消解残渣含量（5mm 圆孔筛余）/%，不大于	5	10	15	5	10	15
产浆量 L/kg，不小于	2.8	2.3	2.0	2.8	2.3	2.0

表 2-4　建筑生石灰粉的技术指标（JC/T 480—2013）

项　目		钙质生石灰粉			镁质生石灰粉		
		优等品	一等品	合格品	优等品	一等品	合格品
有效成分(CaO＋MgO)含量/%，不小于		85	80	75	80	75	70
CO_2 含量/%，不大于		7	9	11	8	10	12
细度	0.90mm 筛的筛余量/%，不大于	0.2	0.5	1.5	0.2	0.5	1.5
	0.125mm 筛的筛余量/%，不大于	7.0	12.0	18.0	7.0	12.0	18.0

表 2-5　建筑消石灰粉的技术指标（JC/T 481—2013）

项　目		钙质消石灰粉			镁质消石灰粉			白云石消石灰粉		
		优等品	一等品	合格品	优等品	一等品	合格品	优等品	一等品	合格品
CaO＋MgO 含量/%，不小于		70	65	60	65	60	55	65	60	55
游离水含量/%		0.4～2								
体积安定性		合格	合格	—	合格	合格	—	合格	合格	—
细度	0.90mm 筛的筛余量/%，不大于	0	0	0.5	0	0	0.5	0	0	0.5
	0.125mm 筛的筛余量/%，不大于	3	10	15	3	10	15	3	10	15

二、石灰的水化、熟化（或消解）和硬化

1. 石灰的水化

生石灰在使用前一般都用水消化，亦称为熟化或消解。生石灰加水后，即迅速水化成氢氧化钙并放出大量热量，其反应式如下：

$$CaO + H_2O \longrightarrow Ca(OH)_2 + 65kJ/mol$$
生石灰　　　　　熟石灰（消石灰）

生石灰水化反应具有以下特点。

（1）水化反应速率快，放热量大

每消解 1kg 生石灰可放热 1160kJ，也即质量为 290g 的纯生石灰消化放热可达 335kJ，

可用来烧开 1kg 的水。这主要是由于生石灰结构多孔，CaO 的晶粒细小，内比表面积大，水分子容易进入，与水接触的面积大而造成的。

（2）水化过程中体积增大

质纯且煅烧良好的块状生石灰水化时，其外观体积可增大 3～3.5 倍，含杂质且煅烧不良的生石灰体积增大 1～2.5 倍。

生石灰在水化时剧烈放热和体积膨胀的性质，易造成工程质量事故，所以在储存和运输时，应注意安全。

（3）水化反应是可逆的

水化过程中必须通风要好，将热量及时排出，这样才能保证水化反应不断向右进行。如不及时散热，当温度太高，超过反应平衡的温度 [547 ℃、1 个大气压约 10^5 Pa] 时，反应则向左方进行（逆行），水分蒸发太快，使生成的 $Ca(OH)_2$ 脱水分解为 CaO 和 H_2O，影响消解。所以石灰水化时，要注意控制温度，并且升温不要太快，但温度过低，则消解速率将变慢。

2. 石灰浆的硬化

石灰浆体在空气中逐渐硬化，是由下面两个同时进行的过程来完成的。

（1）结晶作用（crystallization）

因游离水分蒸发使氢氧化钙从过饱和溶液中结晶析出。

（2）碳化作用（carbonization）

氢氧化钙与潮湿空气中的二氧化碳反应生成不溶于水的碳酸钙结晶体，而使石灰浆硬化。其反应式如下：

$$Ca(OH)_2 + CO_2 + nH_2O \longrightarrow CaCO_3 + (n+1)H_2O \uparrow$$

碳化后生成的 $CaCO_3$ 晶体可相互交叉连生并与 $Ca(OH)_2$ 共生，构成紧密交织的结晶网，使石灰硬化体强度提高。另外，$CaCO_3$ 的固相体积略大于 $Ca(OH)_2$ 的固相体积，致使硬化的石灰浆体结构更加致密，从而表现为对其表面强度有显著改善。

由于空气中 CO_2 浓度很低，且石灰碳化作用是由结构表面向内进行的，碳化后形成的致密 $CaCO_3$ 层会阻碍 CO_2 向其内部进一步渗透，而且也阻止了砂浆层内水分向外蒸发，故碳化过程非常缓慢，长时间只限于结构表层。

三、石灰的性质

1. 保水性、可塑性好

生石灰消解为石灰浆时生成的氢氧化钙颗粒极细小（粒径约 $1\mu m$），呈胶体分散状态，比表面积大，对水的吸附能力强，表面能吸附一层较厚的水膜，因而保水性好，水分不易泌出，并且水膜使颗粒间的摩擦力减小，故可塑性也好。在水泥砂浆中加入石灰浆使可塑性显著提高，且克服了水泥砂浆保水性差的缺点。

2. 硬化慢、强度低

由于石灰浆体在硬化过程中的结晶作用和碳化作用都极为缓慢，所以强度低；如 1∶3 配比的石灰砂浆，其 28d 的抗压强度只有 0.2～0.5MPa。

3. 硬化时体积收缩大

由于石灰浆中存在大量的游离水分，硬化时大量水分蒸发，导致内部毛细管失水紧缩，引起体积显著收缩，易使硬化的石灰浆体产生网状干缩性裂纹，故石灰浆不宜单独使用。通常施工时常掺入一定量的集料（如砂子等）或纤维材料（如麻刀、纸筋等）。

4. 耐水性差

由于石灰浆体硬化慢、强度低，在石灰硬化体中，大部分仍然是尚未碳化的 $Ca(OH)_2$。$Ca(OH)_2$ 微溶于水，当已硬化的石灰浆体受潮时，耐水性极差，软化系数接近于零，强度丧失，引起溃散，故石灰不宜用于潮湿环境及易受水浸泡的部位。

四、石灰的应用

在土木工程建设中，石灰的应用十分广泛，主要应用于以下几个方面。

1. 石灰乳涂料（lime milk）

石灰乳可作粉刷涂料，其价格低廉，颜色洁白，施工方便，建筑物内墙和顶棚采用消石灰乳粉刷，能为室内增白添亮。

2. 石灰砂浆（lime mortar）与混合砂浆（composite mortar）

利用石灰膏或消石灰粉作为胶凝材料可以单独或与水泥一起配制各种砂浆，广泛用于砌体砌筑和墙体抹面。

3. 灰土（lime earth）与三合土（lime sand broken brick concrete）

消石灰粉与黏土拌和后称为灰土，若再加砂（或炉渣、石屑等）即成三合土。消石灰粉可塑性好，在夯实或压实下，灰土或三合土密实度增大，并且黏土中的少量活性氧化硅、氧化铝与 $Ca(OH)_2$ 在长期作用下反应生成了水硬性水化产物，使颗粒间的粘接力不断增加，由此，灰土或三合土的强度和耐水性能也不断提高。灰土和三合土广泛用于建筑物基础和道路的垫层。三合土在道路路基基础设计中的应用见图 2-4。

4. 硅酸盐制品（lime silicate concrete）

以消石灰粉或磨细生石灰和硅质材料（如石英砂、粉煤灰等）为原料，加水拌和，经成型、蒸养或蒸压处理等工序

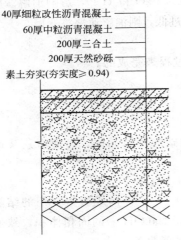

40厚细粒改性沥青混凝土
60厚中粒沥青混凝土
200厚三合土
200厚天然砂砾
素土夯实(夯实度≥0.94)

图 2-4　道路路基基础剖面图

而成的建筑材料，统称为硅酸盐制品。如蒸压灰砂砖、硅酸盐砌块等，主要用作墙体材料。

生石灰吸水性、吸湿性极强，所以需在干燥条件下存放，最好在密闭条件下存放。运输过程中应有防雨措施。不应与易燃易爆及液体物品共同存、运，以免发生火灾和引起爆炸。另外，生石灰不宜存放太久。因在存放过程中，生石灰吸收空气中的水分自动熟化成消石灰粉，并进而与空气中二氧化碳作用生成碳酸钙，从而失去胶结能力。

第三节　水　玻　璃

水玻璃（water glass）俗称"泡花碱"，是一种由碱金属氧化物和二氧化硅结合而成的水溶性硅酸盐材料，其化学通式为 $R_2O \cdot nSiO_2$。固体水玻璃是一种无色、天蓝色或黄绿色的颗粒，高温高压溶解后是无色或略带色的透明或半透明黏稠液体。常见的有硅酸钠水玻璃（$Na_2O \cdot nSiO_2$）和硅酸钾水玻璃（$K_2O \cdot nSiO_2$）等。硅酸钾水玻璃在性能上优于硅酸钠水玻璃，但其价格较高，故建筑上最常用的是钠水玻璃。

一、水玻璃生产

生产硅酸钠水玻璃的主要原料是石英砂、纯碱或含碳酸钠的原料。

1. 湿法生产

将石英砂和苛性钠液体在压蒸锅内（0.2～0.3MPa）用蒸汽加热，并加以搅拌，使其直接反应而成液体水玻璃。

2. 干法生产

将各原料磨细，按比例配合，在熔炉内加热至 1300～1400℃，熔融而生成硅酸钠，冷却后即为固态水玻璃，其反应式如下：

$$Na_2CO_3 + nSiO_2 \longrightarrow Na_2O \cdot nSiO_2 + CO_2 \uparrow$$

然后将固态水玻璃（见图 2-5）在水中加热溶解成无色、淡黄或青灰色透明或半透明的胶状玻璃溶液，即为液态水玻璃（见图 2-6）。

图 2-5　固态水玻璃颗粒

图 2-6　液态水玻璃

水玻璃中的二氧化硅与碱金属氧化物之间的摩尔比 n 称为水玻璃模数，即 $n = n(SiO_2) : n(R_2O)$。

水玻璃与普通玻璃不同，它能溶解于水，并能在空气中凝结、硬化。水玻璃模数与浓度是水玻璃的主要技术性质。水玻璃模数一般在 1.5～3.5 之间，模数大小决定着水玻璃在水中溶解的难易程度。模数为 1 时，能在常温水中溶解，模数增大，只能在热水中溶解，当模数大于 3 时，则要在 4 个大气压（0.4MPa）以上的蒸汽中才能溶解。但 n 值大，胶体组分多，其水溶液的粘接能力强。当模数相同时，水玻璃溶液的密度越大，则溶液越稠、黏性越大、粘接力越好。工程上常用的水玻璃模数为 2.6～2.8，其密度为 1.3～1.4g/cm³。

二、水玻璃的硬化

水玻璃在空气中吸收 CO_2，形成无定形的二氧化硅凝胶（又称硅酸凝胶），凝胶脱水转变为二氧化硅而硬化，其反应式为：

$$Na_2O \cdot nSiO_2 + CO_2 + mH_2O \longrightarrow Na_2CO_3 + nSiO_2 \cdot mH_2O$$

由于空气中二氧化碳含量极少，上述硬化过程极慢，为加速硬化，可掺入适量促硬剂，如氟硅酸钠（Na_2SiF_6），促使硅胶析出速率加快，从而加快水玻璃的凝结与硬化。反应式为：

$$2(Na_2O \cdot nSiO_2) + mSiO_2 + Na_2SiF_6 \longrightarrow (2n+1)SiO_2 \cdot mH_2O + 6NaF$$

氟硅酸钠的适宜掺量为 12%～15%（占水玻璃质量）。用量太少，硬化速率慢，强度低，且未反应的水玻璃易溶于水，导致耐水性差；用量过多会引起凝结过快，造成施工困难。氟硅酸钠有一定的毒性，操作时应注意安全。

三、水玻璃的性质

1. 粘接性能较好

水玻璃硬化后的主要成分为硅酸凝胶和固体，比表面积大，因而有良好的粘接性能。对于不同模数的水玻璃，模数越大，粘接力越大；当模数相同时，则浓度越稠，粘接力越大。另外，硬化时析出的硅酸凝胶还可堵塞毛细孔隙，起到防止液体渗漏的作用。

2. 耐热性好、不燃烧

水玻璃硬化后形成的 SiO_2 网状骨架在高温下强度不下降，用它和耐热集料配制的耐热混凝土可耐 1000 ℃ 的高温而不破坏。

3. 耐酸性好

硬化后的水玻璃主要成分是 SiO_2，在强氧化性酸中具有较好的化学稳定性。因此能抵抗大多数无机酸（氢氟酸除外）与有机酸的腐蚀。

4. 耐碱性与耐水性差

因 SiO_2 和 $Na_2O \cdot nSiO_2$ 均为酸性物质，溶于碱，故水玻璃不能在碱性环境中使用。而硬化产物 NaF、Na_2CO_3 等又均溶于水，因此耐水性差。

四、水玻璃的应用

1. 涂刷或浸渍材料

直接将液体水玻璃涂刷或浸渍多孔材料（天然石材、黏土砖、混凝土以及硅酸盐制品）时，能在材料表面形成 SiO_2 膜层，提高其抗水性及抗风化能力。但石膏制品表面不能涂刷水玻璃，因二者有反应。

2. 配制耐热砂浆和耐热混凝土

用水玻璃作为胶结材料，氟硅酸钠作促硬剂，加入耐热集料，按一定比例配制成为耐热砂浆和耐热混凝土，用于工业窑炉基础、高炉外壳及烟筒等工程。

3. 配制耐酸砂浆和耐酸混凝土

用水玻璃作为胶结材料，氟硅酸钠作促硬剂，和耐酸粉料及集料按一定比例配制成为耐酸砂浆或耐酸混凝土，用于储酸槽、酸洗槽、耐酸地坪及耐酸器材等。

4. 配制水玻璃矿渣砂浆

将磨细粒化高炉矿渣、液态水玻璃和砂按照质量比 1∶1.5∶2 的比例配合，即得到水玻璃矿渣砂浆。可用作建筑外墙饰面或室内贴墙纸、轻型内隔墙（如纸面石膏板）的粘接剂，或修补砖墙裂缝。粘贴墙纸时可不加砂。所用水玻璃模数为 2.3～3.4，密度为 1.4～1.5g/cm³。

5. 配制保温绝热材料

以水玻璃为胶结材料，膨胀珍珠岩或膨胀蛭石为集料，加入一定量的赤泥或氟硅酸钠，经配料、搅拌、成型、干燥、熔烧，可制成具有保温绝热材料性能的制品。

6. 加固土壤

用模数为 2.5～3.0 的液体水玻璃和氯化钙溶液做加固土壤的化学灌浆材料。灌浆后生成的硅胶能吸水肿胀，能将土粒包裹起来填实土壤空隙，从而起到防止水分渗透和加固土壤的作用。

7. 配制防水剂

水玻璃中加入各种矾的水溶液，配制成防水剂，与水泥调和，可用于堵漏、抢修等工程。多矾防水剂常用胆矾（硫酸铜，$CuSO_4 \cdot 5H_2O$）、红矾（重铬酸钾，$K_2Cr_2O_7$）、紫矾 [硫酸铬钾，$KCr(SO_4)_2 \cdot 12H_2O$]、明矾 [也称白矾，硫酸铝钾 $KAl(SO_4)_2 \cdot 12H_2O$] 等。

第四节　菱　苦　土

菱苦土（magnesite）是一种以 MgO 为主要成分的白色或浅黄色粉末，又称镁质胶凝材料或氯氧镁水泥。由于该胶凝材料的制品易发生返卤、变形等，近十几年来，人们一直在不断对其进行改性，并取得了良好效果。

一、菱苦土的生产

天然菱镁矿（$MgCO_3$）、蛇纹石（$3MgO \cdot 2SiO_2 \cdot 2H_2O$）或白云岩（$MgCO_3 \cdot CaCO_3$）均可作为生产菱苦土（见图 2-7）的原材料，将其煅烧（750~850℃）、磨细即为菱苦土。主要反应式为：

$$MgCO_3 \longrightarrow MgO + CO_2 \uparrow$$

二、菱苦土的水化、硬化

菱苦土与水拌和后迅速水化并放出大量的热，反应式为：

$$MgO + H_2O \longrightarrow Mg(OH)_2$$

生成的 $Mg(OH)_2$ 疏松，胶凝性能差。故通常用 $MgCl_2$ 的水溶液（也称卤水）来拌和，氯化镁的含量为 55%~60%（以 $MgCl_2 \cdot 6H_2O$ 计）。其反应的主要产物为 $xMgO \cdot yMgCl_2 \cdot zH_2O$。

图 2-7　菱苦土粉

$$xMgO + yMgCl_2 + zH_2O \longrightarrow xMgO \cdot yMgCl_2 \cdot zH_2O$$

氯化镁可大大加速菱苦土的硬化，且硬化后的强度很高。加氯化镁后，初凝时间为 30~60min，1 天的强度可达最高强度的 60%~80%，7 天左右可达最高强度（抗压强度达 40~70MPa）。硬化后的体积密度为 1000~1100kg/m³，属于轻质高强材料。

三、菱苦土的性质及应用

菱苦土具有碱性较低、胶凝性能好、强度较高和对植物类纤维不腐蚀的优点，但菱苦土硬化后，吸湿性大、耐水性差，且遇水或吸湿后易产生翘曲变形，表面泛霜，强度大大降低。因此菱苦土制品不宜用于潮湿环境。

建筑上常用菱苦土与木屑 [1:（1.5~3）] 及氯化镁溶液（密度为 1.2~1.25g/cm³）制作菱苦土木屑地面。为了提高地面强度和耐磨性，可掺入适量滑石粉、石英砂、石屑等。这种地面具有保温、防火、防爆（碰撞时不发火星）及一定的弹性。表面刷漆后光洁且不易产生噪声与尘土，常应用于纺织车间、教室、办公室、影剧院等。

菱苦土中掺入适量的粉煤灰、沸石粉等改性材料并经过防水处理，可制得平瓦、波瓦和脊瓦，用于非受冻地区的一般仓库及临时建筑的屋面防水。

将刨花、亚麻或其他木质纤维与菱苦土混合后，可压制成平板，主要用于墙体的复合板、隔板、屋面板等。

菱苦土在存放时必须防潮、防水和避光，且贮存期不宜超过三个月。

本 章 小 结

1. 胶凝材料按硬化条件的分类

气硬性胶凝材料：指那些只能在空气中硬化，也只能在空气中保持或继续提高其强度的材料，如石灰、石膏、水玻璃。

水硬性胶凝材料：指那些不仅能在空气中，而且能更好地在水中硬化，保持并继续提高其强度的材料，如各种水泥。

2. 欠火石灰、过火石灰

欠火石灰：由于煅烧温度低或煅烧时间短，没有将石灰烧透，内含部分未分解的碳酸钙，其利用率低。

过火石灰：由于煅烧温度高或煅烧时间长，黏土等杂质熔融并包裹在石灰表面，造成过火灰熟化十分缓慢，而且水化生成物有可能引起已经变硬的石灰制品隆起和开裂，需进行"陈伏"处理。

3. 石灰的熟化与陈伏

熟化：指石灰加水生成氢氧化钙并放出大量热量的过程，也称水化或消解。

陈伏：为了消除过火石灰的危害，将石灰放在储灰坑中存放 2 周以上，让石灰充分熟化的过程。

4. 消石灰粉与石灰膏

消石灰粉：将生石灰用适量的水消化而得的粉末，亦称熟石灰粉，其主要成分是氢氧化钙。

石灰膏：将生石灰用较多的水消化而得的可塑性浆体，其主要成分是氢氧化钙。

5. 石灰与石膏的等级

生石灰根据氧化钙与氧化镁含量、未消化残渣含量、二氧化碳量及产浆量四项技术要求分为优等品、一等品和合格品三个等级。

建筑石膏根据强度、细度及凝结时间三项技术要求分为优等品、一等品和合格品三个等级。

6. 石灰、石膏贮存与运输时的注意事项

贮存：应分类、分等级，贮存于干燥的仓库内。石膏存期不超过三个月，石灰可适当延长。

运输：应注意防潮、防水。块灰不准与易燃、易爆及液体物品混装。

7. 气硬性胶凝材料的特性与应用（见表 2-6）

表 2-6　气硬性胶凝材料的特性与应用

材　料	原　料	凝结与硬化机理	特　性	应　用
石膏 $CaSO_4 \cdot \frac{1}{2}H_2O$	二水石膏 $CaSO_4 \cdot 2H_2O$	凝结原因： ①生成物颗粒细小，可吸附更多的水； ②水分蒸发； ③部分水参与反应而成化合水。 硬化机理 胶粒—晶体—晶体骨架—强度	①凝结硬化快； ②耐水性差； ③硬化后体积微膨胀； ④防水性好； ⑤孔隙率高	建筑装饰制品 石膏板 高级抹灰材料

续表

材　料	原　料	凝结与硬化机理	特　性	应　用
石灰 CaO	碳酸钙 CaCO$_3$	凝结硬化原因: ①内部水分蒸发 ②表层"碳化"	①凝结硬化慢,强度低; ②耐水性差; ③保水性好; ④硬化后体积收缩大	粉刷墙壁 配砂浆 灰土、三合土
水玻璃 Na$_2$O·nSiO$_2$ 水溶液	石英砂+苛性钠 (或碳酸钠)	凝结硬化原因: 水分蒸发,硅酸盐凝胶由溶液中 析出并进一步脱水	①粘接力高; ②耐酸; ③耐热	涂料 耐酸材料 耐热材料

思　考　题

1. 气硬性胶凝材料与水硬性胶凝材料有何区别?
2. 建筑石膏和高强石膏的成分是什么?各有什么特点?
3. 石膏浆体是如何凝结硬化的?
4. 石膏制品有哪些特点?建筑石膏可用于哪些方面?
5. 建筑石灰按加工方法不同可分为哪几种?它们的主要化学成分各是什么?
6. 什么是过火石灰和欠火石灰?它们对石灰的使用有何影响?
7. 什么是石灰的消解?消解后的石灰膏能否马上使用?为什么?
8. 根据石灰的特性,说明石灰有哪些用途以及使用时应注意的问题。
9. 试从生石灰的水化硬化特点,分析生石灰贮存过久对其使用有无影响。
10. 采用石灰砂浆抹灰的墙体会产生哪几种形式的开裂?试分析其原因。

第三章 水 泥

水泥（cement）是水硬性胶凝材料，广泛应用于建筑、水利、交通和国防等各项建设中，是建筑工程不可缺少的水硬性胶凝材料。

水泥品种很多，按其组成主要分为通用硅酸盐水泥、铝酸盐水泥、硫铝酸盐水泥、铁铝酸盐系水泥四大类；按性能和用途可分为通用水泥、专用水泥、特性水泥三大类。

通用水泥是建筑工程中用量最大的水泥，包括硅酸盐水泥、普通硅酸盐水泥、矿渣硅酸盐水泥、火山灰质硅酸盐水泥、粉煤灰硅酸盐水泥和复合硅酸盐水泥六个品种；专用水泥是指适应专门用途的水泥，如中、低热硅酸盐水泥、道路硅酸盐水泥、砌筑水泥等；特性水泥则是具有比较突出的某种性能的水泥，如快硬硅酸盐水泥、白色硅酸盐水泥、抗硫酸盐水泥、膨胀水泥和自应力水泥等。

本章重点介绍通用硅酸盐水泥的生产、性质与使用，简要介绍其他品种水泥的性质和应用。通过学习，应了解通用硅酸盐水泥的原料、生产过程，掌握其矿物组成、水化、凝结、硬化的特点，熟悉通用硅酸盐水泥的技术性质和应用。了解其他特性水泥和专用水泥。

第一节 通用硅酸盐水泥

通用硅酸盐水泥（common portland cement）是以硅酸盐水泥熟料、适量石膏、掺合材料混合制成的水硬性胶凝材料。通用硅酸盐水泥的组分应符合表 3-1 的规定。

表 3-1 通用硅酸盐水泥的组分

品 种	代号	组分/%				
		熟料＋石膏	粒化高炉矿渣	火山灰质掺合材料	粉煤灰	石灰石
硅酸盐水泥	P·Ⅰ	100	—	—	—	—
	P·Ⅱ	≥95	≤5	—	—	—
		≥95	—	—	—	≤5
普通硅酸盐水泥	P·O	≥80 且＜95	>5 且≤20			
矿渣硅酸盐水泥	P·S·A	≥50 且＜80	>20 且≤50	—	—	—
	P·S·B	≥30 且＜50	>50 且≤70	—	—	—

续表

品　种	代号	组分/%				
		熟料+石膏	粒化高炉矿渣	火山灰质掺合材料	粉煤灰	石灰石
火山灰质硅酸盐水泥	P·P	≥60 且<80	—	>20 且≤40	—	—
粉煤灰硅酸盐水泥	P·F	≥60 且<80	—	—	>20 且≤40	—
复合硅酸盐水泥	P·C	≥50 且<80	>20 且≤50			

一、硅酸盐水泥

硅酸盐水泥分为两个类型，未掺混合材料的为Ⅰ型硅酸盐水泥，代号 P·Ⅰ；掺入不超过水泥质量 5％的混合材料（粒化高炉矿渣或石灰石）的称为Ⅱ型硅酸盐水泥，代号 P·Ⅱ。硅酸盐水泥是通用硅酸盐水泥的基本品种。

1. 硅酸盐水泥的生产

硅酸盐水泥的生产过程包括三个环节，即生料的配制与磨细、熟料的煅烧和熟料的粉磨，可简单概括为"两磨一烧"，如图 3-1 所示。

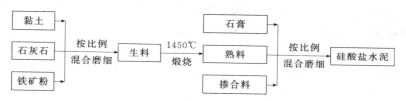

图 3-1　硅酸盐水泥生产工艺流程示意图

硅酸盐水泥的原料主要由三部分组成：石灰质原料（如石灰石、贝壳等，提供 CaO）、黏土质原料（如黏土、页岩等，主要提供 SiO_2、Al_2O_3、Fe_2O_3）、校正原料（如铁矿粉，用以补充原料不足的 Fe_2O_3；砂岩用以补充原料中不足的 SiO_2）。

将以上三种原料按适当的比例配合，并将它们在球磨机内研磨到规定细度并均匀混合，这个过程叫做生料配制。生料配制有干法和湿法两种。

为了满足施工间歇时间的要求，延缓水泥的凝结时间，将水泥熟料配以适量的石膏（常用天然二水石膏、天然硬石膏），并根据要求掺入 5％以内或不掺混合材料，共同磨至适当的细度，即制成硅酸盐水泥。

2. 硅酸盐水泥熟料的矿物组成及特性

（1）硅酸盐水泥熟料的矿物组成

硅酸盐水泥熟料主要由四种矿物组成，其名称、化学组成、化学式缩写、含量如表 3-2 所示。

表 3-2　硅酸盐水泥熟料的矿物组成

熟料矿物名称	化学组成	简写	含量
硅酸三钙	$3CaO·SiO_2$	C_3S	36％～60％
硅酸二钙	$2CaO·SiO_2$	C_2S	15％～36％
铝酸三钙	$3CaO·Al_2O_3$	C_3A	7％～15％
铁铝酸四钙	$4CaO·Al_2O_3·Fe_2O_3$	C_4AF	10％～18％

水泥熟料中除了上述主要矿物外，还含有少量的游离氧化钙（f-CaO）、游离氧化镁（f-

MgO)、碱性氧化物（Na_2O、K_2O）和玻璃体等。

（2）硅酸盐水泥熟料矿物的特性

硅酸盐水泥熟料的四种主要矿物单独与水作用时所表现的特性是不同的，见表 3-3。

表 3-3 硅酸盐水泥熟料主要矿物特性

矿物组成 表现特性	硅酸三钙	硅酸二钙	铝酸三钙	铁铝酸四钙
反应速率	快	慢	最快	快
28d 水化放热量	多	少	最多	中
早期强度	高	低	低	低
后期强度	高	高	低	低
耐腐蚀性	中	良	差	好
干缩性	中	小	大	小

C_3S 水化速率较快，水化热较大，其水化产物主要在早期产生。因此，早期强度最高，且能得到不断增长，它是决定水泥强度等级的最主要矿物。

C_2S 水化速率最慢，水化热最小，其水化产物和水化热主要在后期产生。因此，它对水泥早期强度贡献很小，但对后期强度增加至关重要。

C_3A 水化速率最快，水化热最集中，如果不掺加石膏，易造成水泥速凝。它的水化产物大多在 3d 内就产生，但强度并不大，以后也不再增长，甚至倒缩。硬化时所表现出的体积收缩也最大，耐硫酸盐性能差。

C_4AF 水化速率介于 C_3A 和 C_3S 之间，强度也是在早期发挥，但不大。它的突出特点是抗冲击性能和抗硫酸盐性能好。水泥中若提高它的含量，可增加水泥的抗折强度和耐腐蚀性能。

硅酸盐水泥强度主要取决于四种单矿物的性质。适当地调整它们的相对含量，可以制得不同品种的水泥。如：当提高 C_3S 和 C_3A 含量时，可以生产快硬硅酸盐水泥；提高 C_2S 和 C_4AF 的含量，降低 C_3S、C_3A 的含量就可以生产出低热的大坝水泥；提高 C_4AF 含量则可制得高抗折强度的道路水泥。

3. 硅酸盐水泥的水化、凝结、硬化

（1）硅酸盐水泥的水化

水泥加水后，其颗粒表面立即与水发生化学反应，生成一系列的水化产物并放出一定的热量。

石膏掺量不能过多，过多时不仅缓凝作用不大，还会引起水泥安定性不良。一般生产水泥时石膏掺量占水泥质量的 3%～5%，实际掺量需通过试验确定。

如果不考虑硅酸盐水泥水化后的一些少量生成物，那么硅酸盐水泥水化后的主要成分有：水化硅酸钙凝胶（C-S-H）、水化铁酸钙凝胶（C-F-H）、氢氧化钙晶体（CH）、水化铝酸钙晶体（C_3AH_6）、水化硫铝酸钙晶体（AFt、AFm）。

在充分水化的水泥中，水化硅酸钙的含量为 70%，氢氧化钙的含量约为 20%，钙矾石和单硫型水化硫铝酸钙约为 7%，其他为 3%。

（2）硅酸盐水泥的凝结和硬化

与其他矿物胶凝材料一样，硅酸盐水泥加水拌和后成为可塑性的浆体。随着时间的推移，其塑性逐渐降低，直至最后失去塑性，这个过程称为水泥的凝结。随着水化的深入进行，水化产物不断增多，形成的空间网状结构愈加密实，水泥浆体便产生强度，即达到了硬化。水泥的凝结硬化是一个连续不断的过程。

水化是水泥产生凝结硬化的前提，而凝结硬化是水化的结果。这一过程起初进行很快，但随着水泥颗粒周围的水化产物不断增多，阻碍了水泥颗粒继续水化，所以水化速率也相应减慢。尽管水化仍能进行，但无论多久，水泥内核也很难达到完全水化。

由以上水泥凝结、硬化过程可知，硬化后的水泥石是由凝胶体（凝胶和晶体）、未水化的水泥颗粒内核、毛细孔、自由水等组成的非匀质体。

（3）影响硅酸盐水泥凝结硬化的因素

① 水泥矿物组成的影响　从表 3-1 可以看出，硅酸盐水泥熟料的四种矿物组成是影响水泥水化速率、凝结硬化过程和强度发展的主要因素。另外，水泥生产中石膏掺量的多少也非常关键。石膏掺入的目的是为了调节 C_3A 的水化、凝结硬化速率。掺量太少，缓凝作用小；掺量过多，又会使水泥浆在硬化后继续生成过量钙矾石而造成安定性不良。所以，水泥生产中石膏的掺入量必须严格控制。

② 细度的影响　水泥颗粒的粗细直接影响水泥的水化、凝结硬化、水化热、强度、干缩等性质。水泥颗粒越细，其与水接触越充分，水化反应速率越快，水化热越大，凝结硬化越快，早期强度较高。但水泥颗粒太细，在相同的稀稠程度下，单位需水量增多，硬化后，水泥石中的毛细孔增多，干缩增大，反而会影响后期强度。同时，水泥颗粒太细，易与空气中的水分及二氧化碳反应，使水泥不宜久存，而且磨制过细的水泥能耗大，成本高。

③ 水灰比（W/C）的影响　水灰比是水泥拌和时水与水泥的质量之比。拌和水泥浆体时，为了使其具有一定的塑性和流动性，实际加水量通常要大于水泥水化的理论用水量。水灰比越大，水泥浆越稀，颗粒间的间隙越大，凝结硬化越慢，多余水蒸发后在水泥石内形成的毛细孔越多，结果导致水泥石强度、抗冻性、抗渗性等随之下降，还会造成体积收缩等缺陷。

④ 养护条件（温度、湿度）的影响　养护温度升高，水泥水化反应速率加快，其强度增长也快，但反应速率太快所形成的结构不密实，反而会导致后期强度下降（当温度达到 70℃以上时，其 28d 的强度下降 10%～20%）；当温度下降时，水泥水化反应速率下降，强度增长缓慢，早期强度较低。当温度接近 0℃或低于 0℃时，水泥停止水化，并有可能在冻结膨胀作用下，造成已硬化的水泥石破坏。因此，冬季施工时，要采取一定的保温措施。通常水泥的养护温度在 5～20℃时有利于强度增长。

水泥是水硬性胶凝材料，水是水泥水化、硬化的必要条件。若环境湿度大，水分不易蒸发，则可保证水泥水化充分进行；若环境干燥，水泥浆体中的水分会很快蒸发，水泥浆体由于缺水，而致使水化不能正常进行甚至停止，强度不再增长，严重的会导致水泥石或混凝土表面产生干缩裂缝。

⑤ 养护时间（龄期）的影响　从水泥的凝结硬化过程可以看出，水泥的水化和硬化是一个较漫长的过程，随着龄期的增加，水泥水化更加充分，凝胶体数量不断增加，毛细孔隙减少，密实度和强度增加。硅酸盐水泥在 3～14d 内的强度增长较快，28d 后强度增长趋于缓慢。

4. 硅酸盐水泥的技术性质

根据相应的国家标准规定，对水泥的技术性质要求如下。

（1）细度（fineness）

水泥颗粒的粗细对水泥性质有很大影响。颗粒太粗，水化反应速率慢，早期强度低，不利于工程的进度；水泥颗粒太细，水化反应速率快，早期强度高，但需水量大，干缩增大，反而会使后期强度下降，同时能耗增大，成本增高。因此，水泥的细度必须适中，通常水泥颗粒的粒径在 $7\sim200\mu m$ 范围内。

硅酸盐水泥的细度采用比表面测定仪（勃氏法）检验，即根据一定量空气通过一定空隙率和厚度的水泥层时所受阻力的不同而引起流速的变化来测定。国家标准规定：硅酸盐水泥的比表面积应不小于 $300m^2/kg$。

（2）标准稠度用水量（water consumption for standard consistency）

标准稠度用水量指水泥加水调制到某一规定稠度净浆时所需拌和用水量占水泥质量的百分数。由于用水量的多少直接影响凝结时间和体积安定性等性质的测定，因而必须在规定的稠度下进行试验。硅酸盐水泥的标准稠度用水量一般为 $24\%\sim30\%$。水泥熟料矿物的成分和细度不相同时，其标准稠度用水量也不相同。

（3）凝结时间（settingtime）

为使水泥浆在较长时间内保持流动性，以满足施工中各项操作（搅拌、运输、振捣、成型等）所需时间的要求，水泥的初凝时间不宜太短；成型完毕后，又希望水泥尽快硬化，有利于下一步工序的开展，因此水泥的终凝时间不宜过长。

水泥的凝结时间是以标准稠度的水泥净浆在规定温度和湿度下，用凝结时间测定仪测定的。因为水泥的凝结时间与用水量有很大关系，为消除用水量的多少对水泥凝结时间的影响，使所测的结果有可比性，所以实验中必须采用标准稠度的水泥净浆。

国家标准规定：硅酸盐水泥的初凝时间不得小于 45min，终凝时间不得大于 390min。凝结时间不满足要求的为不合格品。

（4）体积安定性（soundness）

水泥在凝结硬化过程中体积变化的均匀性称为水泥的体积安定性。体积变化不均匀，即所谓的体积安定性不良，会使混凝土结构产生膨胀性裂缝，降低工程质量，严重的还会造成工程事故。引起水泥安定性不良的原因有以下几个。

① 熟料中含有过多的游离氧化钙　熟料煅烧时，一部分 CaO 未被吸收成为熟料矿物而形成过烧氧化钙，即游离氧化钙（f-CaO），它的水化速率很慢，在水泥凝结硬化很长时间后才开始水化，而且水化生成 $Ca(OH)_2$ 体积增大，如果水泥熟料中游离氧化钙含量过多，则会引起已硬化的水泥石体积发生不均匀膨胀而被破坏。

沸煮可加速游离氧化钙的水化，故国家标准《水泥标准稠度用水量、凝结时间、安定性检验方法》（GB 1346—2011）规定：用沸煮法检验游离氧化钙引起的水泥安定性不良。测试时又分试饼法和雷氏法，当两种方法发生争议时，以雷氏法为准。

② 熟料中含有过多的游离氧化镁　游离氧化镁（f-MgO）也是熟料煅烧时由于过烧而形成，同样也会造成水泥石体积安定性不良。但游离氧化镁引起的安定性不良，只有用压蒸法才能检验出来，不便于快速检验。因此，国家标准规定：硅酸盐水泥中的游离氧化镁的含量不得超过 5.0%，当压蒸试验合格时可放宽到 6.0%。

③ 石膏掺量过多　在生产水泥时，如果石膏掺量过多，在水泥已经硬化后，多余的石膏会与水泥石中固态的水化铝酸钙继续反应生成高硫型水化硫铝酸钙晶体，体积膨胀 1.5～2.0 倍，引起水泥石开裂。由于石膏造成的安定性不良，需长期在常温水中才能发现，不便于快速检验，因此在水泥生产时必须严格控制。国家标准规定：硅酸盐水泥中的石膏掺量以

SO₃ 计，其含量不得超过 3.5%。

体积安定性不符合要求的为不合格品。但某些体积安定性不合格的水泥存放一段时间后，由于水泥中的游离氧化钙吸收空气中的水而熟化，会变得合格。

（5）强度等级（strength grade）

水泥强度是硅酸盐水泥的一项重要指标，是评定水泥强度等级的依据。

国家标准规定，采用《水泥胶砂强度检验方法》（ISO 法）（GB/T 17671—2005）测定水泥强度。该法是将水泥、标准砂和水以规定的质量比例（水泥∶标准砂∶水＝1∶3∶0.5）按规定的方法搅拌均匀并成型为 40mm×40mm×160mm 的试件，在温度（20±1）℃的水中，养护到一定的龄期（3d、28d）后，测其抗折强度、抗压强度。根据所测的强度值将硅酸盐水泥分为 42.5、42.5R、52.5、52.5R、62.5、62.5R 六个强度等级（符号 R 表示早强型）。

各龄期的强度不能低于国家标准《通用硅酸盐水泥》（GB 175—2007）的规定，见表 3-4。强度不满足要求的为不合格品。

（6）水化热（heat of hydration）

水泥在与水进行水化反应时放出的热量称为水化热（J/g）。水化放热量与放热速率不仅影响水泥的凝结硬化速度，而且由于热量的积蓄还会产生某些效果，如有利于低温环境中的施工，不利于大体积结构的体积稳定等。对于某些大体积混凝土工程（大型基础、水坝、桥墩等），水化热积聚在结构内部不易发散，使结构的内外温差可达到 50～60℃以上，由此引起较大的应力会导致混凝土开裂等破坏，因此应采用低热水泥；而对于冬季施工等低温环境工程，宜采用水化热大的水泥，以利用其自身的水化热量来保证混凝土凝结硬化。

表 3-4　通用硅酸盐水泥各龄期的强度要求

品种	强度等级	抗压强度/MPa		抗折强度/MPa	
		3d	28d	3d	28d
硅酸盐水泥	42.5	17.0	42.5	3.5	6.5
	42.5R	22.0		4.0	
	52.5	23.0	52.5	4.0	7.0
	52.5R	27.0		5.0	
	62.5	28.0	62.5	5.0	8.0
	62.5R	32.0		5.5	
普通硅酸盐水泥	42.5	17.0	42.5	3.5	6.5
	42.5R	22.0		4.0	
	52.5	23.0	52.5	4.0	7.0
	52.5R	27.0		5.0	
矿渣硅酸盐水泥 火山灰硅酸盐水泥 粉煤灰硅酸盐水泥 复合硅酸盐水泥	32.5	10.0	32.5	2.5	5.5
	32.5R	15.0		3.5	
	42.5	15.0	42.5	3.5	6.5
	42.5R	19.0		4.0	
	52.5	21.0	52.5	4.0	7.0
	52.5R	23.0		4.5	

水泥水化热的多少不仅取决于其矿物组成，而且还与水泥细度、混合材掺量等有关。水泥熟料中 C_3A 的放热量最大，其次是 C_3S，C_2S 放热量最低，而且放热速率也最慢；水泥细度越细，水化反应越容易进行，因此水化放热速率越快，放热量也越大。硅酸盐水泥 3d 龄期内放热量为总量的 50%，7d 内放出的热量为总量的 75%，3 个月内放出的热量可达总热量的 90%。表 3-5 列出了四种水泥熟料矿物的水化热大小。

表 3-5　水泥熟料矿物的水化热　　　　　　　　单位：J/g

矿物名称	3d	7d	28d	90d	365d
C_3A	888	1554	—	1302	1168
C_3S	293	395	400	410	408
C_2S	50	42	108	178	228
C_4AF	120	175	340	400	376

5. 硅酸盐水泥的性能及应用

（1）强度高

硅酸盐水泥凝结硬化快，早期强度和强度等级都高，可用于对早期强度有要求的工程，如现浇混凝土楼板、梁、柱、预制混凝土构件，也可用于预应力混凝土结构、高强混凝土工程。

（2）水化热大、抗冻性好

由于硅酸盐水泥水化热较大，有利于冬季施工。但也正是由于水化热较大，在修建大体积混凝土工程时（一般指长、宽、高均在 1m 以上），容易在混凝土构件内部聚集较大的热量，产生温度应力，造成混凝土的破坏。因此，硅酸盐水泥一般不宜用于大体积的混凝土工程。

硅酸盐水泥石结构密实且早期强度高，所以抗冻性好，适合用于严寒地区遭受反复冻融的工程及抗冻性要求较高的工程，如大坝的溢流面、混凝土路面工程。

（3）干缩小、耐磨性较好

硅酸盐水泥硬化时干缩小，不易产生干缩裂缝。一般可用于干燥环境工程。由于干缩小，表面不易起粉，因此耐磨性较好，可用于道路工程中。但 R 型硅酸盐水泥由于水化放热量大，凝结时间短，不利于混凝土远距离输送或高温季节施工，只适用于快速抢修工程和冬季施工。

（4）"碳化"性对钢筋的保护作用强

水泥石中的氢氧化钙与空气中的二氧化碳和水作用生成碳酸钙的过程称为"碳化"。碳化会引起钢筋混凝土中的钢筋失去钝化保护膜而锈蚀。硅酸盐水泥石中的氢氧化钙较多，碳化时水泥的碱度高，对钢筋的保护作用强，可用于二氧化碳浓度较高的环境中，如热处理车间等。

（5）耐腐蚀性差

硅酸盐水泥水化后，含有大量的氢氧化钙和水化铝酸钙，因此其耐软水和耐化学腐蚀性差，不能用于海港工程、抗硫酸盐工程等。

（6）耐热性差

当水泥石处于 250～300℃ 的高温度环境时，其中的水化硅酸钙开始脱水，体积收缩，强度下降。当受热在 700℃ 以上将遭破坏，因此硅酸盐水泥不宜用于温度高于 250℃ 的耐热混凝土工程，如工业窑炉和高炉的基础。

二、其他通用硅酸盐水泥

1. 混合材料（addition）

在生产水泥的过程中掺入的各种人工或天然矿物材料，称为混合材料。混合材的掺入不仅可以改善水泥的性能，调节水泥的强度等级，增加水泥产量，降低成本，而且可以大量利用工业废料，利于环保。

混合材料按其性能分为活性混合材料和非活性混合材料两种。

（1）活性混合材料（active addition）

本身与水反应很慢，但当磨细并与石灰、石膏或硅酸盐水泥熟料混合，加水拌和后能发生化学反应，在常温下能缓慢生成具有水硬性胶凝物质的矿物材料称为活性混合材。常用的活性混合材有如下几种。

① 粒化高炉矿渣（blastfurnace slag）　在高炉冶炼生铁时将浮在铁水表面的熔融物经急冷处理后，得到的粒径为 0.5～5mm 的疏松颗粒状材料称粒化高炉矿渣。由于多采用水淬方法进行急冷处理，故又称水淬矿渣。

② 火山灰质混合材料（pozzolanic addition）　火山灰质混合材料是用于水泥中的，以活性氧化硅、活性氧化铝为主要成分的矿物材料。按其成因可分为天然和人工两大类。

③ 粉煤灰（fly ash）　粉煤灰是火力发电厂用收尘器从烟道中收集的灰粉，也称飞灰，为玻璃态实心或空心球状颗粒，表面光滑、色灰。

（2）非活性混合材料

不与或几乎不与水泥成分产生化学作用，加入水泥的目的仅是降低水泥强度等级、提高产量、降低成本、减小水化热的这一类矿物材料，称为非活性混合材，也叫做惰性混合材。如磨细的石灰石、石英砂、黏土、慢冷矿渣、窑灰等。

2. 普通硅酸盐水泥（ordinary portland cement）

普通硅酸盐水泥代号为 P·O。其中加入了大于 5% 且不超过 20% 的活性混合材，并允许不超过水泥质量的 8% 的非活性混合材料或不超过水泥质量 5% 的窑灰代替部分活性混合材。

（1）普通硅酸盐水泥的技术指标

普通硅酸盐水泥的细度、体积安定性、氧化镁含量、二氧化硫含量、氯离子含量要求与硅酸盐水泥完全相同，凝结时间和强度等级技术指标要求不同。

① 凝结时间　要求初凝时间不小于 45min，终凝时间不大于 600min。

② 强度等级　根据 3d 和 28d 的抗折强度、抗压强度，将普通硅酸盐水泥分为 42.5、42.5R、52.5、52.5R 四个强度等级。各龄期的强度应满足表 3-4 的要求。

掺混合材料的普通硅酸盐水泥、火山灰质硅酸盐水泥、粉煤灰硅酸盐水泥、复合硅酸盐水泥在进行胶砂强度检验时，其用水量按 0.50 的水灰比和胶砂流动度不小于 180mm 来确定。当流动度小于 180mm 时，必须以 0.01 的整倍数递增的方法将水灰比调整至胶砂流动度不小于 180mm。

（2）普通硅酸盐水泥的性能及应用

普通硅酸盐水泥由于掺加的混合材料较少，因此其性能与硅酸盐水泥基本相同。只是强度等级、水化热、抗冻性、抗碳化性等较硅酸盐水泥略有降低，耐热性、耐腐蚀性略有提高。其应用范围与硅酸盐水泥大致相同。普通水泥是土木工程中用量最大的水泥品种之一。

3. 矿渣硅酸盐水泥

矿渣硅酸盐水泥（slag portland cement）分为两个类型，加入大于 20% 且不超过 50% 的粒化高炉矿渣的为 A 型，代号 P·S·A；加入大于 50% 且不超过 70% 的粒化高炉矿渣的为 B 型，代号 P·S·B。其中允许不超过水泥质量的 8% 的活性混合材、非活性混合材料和窑灰中的任一种材料代替部分矿渣。

（1）矿渣硅酸盐水泥的技术指标

矿渣硅酸盐水泥的凝结时间、体积安定性、氯离子含量要求均与普通硅酸盐水泥相同。其他技术要求如下。

① 细度　要求 $80\mu m$ 方孔筛筛余不大于 10% 或 $45\mu m$ 方孔筛筛余不大于 30%。

② 氧化镁含量　对 P·S·A 型，要求氧化镁的含量不大于 6.0%，如果含量大于 6.0% 时，需进行压蒸安定性试验并合格。对 P·S·B 型不作要求。

③ 三氧化硫含量　不大于 4.0%。

④ 强度等级　根据 3d 和 28d 的抗折强度、抗压强度，将矿渣硅酸盐水泥分为 32.5、32.5R、42.5、42.5R、52.5、52.5R 六个强度等级。各龄期的强度不能低于表 3.4 中的规定。

（2）矿渣硅酸盐水泥的性能及应用

① 早期强度发展慢，后期强度增长快　由于矿渣硅酸盐水泥中的熟料含量较少，故早期的熟料矿物的水化产物也相应减少，而二次水化又必须在熟料水化之后才能进行，因此凝结硬化速率慢，早期强度发展慢。但后期强度增长快，甚至可以超过同强度等级的硅酸盐水泥。该水泥不适用于早期强度要求较高的工程，如现浇混凝土楼板、梁、柱等。

② 耐热性好　因矿渣本身有一定的耐高温性，且硬化后水泥石中的氢氧化钙含量少，所以矿渣水泥适用于高温环境。如轧钢、铸造等高温车间的高温窑炉基础及温度达到 300～400℃ 的热气体通道等耐热工程。

③ 水化热小　水泥中掺加了大量的混合材，水泥熟料很少，放热量高的 C_3A 和 C_3S 含量少，因此水化放热速率慢、放热量小，可以用于大体积混凝土工程。

④ 耐腐蚀性好　由于二次水化消耗了大量的氢氧化钙，因此抗软水和海水侵蚀能力增强。可用于海港、水工等受硫酸盐和软水腐蚀的混凝土工程。

⑤ 水化时对温度、湿度敏感性强　当温度、湿度低时，凝结硬化慢，故不适于冬季施工。但在湿热条件下，可加速三次水化反应进行，凝结硬化速率明显加快，28d 的强度可以提高 10%～20%。特别适用于蒸汽养护的混凝土预制构件。

⑥ 抗碳化能力差　由于二次水化反应的发生，致使水泥石中 $Ca(OH)_2$ 含量少，碱度降低，在相同的二氧化碳的含量中，碳化进行得较快，碳化深度也较大，因此其抗碳化能力差，一般不用于热处理车间的修建。

⑦ 抗冻性差　由于水泥中掺加了大量混合材料，使水泥需水量增大，水分蒸发后造成的毛细孔隙增多，且早期强度低，故抗冻性差，不宜用于严寒地区，特别是严寒地区水位经常变动的部位。

⑧ 抗渗性差、干缩较大　由于矿渣本身不容易磨细，磨细后又呈多棱角状，且颗粒平均粒径大于硅酸盐水泥粒径，矿渣硅酸盐水泥的保水性差、抗渗性差、泌水通道较多、干缩

较大，使用中要严格控制用水量，加强早期养护。

4. 火山灰质硅酸盐水泥、粉煤灰硅酸盐水泥和复合硅酸盐水泥

火山灰质硅酸盐水泥（pozzolame portland cement）代号为 P·P，其中加入了大于 20％且不超过 40％的火山灰质混合材料。

粉煤灰硅酸盐水泥（fly ash portland cement）代号为 P·F，其中加入了大于 20％且不超过 40％的粉煤灰。

复合硅酸盐水泥（composzte portland cement）代号为 P·C，其中加入了两种（含）以上大于 20％且不超过 50％的混合材料，并允许用不超过水泥质量 8％的窑灰代替部分混合材料，所用混合材材料为矿渣时，其掺加量不得与矿渣硅酸盐水泥重复。

（1）三种水泥的技术指标

这三种水泥的细度、凝结时间、体积安定性、强度等级、氯离子含量要求与矿渣硅酸盐水泥相同。三氧化硫含量要求不大于 4.0％。氧化镁的含量要求不大于 6.0％，如果含量大于 6.0％时，需进行压蒸安定性试验并合格。

（2）三种水泥的性能及应用

这三种水泥与矿渣硅酸盐水泥的性质和应用有很多共同点，如早期强度发展慢、后期强度增长快，水化热小，耐腐蚀性好，温湿度敏感性强，抗碳化能力差，抗冻性差等。但由于每种水泥所加入混合材材料的种类和量不同，因此也各有其特点。

① 火山灰质硅酸盐水泥抗渗性好　因为火山灰颗粒较细，比表面积大，可使水泥石结构密实，又因在潮湿环境下使用时，水化中产生较多的水化硅酸钙可增加结构致密程度，因此火山灰质硅酸盐水泥适用于有抗渗要求的混凝土工程。但在干燥、高温的环境中，与空气中的二氧化碳反应使水化硅酸钙分解成碳酸钙和氧化硅，易产生"起粉"现象，不宜用于干燥环境的工程，也不宜用于有抗冻和耐磨要求的混凝土工程。

② 粉煤灰硅酸盐水泥干缩较小，抗裂性高　粉煤灰颗粒多呈球形玻璃体结构，比较稳定，表面又相当致密，吸水性小，不易水化，因而粉煤灰硅酸盐水泥干缩较小，抗裂性高，用其配制的混凝土和易性好，但其早期强度较其他掺混合材料的水泥低。所以，粉煤灰硅酸盐水泥适用于承受荷载较迟的工程，尤其适用于大体积水利工程。

③ 复合硅酸盐水泥综合性质较好　复合硅酸盐水泥由于使用了复合混合材料，改变了水泥石的微观结构，促进水泥熟料的水化，其早期强度大于同强度等级的矿渣硅酸盐水泥、粉煤灰硅酸盐水泥、火山灰质硅酸盐水泥。因而复合硅酸盐水泥的用途较硅酸盐水泥、矿渣硅酸盐水泥等更为广泛，是一种大力发展的新型水泥。

三、水泥的应用与储运

通用硅酸盐水泥是建筑工程中广泛使用的水泥品种。为方便查阅与选用，现将其选用原则列于表 3-6，以供参考。

水泥在储存和运输中不得受潮与混入杂物。水泥受潮结块时，在颗粒表面产生水化和碳化，从而丧失胶凝能力，严重降低其强度。而且，即使在良好的贮存条件下，也会吸收空气中的水分和二氧化碳，产生缓慢的水化和碳化。一般贮存 3 个月的水泥，强度下降 10％～20％；贮存 6 个月水泥强度下降 15％～30％；贮存 1 年后强度下降 25％～40％。水泥有效存放期规定：自水泥出厂之日起，不得超过 3 个月，超过 3 个月的水泥使用时应重新检验，以实测强度为准。

对于受潮水泥，可以进行处理，然后再使用。处理方法及适用范围见表 3-7。

表 3-6　通用硅酸盐水泥的选用

混凝土工程特点及所处环境特点		优先选用	可以选用	不宜选用
普通混凝土	在一般环境中的混凝土	普通硅酸盐水泥	矿渣硅酸盐水泥 火山灰质硅酸盐水泥 粉煤灰硅酸盐水泥 复合硅酸盐水泥	
	在干燥环境中的混凝土	普通硅酸盐水泥	矿渣硅酸盐水泥	火山灰质硅酸盐水泥 粉煤灰硅酸盐水泥
	在高温环境中或长期处于水中的混凝土	矿渣硅酸盐水泥 火山灰质硅酸盐水泥 粉煤灰硅酸盐水泥 复合硅酸盐水泥	普通硅酸盐水泥	
	厚大体积混凝土	矿渣硅酸盐水泥 火山灰质硅酸盐水泥 粉煤灰硅酸盐水泥 复合硅酸盐水泥		硅酸盐水泥
有特殊要求的混凝土	要求快硬、高强（>C40）的混凝土	硅酸盐水泥	普通硅酸盐水泥	矿渣硅酸盐水泥 火山灰质硅酸盐水泥 粉煤灰硅酸盐水泥 复合硅酸盐水泥
	严寒地区的露天混凝土（寒冷地区处于水位升降范围的混凝土）	普通硅酸盐水泥	矿渣硅酸盐水泥（强度等级>32.5级）	火山灰质硅酸盐水泥 粉煤灰硅酸盐水泥
	严寒地区处于水位升降范围的混凝土	普通硅酸盐水泥（强度等级>42.5级）		矿渣硅酸盐水泥 火山灰质硅酸盐水泥 粉煤灰硅酸盐水泥 复合硅酸盐水泥
	有抗掺要求的混凝土	普通硅酸盐水泥 火山灰质硅酸盐水泥		矿渣硅酸盐水泥
	有耐磨要求的混凝土	硅酸盐水泥 普通硅酸盐水泥	矿渣硅酸盐水泥（强度等级>32.5级）	火山灰质硅酸盐水泥 粉煤灰硅酸盐水泥
	受侵蚀介质作用的混凝土	矿渣硅酸盐水泥 火山灰质硅酸盐水泥 粉煤灰硅酸盐水泥 复合硅酸盐水泥		硅酸盐水泥

表 3-7　受潮水泥的处理与使用

受潮程度	处理办法	使用要求
轻微结块，可用手捏成粉末	将粉块压碎	经试验后根据实际强度使用
部分结成硬块	将硬块筛除，粉块压碎	经试验后根据实际强度使用。用于受力小的部位、强度要求不高的工程或配制砂浆
大部分结成硬块	将硬块粉碎磨细	不能作为水泥使用，可作为混合材掺入新水泥使用（掺量应小于25%）

　　水泥在运输和贮存中，不同品种、不同强度等级的水泥不能混装。对于袋装水泥，水泥堆放高度不能超过10包，遵循先来的水泥先用原则。包装袋两侧应印有生产者名称、生产许可证号（QS）及编号、水泥名称、代号、强度等级、出厂编号、执行标准号、包装日期、净含量。硅酸盐水泥和普通硅酸盐水泥用红色的字体打印在包装袋上，矿渣硅酸盐水泥为绿色字体，粉煤灰硅酸盐水泥、火山灰质硅酸盐水泥、复合硅酸盐水泥均为黑色字体或蓝色字体。

第二节 特性水泥和专用水泥

一、铝酸盐水泥（高铝水泥）（aluminate cement）

铝酸盐水泥是以铝矾土和石灰石为主要原料，经高温烧至全部或部分熔融所得的以铝酸钙为主要矿物成分的熟料，经磨细得到的水硬性胶凝材料，代号为 CA。由于熟料中氧化铝的成分大于 50%，因此又称高铝水泥。

1. 铝酸盐水泥的矿物组成

铝酸盐水泥按 Al_2O_3 含量百分数分为四类，见表 3-8。

表 3-8 铝酸盐水泥分类与化学成分（摘自 GB 201—2000） 单位：%

成分类型	Al_2O_3	SiO_2	Fe_2O_3	$R_2O(Na_2O+0.658K_2O)$	S	Cl
CA—50	≥50 且＜60	≤8.0	≤2.5	≤0.40	≤0.1	≤0.1
CA—60	≥60 且＜68	≤5.0	≤2.0			
CA—70	≥68 且＜77	≤1.0	≤0.7			
CA—80	≥77	≤0.5	≤0.5			

注：当用户需要时，生产厂应提供结果和测定方法。

铝酸盐水泥的主要矿物成分见表 3-9。

表 3-9 铝酸盐水泥的主要矿物成分

矿物名称	矿物成分	简写	矿物名称	矿物成分	简写
铝酸一钙	$CaO \cdot Al_2O_3$	CA	硅铝酸二钙	$2CaO \cdot Al_2O_3 \cdot SiO_2$	C_2AS
二铝酸一钙	$CaO \cdot 2Al_2O_3$	CA_2	七铝酸十二钙	$12CaO \cdot 7Al_2O_3$	$C_{12}A_7$

除了上述的铝酸盐外，铝酸盐水泥还含有少量的硅酸二钙等成分。

2. 铝酸盐水泥的技术指标

① 细度 比表面积不小于 $300m^2/kg$ 或 0.045mm 的筛余量不得大于 20%。

② 密度 与硅酸盐水泥相近，约为 $3.0\sim3.2g/cm^3$。

③ 凝结时间 应符合表 3-10 要求。

表 3-10 铝酸盐水泥凝结时间要求（摘自 GB 201—2000）

水泥类型	初凝时间	终凝时间
CA—50 CA—70 CA—80	不得早于 30min	不得迟于 6h
CA—60	不得早于 60min	不得迟于 18h

④ 强度等级 各类型铝酸盐水泥各龄期强度值不得小于表 3-11 中的要求。

表 3-11 铝酸盐水泥各龄期的强度要求（摘自 GB 201—2000）

水泥类型	抗压强度/MPa				抗折强度/MPa			
	6h	1d	3d	28d	6h	1d	3d	28d
CA—50	20	40	50	—	3.0	5.5	6.5	—
CA—60	—	20	45	85	—	2.5	5.0	10.0
CA—70	—	30	40		—	5.0	6.0	
CA—80	—	25	30		—	4.0	5.0	

3. 铝酸盐水泥的特性及应用

① 快硬、早强，高温下后期强度倒缩。1d 的强度可达到强度的 80% 以上，适用于紧急抢修工程（筑路、桥）、军事工程、临时性工程和早期强度有要求的工程。由于在湿热条件下强度倒缩，故铝酸盐水泥不适用于高温、高湿环境，一般施工与使用温度不超过 25℃ 的环境，也不能进行蒸汽养护，且不宜用于长期承载的工程。

② 水化热大，并且集中在早期，1d 内可放出水化热 70%～80%，使温度上升很高。因此，铝酸盐水泥不宜用于大体积混凝土工程，但适用于寒冷季节的冬季施工工程。

③ 抗硫酸盐性能强。因其水化后不含氢氧化钙，故适用于耐酸及硫酸盐腐蚀的工程。

④ 耐热性好。从其水化特征上看，铝酸盐水泥不适用于 30℃ 以上环境的工程。但在 900℃ 以上的高温环境下，却可用于配制耐热混凝土或耐热砂浆，如窑炉衬砖。

⑤ 耐碱性差。铝酸盐水泥的水化产物水化铝酸钙不耐碱，遇碱后强度下降。故铝酸盐水泥不能用于与碱接触的工程，也不能与硅酸盐水泥或石灰等能析出 $Ca(OH)_2$ 的材料接触，否则会发生闪凝，无法施工，且生成高碱性水化铝酸钙，使混凝土开裂破坏，强度下降。

⑥ 用于钢筋混凝土时，钢筋保护层厚度不得低于 60mm，未经试验，不得加入任何外加剂。

二、快硬水泥

1. 快硬硅酸盐水泥（rapid hardening portland cement）

快硬水泥的生产同硅酸盐水泥基本一致，只是在生产时提高了硅酸三钙（50%～60%）、铝酸三钙（8%～14%）的含量，两者的总量不少于 60%～65%，同时增加了石膏的掺量（可达 8%），提高了粉磨细度（比表面积达 $330～450mm^2/kg$）。快硬水泥的技术性质应符合国家标准《快硬硅酸盐水泥》（GB 199）的规定。

（1）快硬硅酸盐水泥的技术指标

① 细度　0.080mm 方孔筛筛余量小于 10.0%。

② 凝结时间　初凝时间不得早于 45min，终凝时间不得迟于 10h。

③ 强度等级　快硬硅酸盐水泥按 1d 和 3d 强度划分为 32.5、37.5、42.5 三个强度等级。各龄期强度值不得低于表 3-12 要求。

表 3-12 快硬硅酸盐水泥各龄期的强度要求（摘自 GB 199）

标号	抗压强度/MPa			抗折强度/MPa		
	1d	3d	28d	1d	3d	28d
32.5	15.0	32.5	52.5	3.5	5.0	7.2
37.5	17.0	37.5	57.5	4.0	6.0	7.6
42.5	19.0	42.5	62.5	4.5	6.4	8.0

注：28d 强度仅为参考。

（2）快硬硅酸盐水泥的特性及应用

快硬硅酸盐水泥硬化快，早期强度高，水化热高并且集中，抗冻好，耐腐蚀性差。一般快硬水泥主要用于紧急抢修和低温施工。由于水化热大，不宜用于大体积混凝土工程和有腐蚀性介质工程。

2. 快硬硫铝酸盐水泥（rapid hardening sulphoaluminate cement）

以适当的生料经煅烧所得的以无水硫铝酸钙和硅酸二钙为主要矿物成分的熟料，加入适量的石膏，磨细制成的具有高早期强度的水硬性胶凝材料，称为快硬硫铝酸盐水泥，代号 R·SAC。符合《快硬硫铝酸盐水泥》（JC 933—2003）的规定。

（1）快硬硫铝酸盐水泥技术要求

① 细度　比表面积不得低于 $350m^2/kg$。

② 凝结时间　初凝时间不得早于 25min，终凝时间不得迟于 180min。

③ 安定性　水泥中不允许出现游离氧化钙，否则为废品。

④ 强度等级　按 3d 的抗压强度划分为三个等级。各强度等级、各龄期的强度值见表 3-13。

表 3-13　快硬硫铝酸盐水泥各龄期的强度要求 （摘自 JC 933—2003）

强度等级	抗压强度/MPa			抗折强度/MPa		
	1d	3d	28d	1d	3d	28d
42.5	33.0	42.5	45.0	6.0	6.5	7.0
52.5	42.0	52.5	55.0	6.5	7.0	7.5
62.5	50.0	62.5	65.0	7.0	7.5	8.0
72.5	56.0	72.5	75.0	7.5	8.0	8.5

（2）快硬硫铝酸盐水泥特性及应用

快硬硫铝酸盐水泥的早期强度高，硬化后水泥石结构致密，孔隙率小，抗渗性高，水化产物中 $Ca(OH)_2$ 的含量少，抗硫酸盐腐蚀能力强，耐热性差。因此，快硬硫铝酸盐水泥主要用于配制早强、抗渗、抗硫酸盐腐蚀的混凝土工程。可用于冬季施工、浆锚、喷锚支护、节点、抢修、堵漏等工程。此外，由于硫铝酸盐的碱度低，可用于生产各种玻璃纤维制品。

三、膨胀水泥和自应力水泥 （expanding cement and self-stressing cement）

一般水泥在空气中硬化时，都会产生一定的收缩，这些收缩会使水泥石结构产生内应力，导致混凝土内部产生裂缝，降低混凝土的整体性，使混凝土强度、耐久性下降。膨胀水泥和自应力水泥在凝结硬化时会产生适量的膨胀，消除收缩产生的不利影响。

在钢筋混凝土中应用膨胀水泥，由于混凝土的膨胀使钢筋产生一定的拉应力，混凝土受到相应的压应力，这种压应力能使混凝土的微裂缝减少，同时还能抵消一部分由于外界因素产生的拉应力，提高混凝土的抗拉强度。因这种预先具有的压应力来自水泥的水化，所以称为自应力，并以"自应力值"表示混凝土中的压应力大小。

根据水泥的自应力大小，可以将水泥分为两类，一类自应力值不小于 2.0MPa 时，为自应力水泥；另一类自应力值小于 2.0MPa 的为膨胀水泥。

1. 膨胀水泥和自应力水泥的几种类型

① 硅酸盐型　其组成以硅酸盐水泥熟料为主，外加铝酸盐水泥和天然二水石膏配制而成。

② 铝酸盐型　其组成以铝酸盐水泥为主，外加石膏配制而成。如铝酸盐自应力水泥具有自应力值高，抗渗性、气密性好，膨胀稳定期较长等特点。

③ 硫铝酸盐型　以无水硫铝酸盐和硅酸二钙为主要成分，加石膏配制而成。

④ 铁铝酸盐型　以铁相、无水硫铝酸钙和硅酸二钙为主要成分，加石膏配制而成。

以上水泥的膨胀作用机理是，水泥在水化过程中，形成大量的钙矾石（AFt）而产生体积膨胀。

2．膨胀水泥和自应力水泥的应用

自应力水泥的膨胀值较大，产生的自应力值大于 2.0MPa。在限制膨胀的条件下（配有钢筋时），由于水泥石的膨胀，使混凝土受到压应力的作用，达到预应力的目的。自应力水泥一般用于预应力钢筋混凝土、压力管及配件等。

膨胀水泥膨胀性较低，在限制膨胀时产生的压应力能大致抵消干缩引起的拉应力，主要用于减少和防止混凝土的干缩裂缝。膨胀水泥主要用于收缩补偿混凝土工程、防渗混凝土（屋顶防渗、水池等）、防渗砂浆、结构的加固、构件接缝、接头的灌浆、固定设备的机座及地脚螺栓等。

四、抗硫酸盐硅酸盐水泥（sulfate resisting portland cement）

抗硫酸盐硅酸盐水泥按其抗硫酸盐侵蚀程度分为中抗硫酸盐硅酸盐水泥和高抗硫酸盐硅酸盐水泥两类。

中抗硫酸盐硅酸盐水泥，简称中抗硫酸盐水泥，代号 P·MSR。其中 C_3A 含量不得超过 5%，C_3S 的含量不得超过 55%。高抗硫酸盐硅酸盐水泥，简称高抗硫酸盐水泥，代号 P·HSR。高抗硫酸盐水泥中 C_3A 含量不得超过 3%，C_3S 的含量不得超过 50%。

根据国家标准《抗硫酸盐硅酸盐水泥》（GB 748—2005）的规定，抗硫酸盐水泥分为 32.5、42.5 两个强度等级，各龄期的强度值不得低于表 3-14 的规定。

表 3-14　抗硫酸盐硅酸盐水泥各龄期的强度要求（摘自 GB 748—2005）

水泥强度等级	抗压强度/MPa		抗折强度/MPa	
	3d	28d	3d	28d
32.5	10.0	32.5	2.5	6.0
42.5	15.0	42.5	3.0	6.5

在抗硫酸盐水泥中，由于限制了水泥熟料中 C_3A、C_4AF 和 C_3S 的含量，使水泥的水化热较低，水化铝酸钙的含量较少，抗硫酸盐侵蚀的能力较强，适用于一般受硫酸盐侵蚀的海港、水利、地下、引水、隧道、道路和桥梁基础等大体积混凝土工程。

五、白色硅酸盐水泥（white portland cement）

白色硅酸盐水泥是以铁含量少的硅酸盐水泥熟料、适量石膏及混合材磨细所得的水硬性胶凝材料，称为白色硅酸盐水泥，简称白水泥，代号 P·W。磨制水泥时，允许加入不超过水泥质量 0~10% 的石灰石或窑灰作外加物。水泥粉磨时允许加入不损害水泥性能的助磨剂，加入量不超过水泥质量的 1%。白水泥的生产、矿物组成、性能和普通硅酸盐水泥基本相同，见《白色硅酸盐水泥》（GB/T 2015—2005）。

1．白色硅酸盐水泥的生产工艺及要求

通用水泥通常由于含有较多的氧化铁而呈灰色，且随氧化铁含量的增多而颜色加深。所以白色硅酸盐水泥的生产关键是控制水泥中的铁含量，通常其氧化铁含量应控制在普通水泥的 1/10。可采取如下方法来达到提高水泥白度的要求。

① 原料选用方面 白水泥生产采用的石灰石及黏土中的氧化铁含量应分别低于 0.1% 和 0.7%。为此，采用的石灰质原料多为白垩，黏土质原料主要有高岭土、瓷石、白泥、石英砂等。作为缓凝用的石膏多采用白度较高的雪花石膏。

② 生产工艺方面 在粉磨生料和熟料时，为避免混入铁质，球磨机内壁不可采用钢衬板，而是镶贴白色花岗岩或高强陶瓷衬板，并采用烧结刚玉、瓷球、卵石作为研磨体。

熟料煅烧时应用天然气、柴油、重油作燃料以防止灰烬掺入水泥熟料。

对水泥熟料进行喷水、喷油等漂白处理，以使色深的 Fe_2O_3 还原成色浅的 FeO 或 Fe_3O_4。

2. 白色硅酸盐水泥的技术指标

① 细度 0.08mm 方孔筛筛余量不得大于 10%。

② 凝结时间 初凝时间不得早于 45min，终凝时间不得迟于 10h。

③ 强度等级 根据 3d、28d 的抗压和抗折强度划分为 32.5、42.5、52.5 三个强度等级，各龄期的强度值不得低于表 3-15 的要求。

表 3-15 白色硅酸盐水泥各龄期的强度要求（摘自 GB/T 2015—2005）

强度等级	抗压强度/MPa		抗折强度/MPa	
	3d	28d	3d	28d
32.5	12.0	32.5	3.0	6.0
42.5	17.0	42.5	3.5	6.5
52.5	22.0	52.5	4.0	7.0

④ 白度 将水泥样品放入白度仪中测定其白度，白度值不能低于 87。

⑤ 安定性 体积安定性用沸煮法检验必须合格。熟料中 MgO 不得超过 5.0%，SO_3 含量不得超过 3.5%。

3. 白色硅酸盐水泥的应用

白色硅酸盐水泥主要用于各种装饰混凝土及装饰砂浆，如水刷石、水磨石及人造大理石等。

【案例分析】 某新建大型企业在物资采购预算中，需采购水泥 20 万吨，主要用于生产车间结构工程的梁、柱混凝土、基础工程的大体积混凝土浇注、一般房建工程砌筑和结构，请列出水泥的选用及实验室对各种水泥质量的验收要求。

（1）用于结构工程梁、柱混凝土浇注用水泥，一定要选用回转窑生产的高质量等级普通硅酸盐水泥，代号 P·O，42.5 级。如冬季施工或赶工期，则应选用早强型普通硅酸盐水泥，代号 P·O，42.5R 级。

主要质量验收要求

执行标准：《通用硅酸盐水泥》（GB 175—2007）。

具体项目：

① 凝结时间 普通硅酸盐水泥初凝时间不得早于 45min，终凝不得迟于 10h。

② 烧失量 普通水泥中的烧失量不得大于 50%。

③ 强度 按照 ISO 标准检验其 3d 和 28d 抗压、抗折强度，同时应核算其富余强度是否合格。

（2）用于基础工程大体积混凝土，则应选用中热硅酸盐水泥、低热硅酸盐水泥42.5级，$C_3A \leqslant 6\%$，才能保证水化热低，不致造成混凝土热应力过高而产生裂缝。

主要质量验收要求

执行标准：《中热硅酸盐水泥　低热硅酸盐水泥》（GB 200—2003）。

具体项目：

① 凝结时间　普通硅酸盐水泥初凝时间不得早于60min，终凝不得迟于12h。

② 铝酸三钙含量　$C_3A \leqslant 6\%$。

③ 水化热　按照标准规定的控制值进行检验。

④ 强度　按照ISO标准检验其3d和28d抗压、抗折强度，同时应核算其富余强度是否合格。

（3）用于一般房建工程砌筑和结构，则应视情况分别对待。梁、柱结构用水泥同上述结构工程用水泥。一般砌筑用水泥均可使用回转窑或机械立窑生产的32.5级或42.5级普通硅酸盐水泥、矿渣硅酸盐水泥或复合硅酸盐水泥，如使用机械立窑生产的水泥应注意水泥的安定性问题。但用于地面或楼面抹灰用水泥，因考虑到地面或楼面起灰，则注意一定要用普通硅酸盐水泥。

执行标准：《矿渣硅酸盐水泥　火山灰质硅酸盐水泥及粉煤灰硅酸盐水泥》（GB 1344—1999）、《复合硅酸盐水泥》（GB 12958—1999）。

具体项目：

① 凝结时间　矿渣硅酸盐水泥初凝时间不得早于45min，终凝时间不得迟于10h；复合硅酸盐水泥初凝时间不得早于45min，终凝时间不得迟于12h。

② 安定性　合格。

③ 强度　按照ISO标准检验其3d和28d抗压、抗折强度，同时应核算其富余强度是否合格。

（4）以上水泥进入工地时，每车次由实验室派人到现场取样。

本 章 小 结

1. 硅酸盐水泥熟料矿物于水化反应的特性（见表3-16）

表 3-16　硅酸盐水泥熟料矿物于水化反应的特性

特性 ＼ 矿物	C_3S	C_2S	C_3A	C_4SAF
反应速率	快	慢	最快	快
放热量	大	小	最大	中
强度	高	早期低、后期高	低	低

2. 硅酸盐水泥的水化产物

水化硅酸钙：凝胶体，不溶于水。

氢氧化钙：晶体，易溶于水

水化铝酸三钙：晶体，易溶于水

钙矾石：晶体，难溶于水。

3. 五大品种水泥的特性与应用（见表3-17）

表 3-17　五大品种水泥的特性与应用

种类\指标	硅酸盐水泥	普通水泥	矿渣水泥	火山灰水泥	粉煤灰水泥
组成	熟料＋石膏＋（0～5%）石灰石或粒化高炉矿渣	熟料＋石膏＋混合材料：<15%　活性；<10%　非活性	熟料＋石膏＋（20%～70%）粒化高炉矿渣	熟料＋石膏＋（20%～50%）火山灰	熟料＋石膏＋（20%～40%）粉煤灰
特性	强度高、水化热大、抗冻性好、耐（水）蚀性差、干缩较小、耐热性差	强度较高、水化热较大、抗冻性较好、耐蚀性较差、干缩较好	早强低,后强高,水化热较低,抗冻差		
特性			干缩大		干缩小
特性			耐热性好	抗渗性好	抗裂性较高
强度等级	普通型:42.5　52.5　62.5　早强型:42.5R　52.5R　62.5R	普通型:42.5　52.5　早强型:42.5R　52.5R	普通型:32.5　42.5　52.5　早强型:32.5R　42.5R　52.5R		
适用范围	高强混凝土、预应力混凝土、冬季施工工程	各种混凝土及钢筋混凝土工程	蒸汽养护的构建,大体积混凝土工程,有抗蚀要求的工程		
适用范围			高温车间及有耐热、耐火要求的混凝土工程	有抗渗要求的混凝土结构	抗裂性要求较高的结构
不适用范围	大体积混凝土工程、有抗蚀要求的混凝土工程		早期要求高,有抗冻要求的混凝土工程		
不适用范围				处于干燥环境的混凝土工程	有抗碳化要求的混凝土工程

4. 水泥的耐腐蚀性（见表 3-18）

表 3-18　水泥的耐腐蚀性

腐蚀原因	腐蚀类型	腐蚀机理	防止措施
内因:水化产物中氢氧化钙与水化铝酸钙易溶于水;水泥的结构不密实,存在孔隙 外因:周围介质的作用	(1)软水腐蚀 (2)盐类腐蚀 硫酸盐腐蚀;镁盐腐蚀 (3)酸类腐蚀 碳酸盐腐蚀;一般酸腐蚀 (4)碱的腐蚀	(1)溶解度浸析,如软水碳酸腐蚀 (2)离子交换生成易溶解或无胶结力的产物破坏原有结构。 (3)一般酸腐蚀 (4)形成膨胀组分(如硫酸盐腐蚀)	根据周围介质的不同,合理选择水泥的品种,提高水泥石的密实度作保护层,以防止周围介质进入水泥内部

5. 水泥废品与不合格品

废品：凡氧化镁含量、三氧化硫含量、初凝时间、安定性中的任何一项不符合标准规定的均为废品。

不合格品：凡细度、终凝时间中的任何一项不符合标准规定或混合材料掺加量超过最大限量和强度低于商品强度等级规定指标的称为不合格品。

6. 水泥贮存与运输时的注意事项

不得受潮与混入杂物。自水泥出厂之日起，不得超过 3 个月，超过 3 个月的水泥使用时应重新检验，以实测强度为准。

7. 硅酸盐水泥与普通硅酸盐水泥的技术要求（见表 3-19）

表 3-19 硅酸盐水泥与普通硅酸盐水泥的技术要求

性质 \ 考核指标	概念	实际意义	影响因素	测试方法	评定标准
不溶物				化学分析	Ⅰ型硅酸盐水泥≤0.75% Ⅱ型硅酸盐水泥≤6%
氧化镁		游离态的氧化镁（过烧）及过量的三氧化硫,引起水泥的体积安定性不良			≤5.0% 压蒸安定性合格≤6%
三氧化硫					≤3.5%
烧失量					Ⅰ型硅酸盐水泥≤3.0% Ⅱ型硅酸盐水泥≤6.0% 普通水泥≤5.0%
细度	水泥颗粒粗细程度	细,强度发展快且水化完全,过细,收缩大,成本高,且强度会降低		勃氏法	硅酸盐水泥比表面积＞300m²/kg 普通水泥 0.08mm 方孔筛筛余≤10%
凝结时间	初凝:从加水到失去可塑性的时间 终凝:从加水到产生强度的时间	混凝土的搅拌、运输、浇注、成型等必须在初凝之前完成,故初凝时间不宜过短,施工完毕后,要求混凝土尽快硬化产生强度,以利于下一步施工,故终凝时间不宜过长	熟料中的 C_3A 含量、石膏量、细度、水灰比、混合材料	凝结时间测定仪	硅酸盐水泥: 初凝≥45min 终凝≥390min 普通水泥: 初凝≥45min 终凝≥10h
安定性	水泥凝结硬化过程中体积变化的均匀性	体积安定性不良的水泥严禁用于工程	游离 CaO、MgO、过量的 SO_3	沸煮法	用沸煮法检验必须合格
强度	水泥强度按规定龄期的抗压、抗折强度来划分	是选用水泥的主要技术指标	矿物组成、细度、混合材料等	ISO 胶砂试验	各强度等级、各类型水泥的各龄期强度不得低于规范规定,否则应降级使用
碱		能与混凝土发生碱骨料反应		化学分析	$Na_2O + 0.658K_2O ≤ 0.6$

8. 矿渣水泥、火山灰水泥、粉煤灰水泥的技术要求

矿渣水泥、火山灰水泥和粉煤灰水泥的技术要求基本与普通硅酸盐水泥相同。

9. 特性水泥和专用水泥

特性水泥主要包括铝酸盐水泥、快硬水泥、膨胀水泥和自应力水泥、抗硫酸盐硅酸盐水泥、白色硅酸盐水泥等。对于某些特殊工程还有专用水泥,主要包括道路硅酸盐水泥、水工硅酸盐水泥及砌筑水泥。

思 考 题

1. 硅酸盐水泥的主要矿物成分是什么? 各有何特性?
2. 硅酸盐水泥的水化产物是什么? 水泥石的组成是什么?
3. 制造硅酸盐水泥时为何要加入适量石膏? 加多和加少各有何现象?
4. 硅酸盐水泥体积安定性不良的原因是什么? 如何检验安定性?
5. 国家标准为什么要规定水泥的凝结时间和细度?
6. 测定水泥强度等级、凝结时间、体积安定性时为什么必须采用标准稠度的浆体?

7. 影响硅酸盐水泥强度发展的主要因素有哪些？

8. 硅酸盐水泥为什么不适用于大体积混凝土工程？当不得不用硅酸盐水泥进行大体积施工时，应采取何措施以保证工程质量？

9. 为什么生产硅酸盐水泥时加入适量石膏不会对水泥起破坏作用？而硬化后的水泥石遇到硫酸盐环境时就会受到破坏？

10. 掺混合材水泥和硅酸盐水泥相比性能上有何差异？并请说明原因。

11. 现有下列混凝土工程结构，请分别选用合适的水泥品种，并说明理由。

（1）大体积混凝土工程；

（2）采用温热养护的混凝土构件；

（3）高强度混凝土工程；

（4）严寒地区受到反复冻融的混凝土；

（5）与硫酸盐介质接触的混凝土工程；

（6）有耐磨要求的混凝土工程；

（7）紧急抢修工程的军事工程或防洪工程；

（8）高炉基础；

（9）道路工程。

12. 某工地材料仓库存放有白色胶凝材料，可能是磨细生石灰、建筑石膏、白色水泥，可用何简便方法加以鉴别？

第四章 混 凝 土

第一节 混凝土概述

混凝土指胶凝材料、水、天然或人工的粗细骨料，必要时加入化学外加剂和矿物质混合材料，按适当比例配合，经过均匀拌制、密实成型及养护硬化而成的人工石材。

一、混凝土的分类

混凝土（concrete）的种类很多，分类方法也很多。

1. **按体积密度分（主要是骨料不同）**

① 重混凝土（heavy concrete） 干体积密度大于 2600kg/m³ 的混凝土。常由高密度骨料重晶石和铁矿石等配制而成。主要用于辐射屏蔽方面。

② 普通混凝土（ordinary concrete） 干体积密度为 2000～2500kg/m³ 的水泥混凝土。主要以天然砂、石子和水泥配制而成，是土木工程中最常用的混凝土品种。

③ 轻混凝土（lightweight concrete） 干体积密度小于 1950kg/m³ 的混凝土。包括轻骨料混凝土、多孔混凝土和无砂大孔混凝土等。主要用于保温和轻质材料。

2. **按所用胶凝材料分**

通常根据主要胶凝材料的品种，并以其名称命名，如水泥混凝土、石膏混凝土、水玻璃混凝土、沥青混凝土、聚合物混凝土等。有时也以加入的特种改性材料命名，如水泥混凝土中掺入钢纤维时，称为钢纤维混凝土。

3. **按使用功能和特性分**

按使用部位、功能和特性通常可分为结构混凝土、道路混凝土、水工混凝土、耐热混凝土、耐酸混凝土、防辐射混凝土、补偿收缩混凝土、防水混凝土、泵送混凝土、自密实混凝土、纤维混凝土、聚合物混凝土、高强混凝土、高性能混凝土等。

4. **按施工工艺分**

根据施工工艺可分为泵送混凝土、喷射混凝土、真空脱水混凝土、造壳混凝土（裹砂混凝土）、碾压混凝土、压力灌浆混凝土（预填骨料混凝土）、热拌混凝土、太阳能养护混凝土等。

5. **按掺合料分**

按掺合料分可分为粉煤灰混凝土、硅灰混凝土、磨细高炉矿渣混凝土、纤维混凝土等。

6. 按抗压强度分

根据抗压强度可分为低强混凝土（抗压强度小于 30MPa）、中强混凝土和高强混凝土（抗压强度大于等于 80MPa）。

7. 按每立方米水泥用量分

根据每立方米水泥用量又可分为贫混凝土（水泥用量不超过 170kg）和富混凝土（水泥用量不小于 230kg）等。

8. 按照搅拌（生产）方式分

按搅拌（生产）方式分可分为预拌混凝土（ready-mixed concrete）（也叫商品混凝土）和现场搅拌混凝土。

二、普通混凝土

普通混凝土是指以水泥为胶凝材料，砂子和石子为骨料，经加水搅拌、浇筑成型、凝结固化成具有一定强度的"人工石材"，即水泥混凝土，是目前工程上大量使用最多的混凝土品种。

1. 普通混凝土的主要优点

① 原材料来源丰富　混凝土中约 70% 以上的材料是砂石料，属地方性材料，可就地取材，避免远距离运输，因而价格低廉。

② 施工方便　混凝土拌合物具有良好的流动性和可塑性，可根据工程需要浇筑成各种形状尺寸的构件及构筑物。既可现场浇筑成型，也可预制。

③ 性能可根据需要设计调整　通过调整各组成材料的品种和数量，特别是掺入不同外加剂和掺合料，可获得不同施工和易性、强度、耐久性或具有特殊性能的混凝土，满足工程上的不同要求。

④ 抗压强度高　混凝土的抗压强度一般在 15～80MPa 之间。当掺入高效减水剂和掺合料时，强度可达 100MPa 以上。而且，由于混凝土与钢筋良好的匹配性，浇筑成钢筋混凝土（reinforced concrete）后，可以有效地改善抗拉强度低的缺陷，使混凝土能够应用于各种结构部位。

⑤ 耐久性好　原材料选择正确、配比合理、施工养护良好的混凝土具有优异的抗渗性、抗冻性和耐腐蚀性能，且对钢筋有保护作用，可保持混凝土结构长期使用性能稳定。

2. 普通混凝土存在的主要缺点

① 自重大　$1m^3$ 混凝土重约 2400kg，故结构物自重较大，导致地基处理费用增加。

② 抗拉强度低，抗裂性差　混凝土的抗拉强度一般是抗压强度的 1/10～1/20，易开裂。

③ 收缩变形大　水泥水化凝结硬化引起的自身收缩和干燥收缩达 $500×10^{-6}$ m/m 以上，易产生混凝土收缩裂缝。

3. 普通混凝土的基本要求

① 满足便于搅拌、运输和浇捣密实的施工和易性。

② 满足设计要求的强度等级。

③ 满足工程所处环境条件所必需的耐久性。

④ 满足上述三项要求的前提下，最大限度地降低水泥用量，节约成本，即经济合理性。

为了满足上述四项基本要求，就必须研究原材料性能，研究影响混凝土施工和易性、强度、耐久性、变形性能的主要因素；研究配合比设计原理、混凝土质量波动规律以及相关的检验评定标准等。这也是本章的重点和紧紧围绕的中心。

第二节　普通混凝土的组成材料

混凝土的性能在很大程度上取决于组成材料的性能。因此必须根据工程性质、设计要求和施工现场条件合理选择原料的品种、质量和用量。要做到合理选择原材料，首先必须了解组成材料的性质、作用原理和质量要求。

一、水泥

1. 水泥品种的选择

水泥品种的选择主要根据工程结构特点、工程所处环境及施工条件确定。如高温车间结构混凝土有耐热要求，一般宜选用耐热性好的矿渣水泥等。详见第三章。

2. 水泥强度等级的选择

水泥强度等级的选择，应与混凝土的设计强度等级相适应。若用低强度等级的水泥配制高强度等级混凝土，不仅会使水泥用量过多，还会对混凝土产生不利影响。反之，用高强度等级的水泥配制低强度等级混凝土，若只考虑强度要求，会使水泥用量偏少，从而影响耐久性能；若水泥用量兼顾了耐久性等要求，又会导致超强而不经济。因此，根据经验一般以选择的水泥强度等级标准值为泥土强度等级标准值的 $1.5 \sim 2.0$ 倍为宜。

二、骨料

普通混凝土所用骨料按粒径大小分为两种，粒径大于 4.75mm 的称为粗骨料（coarse aggregate），粒径小于 4.75mm 的称为细骨料（fine aggregate）。

普通混凝土中所用细骨料，一般是由于天然岩石长期风化等自然条件形成的天然砂（natural sand）。根据产源不同，天然砂可分为河砂、海砂、山砂三类。

普通混凝土通常所用的粗骨料有碎石（crushed sand）和卵石（gravel）两种。

粗、细骨料的总体积一般占混凝土体积的 $60\% \sim 80\%$，所以骨料质量的优劣，将直接影响到混凝土各项性质的好坏。为此，我国在国家标准《建设用砂》（GB/T 14684—2011）、《建筑用卵石、碎石》（GB/T 14685—2011）中对砂、石提出了明确的技术质量要求，下面作以概括介绍。

1. 有害杂质含量

集料中的有害杂质是指集料中含有妨碍水泥水化，或降低集料与水泥石的黏附性，或与水泥石产生不良化学反应的各种物质。这些物质包括黏土、云母、有机质、硫化物（如 FeS_2）及硫酸盐、氯盐以及草根、树叶、煤块、炉渣等杂物。黏土和云母黏附于集料表面或夹杂其中，严重降低水泥与集料的粘接强度，从而降低混凝土的强度、抗渗性和抗冻性，增大混凝土的收缩。有机质、硫化物及硫酸盐，它们对水泥有腐蚀作用，从而影响混凝土的性能。氯盐会引起钢筋混凝土中钢筋的锈蚀，因此对有害杂质含量必须加以限制。国家标准《建设用砂》（GB/T 14684—2011）、《建筑用卵石、碎石》（GB/T 14685—2011）规定，凝土用砂、石根据有害物质的限量，分为Ⅰ类、Ⅱ类和Ⅲ类。其中，Ⅰ类宜用于强度等级大于 C_{60} 的混凝土；Ⅱ类宜用于强度等级 $C_{30} \sim C_{60}$ 及抗冻、抗渗或有其他要求的混凝土；Ⅲ类宜用于强度等级小于 C_{30} 的混凝土和建筑砂浆。

2. 颗粒形状及表面特征

河砂和海砂经水流冲刷，颗粒多为近似球状，且表面少棱角、较光滑，配制的混凝土流动性往往比山砂或机制砂好，但与水泥的粘接性能相对较差；山砂和机制砂表面较粗糙，多棱角，故混凝土拌合物流动性相对较差，但与水泥的粘接性能较好。水灰比相同时，山砂或机制砂配制的混凝土强度略高；而流动性相同时，因山砂和机制砂用水量较大，故混凝土强度相近。砂的颗粒较小，一般较少考虑形状。

石子就必须考虑针片状颗粒的含量，其中针状颗粒是指长度大于该颗粒所属粒级平均粒径的 2.4 倍者；片状颗粒是指其厚度小于平均粒径的 0.4 倍者。针片状颗粒不仅受力易折断，而且会增加骨料间的空隙，所以标准《建筑用卵石、碎石》（GB/T 14685—2011）中对针片状颗粒含量作出了限量要求。

3. 坚固性

骨料是由天然岩石经自然风化作用而成，机制骨料也会含大量风化岩体，在冻融或干湿循环作用下有可能继续风化，因此对某些重要工程或特殊环境下工作的混凝土用骨料，应做坚固性检验。如严寒地区室外工程，并处于湿潮或干湿交替状态下的混凝土，有腐蚀介质存在或处于水位升降区的混凝土等。坚固性根据 GB/T 14684 规定，采用硫酸钠溶液浸泡——烘干——浸泡循环试验法检验。测定 5 个循环后的质量损失率，指标应符合表 4-1 的要求。

表 4-1　骨料的坚固性指标

项　　目	Ⅰ类	Ⅱ类	Ⅲ类
循环后质量损失/%	≤8	≤8	≤10

4. 碱含量

骨料中若含有活性氧化硅，会与水泥中的碱发生碱-骨料反应，产生膨胀并导致混凝土开裂。因此，当用于重要工程或对骨料有怀疑时，必须按标准规定，采用化学法或长度法对骨料进行碱性检验。

5. 粗细程度与颗粒级配

（1）砂的粗细程度和颗粒级配

砂的粗细程度是指不同粒径的砂粒混合后平均粒径大小。通常用细度模数（fineness modulus）（M_x）表示，其值并不等于平均粒径，但能较准确地反映砂的粗细程度。细度模数 M_x 越大，表示砂越粗，单位质量总表面积（或比表面积）越小；M_x 越小，则砂比表面积越大。

砂的颗粒级配（grain gradation）是指不同粒径的砂粒搭配比例。良好的级配指粗颗粒的空隙恰好由中颗粒填充，中颗粒的空隙恰好由细颗粒填充，如此逐级填充（如图 4-1 所示）使

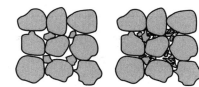

图 4-1　砂颗粒级配示意图

砂形成最致密的堆积状态，空隙率达到最小值，堆积密度达最大值。这样可达到节约水泥，提高混凝土综合性能的目标。因此，砂颗粒级配反映空隙率大小。

砂的粗细程度和颗粒级配用筛分析方法测定，用细度模数表示粗细程度，用级配区表示砂的级配。根据《建设用砂》（GB/T 14684—2011），筛分析是用一套孔径为 4.75mm、2.36mm、1.18mm、0.60mm、0.30mm、0.15mm 的标准筛，将 500g 干砂由粗到细依次过

筛（详见试验），称量各筛上的筛余量 m_i（g），计算各筛上的分计筛余率 a_i（%，各筛上的筛余量占砂样总质量的百分率），再计算累计筛余率 A_i（%，各筛与比该筛粗的所有筛的分计筛余百分率之和）。a_i 和 A_i 的计算关系见表 4-2。

表 4-2　累计筛余与分计筛余计算关系

筛孔尺寸/mm	筛余量/g	分计筛余/%	累计筛余/%
4.75	m_1	$a_1 = m_1/m$	$A_1 = a_1$
2.36	m_2	$a_2 = m_2/m$	$A_2 = A_1 + a_2$
1.18	m_3	$a_3 = m_3/m$	$A_3 = A_1 + a_3$
0.60	m_4	$a_4 = m_4/m$	$A_4 = A_1 + a_4$
0.30	m_5	$a_5 = m_5/m$	$A_5 = A_1 + a_5$
0.15	m_6	$a_6 = m_6/m$	$A_6 = A_1 + a_6$
底盘	$m_{底}$	$m = m_1 + m_2 + m_3 + m_4 + m_5 + m_6 + m_{底}$	

细度模数根据下式计算（精确至 0.01）：

$$M_x = \frac{(A_2 + A_3 + A_4 + A_5 + A_6) - 5A_1}{100 - A_1}$$

根据细度模数 M_x 大小将砂按下列分类：

$M_x > 3.7$ 为特粗砂；M_x 为 3.1～3.7 为粗砂；M_x 为 3.0～2.3 为中砂；M_x 为 2.2～1.6 为细砂；M_x 为 1.5～0.7 为特细砂。

砂的颗粒级配根据 0.630mm 筛孔对应的累计筛余百分率 A_4，分成Ⅰ区、Ⅱ区和Ⅲ区三个级配区，见表 4-3。级配良好的粗砂应落在Ⅰ区；级配良好的中砂应落在Ⅱ区；细砂则在Ⅲ区。实际使用的砂颗粒级配可能不完全符合要求，除了 4.75mm 和 0.630mm 对应的累计筛余率外，其余各档允许有 5% 的超界，当某一筛档累计筛余率超界 5% 以上时，说明砂级配很差，视作不合格。

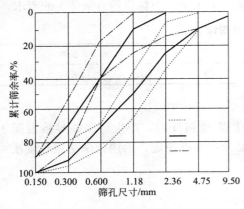

图 4-2　砂级配曲线图

以累计筛余百分率为纵坐标，筛孔尺寸为横坐标，根据表 4-3 的级区可绘制Ⅰ、Ⅱ、Ⅲ级配区的筛分曲线，如图 4-2 所示。在筛分曲线上可以直观地分析砂的颗粒级配优劣。

表 4-3　砂的颗粒级配区范围

筛孔尺寸/mm	累计筛余/%		
	Ⅰ区	Ⅱ区	Ⅲ区
9.50	0	0	0
4.75	10～0	10～0	10～0
2.36	35～5	25～0	15～0
1.18	65～35	50～10	25～0
0.60	85～71	70～41	40～16
0.30	95～80	92～70	85～55
0.15	100～90	100～90	100～90

【例 4-1】　某工程用砂，经烘干、称量、筛分析，测得各号筛上的筛余量列于表 4-4。

试评定该砂的粗细程度（M_x）和级配情况。

表 4-4　筛分析试验结果

筛孔尺寸/mm	4.75	2.36	1.18	0.60	0.30	0.15	底盘	合计
筛余量/g	28.5	57.6	73.1	156.6	118.5	55.5	9.7	499.5

解： ① 分计筛余率和累计筛余率计算结果（列于表 4-5）

表 4-5　分计筛余率和累计筛余率计算结果

分计筛余率/%	a_1 5.71	a_2 11.53	a_3 14.63	a_4 31.35	a_5 23.72	a_6 11.11
累计筛余率/%	A_1 5.71	A_2 17.24	A_3 31.87	A_4 63.22	A_5 86.94	A_6 98.05

② 计算细度模数

$$M_x = \frac{(A_2 + A_3 + A_4 + A_5 + A_6) - 5A_1}{100 - A_1}$$
$$= \frac{(17.24 + 31.87 + 63.22 + 86.94 + 98.05) - 5 \times 5.71}{100 - 5.71} = 2.85$$

③ 确定级配区、绘制级配曲线　该砂样在 0.630mm 筛上的累计筛余率 $A_4 = 63.22$ 落在 Ⅱ 级区，其他各筛上的累计筛余率也均落在 Ⅱ 级区规定的范围内，因此可以判定该砂为 Ⅱ 级区砂。级配曲线图见图 4-3。

④ 结果评定　该砂的细度模数 $M_x = 2.85$，属中砂，Ⅱ 级区砂，级配良好。可用于配制混凝土。

细度模数越大，表示砂越粗。普通混凝土用砂的细度模数范围一般为 3.7～1.6。

【注】 砂的细度模数并不能反映其级配的优劣，细度模数相同的砂，级配可能很不相同。所以，配制混凝土时必须同时考虑砂的颗粒级配和细度模数。

（2）砂的含水状态

砂的含水状态有如下 4 种，如图 4-4 所示。

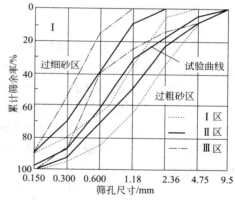

图 4-3　级配曲线

(a) 绝干状态　　(b) 气干状态　　(c) 饱和面干状态　　(d) 湿润状态

图 4-4　砂的含水状态示意图

① 绝干状态　砂粒内外不含任何水，通常在 (105±5)℃ 条件下烘干而得。

② 气干状态　砂粒表面干燥，内部孔隙中部分含水。指室内或室外（天晴）空气平衡的含水状态，其含水量的大小与空气相对湿度和温度密切相关。

③ 饱和面干状态　砂粒表面干燥，内部孔隙全部吸水饱和。建筑工程上通常采用饱和面干状态计量混凝土配合比设计砂用量。

④ 湿润状态　砂粒内部吸水饱和，表面还含有部分表面水。施工现场，特别是雨后常出现此种状况，搅拌混凝土中计量砂用量时，要扣除砂中的含水量；同样，计量水用量时，要扣除砂中带入的水量。

（3）石子的颗粒级配和最大粒径

最大粒径：粗骨料中公称粒级的上限称为该骨料的最大粒径。

当骨料粒径增大时，其总表面积减小，因此包裹它表面所需的水泥浆数量相应减少，可节约水泥，所以在条件许可的情况下，粗骨料最大粒径应尽量用得大些。在普通混凝土中，骨料粒径大于 40mm 并没有好处，有可能造成混凝土强度下降。根据《混凝土结构工程施工及验收规范》（GB 50204—2002）的规定，混凝土粗骨料的最大粒径不得超过结构截面最小尺寸的 1/4，同时不得大于钢筋间最小净距的 3/4；对于混凝土实心板，骨料的最大粒径不宜超过板厚的 1/3，且不得超过 40mm；对于泵送混凝土，骨料最大粒径与输送管内径之比，碎石不宜大于1∶3，卵石不宜大于1∶2.5。石子粒径过大，对运输和搅拌都不方便。

石子的颗粒级配用筛分析方法测定，筛分析是用一套孔径为 2.36mm、4.75mm、9.50mm、16.0mm、19.0mm、26.5mm、31.5mm、37.5mm、53.0mm、63.0mm、75.0mm、90.0mm 共 12 个标准筛，可按需要选用筛子进行筛分。称量各筛上的筛余量 m_i（g），计算各筛上的分计筛余率 a_i（％），再计算累计筛余率 A_i（％）。碎石和卵石的级配范围要求是相同的，应符合规范的规定。

6. 强度

骨料的强度是指粗骨料的强度，为了保证混凝土的强度，粗骨料必须致密并具有足够的强度。碎石的强度可用抗压强度和压碎指标值表示，卵石的强度只用压碎指标值表示。碎石的抗压强度测定，是将其母岩制成边长为 50mm 的立方体（或直径与高均为 50mm 的圆柱体）试件，在水饱和状态下测定其极限抗压强度值。碎石抗压强度一般在混凝土强度等级大于或等于 C60 时才检验，其他情况如有怀疑或必要时也可进行抗压强度检验。

碎石和卵石的压碎性指标值是将一定量气干状态的 10～20mm 的石子，装入专用试样筒中，逐级施加 200kN 的荷载，卸荷后试样质量 m_0，再用孔径 2.5mm 的筛子过筛，称取留在 2.5mm 筛上试样质量计作 m_1，则压碎指标值按下式计算：

$$\delta_a = \frac{m_0 - m_1}{m_0} \times 100\%$$

压碎指标值越小，说明粗骨料抵抗受压破碎能力越强，压碎指标值规范里也有明确规定。

三、混凝土用水

混凝土用水的基本质量要求是：不影响混凝土的凝结和硬化；无损于混凝土强度发展及耐久性；不加快钢筋锈蚀；不引起预应力钢筋脆断；不污染混凝土表面。凡饮用的水和清洁的天然水，都可用于混凝土拌制和养护。具体按《混凝土用水标准》（JGJ 63—2006）规定使用。

四、外加剂

外加剂（admixture）是指能有效改善混凝土某项或多项性能的一类材料。其掺量一般只占水泥质量的 5％以下，却能显著改善混凝土的和易性、强度、耐久性或调节凝结时间及节约水泥。如远距离运输和高耸建筑物的泵送问题；紧急抢修工程的早强速凝问题；大体积混凝土工程的水化热问题；纵长结构的收缩补偿问题；地下建筑物的防渗漏问题等。目前，外加剂已成为除水泥、水、砂子、石子以外的第五种组成材料。

1. 外加剂的分类

混凝土外加剂一般根据其主要功能分类，分为以下五种。

① 改善混凝土流变性能的外加剂　主要有减水剂、引气剂、泵送剂等。

② 调节混凝土凝结硬化性能的外加剂　主要有缓凝剂、速凝剂、早强剂等。

③ 调节混凝土含气量的外加剂　主要有引气剂、加气剂、泡沫剂等。

④ 改善混凝土耐久性的外加剂　主要有防水剂、阻锈剂、抗冻剂等。

⑤ 提供混凝土特殊性能的外加剂　主要有防冻剂、膨胀剂、着色剂、引气剂和泵送剂等。

2. 建筑工程中常用的混凝土外加剂品种

（1）减水剂（water reducing agent）

减水剂是指在混凝土坍落度相同的条件下，能减少拌和用水量；或者在混凝土配合比和用水量均不变的情况下，能增加混凝土坍落度的外加剂。

根据减水率大小或坍落度增加幅度分为普通减水剂和高效减水剂两大类。

减水剂提高混凝土拌合物流动性的作用机理主要包括分散作用和润滑作用两方面。减水剂实际上为一种表面活性剂，长分子链的一端易溶于水——亲水基，另一端难溶于水——憎水基，如图 4-5 所示。

水泥加水拌和后，由于水泥颗粒分子引力的作用，使水泥浆形成絮凝结构，使 $10\% \sim 30\%$ 的拌合水被包裹在水泥颗粒之中，不能参与自由流动和润滑作用，从而影响了混凝土拌合物的流动性［如图 4-6（a）所示］。当加入减水剂后，由于减水剂分子能定向吸附于水泥颗粒表面，使水泥

图 4-5　表面活性剂（减水剂）

颗粒表面带有同一种电荷（通常为负电荷），形成静电排斥作用，促使水泥颗粒相互分散，絮凝结构解体，释放出被包裹的部分水，参与流动，从而有效地增加混凝土拌合物的流动性［如图 4-6（b）、图 4-6（c）所示］。

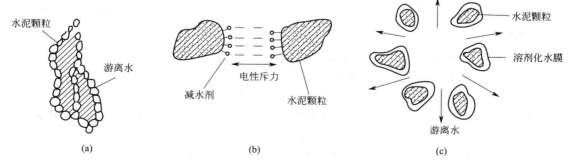

图 4-6　减水剂作用机理示意图

减水剂的主要功能如下。

① 配合比不变时显著提高流动性。

② 流动性和水泥用量不变时，减少用水量，降低水灰比，提高强度。

③ 保持流动性和强度不变时，节约水泥用量，降低成本。

④ 配置高强高性能混凝土。

常用减水剂品种如下。

① 木质素系减水剂　木素质系减水剂主要有木质素磺酸钙（简称木钙，代号 MG），木质素磺酸钠（木钠）和木质素磺酸镁（木镁）三大类。工程上最常使用的为木钙。

② 萘磺酸盐系减水剂　简称萘系减水剂，萘系减水剂多数为非引气型高效减水剂，对钢筋无锈蚀作用，具有早强功能。但混凝土的坍落度损失较大，故实际生产的萘系减水剂，大多数为复合型的，通常与缓凝剂或引气剂复合。

③ 树脂系减水剂　为非引气型早强高效减水剂，性能优于萘系减水剂，但目前价格较高，可显著提高混凝土的抗渗、抗冻性和弹性模量。掺 SM 减水剂的混凝土黏聚性较大，可泵性较差，且坍落度经时损失也较大。目前主要用于配制高强混凝土、早强混凝土、流态混凝土、蒸汽养护混凝土和铝酸盐水泥耐火混凝土等。

④ 糖蜜类减水剂　糖蜜类减水剂是以制糖业的糖渣和废蜜为原料，经石灰中和处理而成的棕色粉末或液体。主要用于大体积混凝土、大坝混凝土和有缓凝要求的混凝土工程。

⑤ 复合减水剂　单一减水剂往往很难满足不同工程性质和不同施工条件的要求，因此，减水剂研究和生产中往往复合各种其他外加剂，组成早强减水剂、缓凝减水剂、引气减水剂、缓凝引气减水剂等。随着工程建设和混凝土技术进步的需要，各种新型多功能复合减水剂正在不断研制生产中，如 2～3h 内无坍落度损失的保塑高效减水剂等。

（2）早强剂（hardening accelerating admixture）

早强剂是指能加速混凝土早期强度发展的外加剂。

① 主要功能　缩短混凝土施工养护期，加快施工进度，提高模板的周转率。

② 主要作用机理　加速水泥水化速率，加速水化产物的早期结晶和沉淀。

③ 主要用途　有早强要求的混凝土工程及低温、负温施工混凝土、有防冻要求的混凝土、预制构件、蒸汽养护等。

④ 主要品种　有氯盐、硫酸盐和有机胺三大类，但使用更多的是它们的复合早强剂。

a. 氯化钙早强剂。适宜掺量为 0.5%～3%。由于 Cl^- 对钢筋有腐蚀作用，故钢筋混凝土中掺量应控制在 1% 以内。$CaCl_2$ 早强剂能使混凝土 3d 强度提高 50%～100%，7d 强度提高 20%～40%，但后期强度不一定提高，甚至可能低于基准混凝土。此外，氯盐类早强剂对混凝土耐久性有一定影响。此外，为消除 $CaCl_2$ 对钢筋的锈蚀作用，通常要求与阻锈剂亚硝酸钠复合使用。

b. 硫酸盐类早强剂。建筑工程中最常用的为硫酸钠早强剂。适宜掺量为 0.5%～2.0%；早强效果不及 $CaCl_2$。对矿渣水泥混凝土早强效果较显著，但后期强度略有下降。硫酸钠早强剂在预应力混凝土结构中的掺量不得大于 1%；潮湿环境中的钢筋混凝土结构中掺量不得大于 1.5%；严格控制最大掺量，超掺可导致混凝土后期膨胀开裂，强度下降；混凝土表面起"白霜"，影响外观和表面装饰。

c. 有机胺类早强剂。工程上最常用的为三乙醇胺。三乙醇胺的掺量极微，一般为水泥重的 0.02%～0.05%，虽然早强效果不及 $CaCl_2$，但后期强度不下降并略有提高，且无其他影响混凝土耐久性的不利作用。但掺量不宜超过 0.1%，否则可能导致混凝土后期强度下降。掺用时可将三乙醇胺先用水按一定比例稀释，以便于准确计量。此外，为改善三乙醇胺的早强效果，通常与其他早强剂复合使用。

d. 复合早强剂。为了克服单一早强剂存在的各种不足，发挥各自特点，通常将三乙醇胺、硫酸钠、氯化钙、氯化钠、石膏及其他外加剂复配组成复合早强剂效果大大改善，有时可产生超叠加作用。

（3）引气剂（air entraining agent）

引气剂是指混凝土在搅拌过程中能引入大量均匀、稳定且封闭的微小气泡的外加剂。

① 作用机理 引气剂作用于气-液界面，使表面张力下降，从而形成稳定的微细封闭气孔。

② 主要类型 松香树脂、烷基苯磺碱盐、脂肪醇磺酸盐等。最常用的为松香热聚树脂和松香皂两种。掺量一般为 0.005%～0.01%。严防超量掺用，否则将严重降低混凝土强度。当采用高频振捣时，引气剂掺量可适当提高。

③ 主要功能

a. 改善混凝土拌合物的和易性。在拌合物中，相互封闭的微小气泡能起到滚珠作用，减小骨料间的摩阻力，从而提高混凝土的流动性。若保持流动性不变，则可减少用水量，一般每增加 1% 的含气量可减少用水量 6%～10%。由于大量微细气泡能吸附一层稳定的水膜，从而减弱了混凝土的泌水性，故能改善混凝土的保水性和黏聚性。

b. 提高混凝土耐久性。由于大量的微细气泡堵塞和隔断了混凝土中的毛细孔通道，同时由于泌水少，泌水造成的孔缝也减少。因而能大大提高混凝土的抗渗性能。提高抗腐蚀性能和抗风化性能。另一方面，由于连通毛细孔减少，吸水率相应减小，且能缓冲水结冰时引起的内部水压力，从而使抗冻性大大提高。

c. 应用和注意事项。引气剂主要应用于具有较高抗渗和抗冻要求的混凝土工程或贫混凝土，提高混凝土耐久性，也可用来改善泵送性。工程上常与减水剂复合使用，或采用复合引气减水剂。

由于引气剂导致混凝土含气量提高，混凝土有效受力面积减小，故混凝土强度将下降，一般每增加 1% 含气量，抗压强度下降 5% 左右，抗折强度下降 2%～3%。故引气剂的掺量必须通过含气量试验严格加以控制，普通混凝土中含气量的限值可按表 4-6 控制。

表 4-6 普通混凝土中含气量的限值

粗骨料最大粒径/mm	10	15	20	25	40
含气量/%	≤7.0	≤6.0	≤5.5	≤5.0	≤4.5

（4）缓凝剂（retarder）

缓凝剂是指能延长混凝土的初凝和终凝时间的外加剂。

① 常用类型 为木钙和糖蜜。糖蜜的缓凝效果优于木钙，一般能缓凝 3h 以上。

② 主要功能

a. 降低大体积混凝土的水化热和推迟温峰出现时间，有利于减小混凝土内外温差引起的应力开裂。

b. 便于夏季施工和连续浇捣的混凝土，防止出现混凝土施工缝。

c. 便于泵送施工、滑模施工和远距离运输。

d. 通常具有减水作用，故亦能提高混凝土后期强度或增加流动性或节约水泥用量。

（5）速凝剂

速凝剂是指能使混凝土迅速硬化的外加剂。

一般初凝时间小于 5min，终凝时间小于 10h，1h 内即产生强度，3d 强度可达基准混凝土 3 倍以上，但后期强度一般低于基准混凝土。

常用的速凝剂品种有红星 I 型、711 型、782 型和 8604 型等。

速凝剂主要用于喷射混凝土和紧急抢修工程、军事工程、防洪堵水工程等。如矿井、隧道、引水涵洞、地下工程岩壁衬砌、边坡和基坑支护等。

（6）防冻剂（antifreeze agent）

防冻剂指能使混凝土中水的冰点下降，保证混凝土在负温下凝结硬化并产生足够强度的外加剂。

主要适用于冬季负温条件下的施工。值得说明的一点是，防冻组分本身并不一定能提高硬化混凝土抗冻性。

常用防冻剂种类有如下几种。

① 氯盐类　用氯盐（氯化钙、氯化钠）或以氯盐为主的与其他早强剂、引气剂、减水剂复合的外加剂。掺量不得大于拌和用水量的 7%，具体掺量见使用规定。

② 氯盐阻锈类　氯盐与阻锈剂（亚硝酸钠）为主复合的外加剂。掺量不得大于拌和用水量的 15%，具体掺量见使用规定。

③ 无氯盐类　以亚硝酸、硝酸盐、碳酸盐、乙酸钠或尿素为主复合的外加剂。掺量不得大于拌和用水量的 20%，具体掺量见使用规定。

（7）加气剂（airentrainer agent）

以化学反应的方法引入大量封闭气泡，用以调节混凝土的含气量和表观密度，也可以用来生产轻混凝土。

常用的加气剂有 H_2 释放型加气剂、O_2 释放型加气剂、N_2 释放型加气剂、C_2H_2 释放型加气剂、空气释放型加气剂、高聚物型加气剂。

综合考虑引气质量、可控制性和经济因素，实际工程中以铝粉较常用。

第三节　新拌混凝土的和易性

一、混凝土和易性的概念

新拌混凝土的和易性，也称工作性（workability），是指拌合物（fresh）易于搅拌、运输、浇捣成型，并获得质量均匀密实的混凝土的一项综合技术性能。通常用流动性、黏聚性和保水性三项内容表示。

流动性（liquidity）是指拌合物在自重或外力作用下产生流动的难易程度。

黏聚性（cohesiveness）是指拌合物各组成材料之间不产生分层离析现象。

保水性（water retention porperty）是指拌合物不产生严重的泌水（bleeding）现象。

通常情况下，混凝土拌合物的流动性越大，则保水性和黏聚性越差，反之亦然，相互之间存在一定矛盾。和易性良好的混凝土是指既具有满足施工要求的流动性，又具有良好的黏聚性和保水性。因此，不能简单地将流动性大的混凝土称为和易性好，或者流动性减小说成和易性变差。良好的和易性既是施工的要求也是获得质量均匀密实混凝土的基本保证。

二、和易性的测试和评定

混凝土拌合物和易性是一项极其复杂的综合指标，到目前为止全世界尚无能够全面反映混凝土和易性的测定方法，通常通过测定流动性，再辅以其他直观观察或经验综合评定混凝土和易性。

流动性的测定方法有坍落度法、维勃稠度法、探针法、斜槽法、流出时间法和凯利球法等十多种，对普通混凝土而言，最常用的是坍落度法和维勃稠度法。

1. 坍落度法（slump constant method）

将搅拌好的混凝土分三层装入坍落度筒中［见图 4-7(a)］，每层插捣 25 次，抹平后垂直提起坍落度筒，混凝土则在自重作用下坍落，以坍落高度（单位：mm）代表混凝土的流动性。坍落度越大，则流动性越好。

黏聚性是通过观察坍落度测试后混凝土所保持的形状，或侧面用捣棒敲击后的形状判定，如图 4-7 所示。当坍落度筒一提起即出现图中（c）或（d）形状，表示黏聚性不良；敲击后出现（b）状，则黏聚性好；敲击后出现（c）状，则黏聚性欠佳；敲击后出现（d）状，则黏聚性不良。

保水性是以水或稀浆从底部析出的量大小评定［见图 4-7(b)］。析出量大，保水性差，严重时粗骨料表面稀浆流失而裸露。析出量小则保水性好。

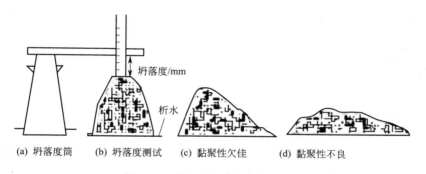

(a) 坍落度筒　　(b) 坍落度测试　　(c) 黏聚性欠佳　　(d) 黏聚性不良

图 4-7　混凝土拌合物和易性测定

根据坍落度值大小将混凝土分为四类：大流动性混凝土（坍落度≥160mm）；流动性混凝土（坍落度 100～150mm）；塑性混凝土（坍落度 50～90mm）；干硬性混凝土（坍落度 10～40mm）。

坍落度法测定混凝土和易性的适用条件为：粗骨料最大粒径≤40mm；坍落度≥10mm。

对坍落度小于 10mm 的干硬性混凝土，坍落度值已不能准确反映其流动性大小。如当两种混凝土坍落度均为零时，在振捣器作用下的流动性可能完全不同。故一般采用维勃稠度法测定。

2. 维勃稠度法（Vebe-Bee's method）

坍落度法的测试原理是混凝土在自重作用下坍落，而维勃稠度法则是在坍落度筒提起后，施加一个振动外力，测试混凝土在外力作用下完全填满面板所需时间（单位：s）代表混凝土流动性。

维勃稠度法测定混凝土和易性的适用条件为：粗骨料最大粒径≤40mm；维勃稠度在5～30s之间的混凝土拌合物的稠度测定。

根据维勃稠度值大小将混凝土分为四类：超干硬性混凝土（维勃稠度≥31s）；特干硬性混凝土（维勃稠度30～21s）；干硬性混凝土（维勃稠度20～11s）；半干硬性混凝土（维勃稠度10～5s）。

时间越短，流动性越好；时间越长，流动性越差。维勃稠度试验仪见示意图4-8。

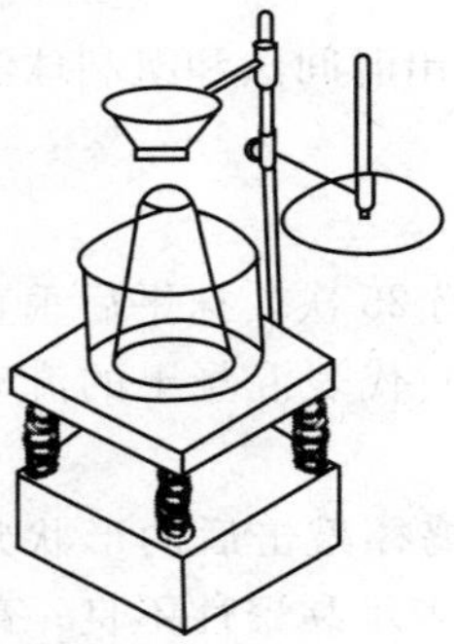

3. 坍落度的选择原则

实际施工时采用的坍落度大小根据下列条件选择。

① 构件截面尺寸大小　截面尺寸大，易于振捣成型，坍落度适当选小些，反之亦然。

② 钢筋疏密　钢筋较密，则坍落度选大些，反之亦然。

③ 捣实方式　人工捣实，则坍落度选大些，机械振捣则选小些。

④ 运输距离　从搅拌机出口至浇捣现场运输距离较远时，应考虑途中坍落度损失，坍落度宜适当选大些，特别是商品混凝土。

⑤ 气候条件　气温高、空气相对湿度小时，因水泥水化速率加快及水分挥发加速，坍落度损失大，坍落度宜选大些，反之亦然。

一般情况下，坍落度可按表4-7选用。

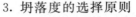

图 4-8　维勃稠度试验仪

表 4-7　混凝土浇筑时的坍落度　　单位：mm

构　件　种　类	坍落度
基础或地面等的垫层、无配筋的大体积结构(挡土墙、基础等)或配筋稀疏的结构	10～30
板、梁和大型及中型截面的柱子等	30～50
配筋密列的结构(薄壁、斗仓、筒仓、细柱等)	50～70
配筋特密的结构	70～90

三、影响和易性的主要因素

（1）水泥浆的数量

在混凝土拌合物中水泥浆赋予拌合物以一定的流动性，是影响混凝土拌合物流动性的主要因素。浆量增多、流动性则增大。浆量的多少应以满足施工时流动性要求为度。

（2）水泥浆的稠度

浆的稠度由水灰比决定。稠度越稠（即水灰比越小），拌合物的流动性则越小。工程中水灰比的大小是根据混凝土强度和耐久性要求确定的。

以上水泥浆量和稠度两个影响因素的变化，实质上是用水量的变化而引起流动性的变化，但却不能采用单纯改变用水量来满足流动性的要求，因为单纯加大用水量会降低混凝土的强度和耐久性。故通常采用保持水灰比不变，用调整浆量的办法来调整混凝土拌合物的和易性。

（3）砂率

砂率是指混凝土中砂的质量占砂、石总质量的百分率。砂率的改变会使骨料的空隙率和总表面积有显著变化，从而对拌合物的和易性产生显著影响。当砂率增大，拌合物流动性减小；砂率太小，也使伴合物流动性减小，还会使其黏聚性和保水性变差。因此，砂率有一个合理值。合理砂率应是砂子体积能填满石子空隙且略有富余。采用合理砂率时，能使拌合物在浆量一定的情况下获得最大流动性、良好的黏聚性和保水性，或在流动性一定的情况下，水泥用量最少。

（4）原材料

采用需水量较大的水泥，如火山灰水泥，拌合物的流动性较普通水泥小。用矿渣水泥则使拌合物泌水性增大。

采用卵石则比用碎石时拌合物的流动性大些。用河砂比山砂的流动性也大些。骨料级配好则使拌合物流动性较大且黏聚性也好。

（5）外加剂

在拌制混凝土时，加入很少量的外加剂（如减水剂、引气剂等）能使混凝土拌合物在不增加水泥用量的条件下获得很好的和易性，会增大流动性、改善黏聚性和保水性。

（6）时间和温度

拌合物会随时间的延长逐渐变得干稠，流动性减小，原因是一部分水供水泥水化，一部分水被骨料吸收，一部分水蒸发掉，以及凝聚结构的逐渐形成，导致拌合物流动性减小。

环境温度升高、水分蒸发及水泥水化加快，拌合物的流动性变小。

第四节　硬化混凝土的强度

普通混凝土一般均用作结构材料，故其强度是最主要的技术性质。混凝土在抗拉、抗压、抗弯、抗剪强度中，抗压强度最大，故混凝土主要用来承受压力作用。

一、混凝土的立方体抗压强度及强度等级

我国以立方体抗压强度为混凝土强度的特征值。按国家标准《普通混凝土力学性能试验方法》（GB/T 50081—2011），混凝土立方体抗压强度是指按标准方法制作的边长为150mm的立方体试件，在标准养护条件下（温度在20℃±2℃，相对湿度95％以上或置于水中），养护至28d龄期，以标准方法测试、计算得到的抗压强度值称为混凝土立方体的抗压强度。国家标准还规定，对非标准尺寸的立方体试件，可采用折算系数折算成标准试件的强度值。即边长为100mm和200mm的立方体试件分别采用折算系数0.95和1.05折算成标准试件的强度值。

我国把普通混凝土按立方体抗压强度标准值划分为C15、C20、C25、C30、C35、C40、C45、C50、C55、C60、C65、C70、C75、C80 14个等级。混凝土立方体抗压强度标准值是指具有95％保证率的立方体抗压强度。强度等级表示中的"C"为混凝土强度符号，后面的数值，即为混凝土立方体抗压强度标准值。

混凝土的抗压强度，在诸强度特性中受到特别的重视，常用来作为一般评定混凝土质量的指标。原因在于：抗压强度比其他强度大得多，结构物常以抗压强度为主要参数进行设计；抗压强度与其他强度有较好的相关性，只要获得了抗压强度值，就可推测其他强度特性；抗压强度试验方法比其他强度试验方法简单。

在结构设计中，考虑到受压构件是棱柱体（或圆柱体）而不是立方体，所以采用棱柱体

试件比立方体试件能更好地反映混凝土的实际受压情况。由棱柱体试件测得的抗压强度称为棱柱体抗压强度，又称轴心抗压强度。我国目前采用 $150mm \times 150mm \times 300mm$ 的柱体进行棱柱体抗压强度试验，如有必要也可采用非标准尺寸的棱柱体试件，但其高（h）与宽（a）之比应在 $2 \sim 3$ 的范围内。轴心抗压强度（f_{cp}）比同截面的立方体抗压强度（f_{cc}）要小，一般二者之间的换算关系近似为：

$$f_{cp} = 0.8 f_{cc}$$

二、影响混凝土抗压强度的因素

1. 水泥强度等级和水灰比

水泥强度等级和水灰比是影响混凝土抗压强度的最主要因素，也可以说是决定因素。因为混凝土的强度主要取决于水泥石的强度及其与骨料间的粘接力，而水泥石的强度及其与骨料间的粘接力，又取决于水泥的强度等级和水灰比的大小。由于拌制混凝土拌合物时，为了获得必要的流动性，常需要加入较多的水，多余的水所占空间在混凝土硬化后成为毛细孔，使混凝土密实度降低，强度下降。

试验证明，在水泥强度等级相同的条件下，水灰比越小，水泥石的强度越高，胶结力越强，从而使混凝土强度也越高。

大量实验结果表明，在原材料一定的情况下，混凝土 28d 龄期的抗压强度（f_{cu}）与水泥实际强度（f_{ce}）及水灰比（W/C）之间的关系符合下列经验公式。

$$f_{cu} = \alpha_a f_{ce} \left(\frac{C}{W} - \alpha_b \right)$$

式中　α_a，α_b——回归系数，采用碎石 $\alpha_a = 0.53$，$\alpha_b = 0.20$；采用卵石 $\alpha_a = 0.49$，$\alpha_b = 0.13$；

　　　　f_{ce}——水泥实际强度，若无法得到时，可采用下式计算：

$$f_{ce} = f_c \gamma_c$$

式中　f_c——水泥强度等级标准值；

　　　　γ_c——水泥强度等级富余系数，应按各地区实际统计资料定出。32.5 级水泥取 1.12，42.5 级水泥取 1.16，52.5 级水泥取 1.10。

2. 骨料特征

骨料本身的强度一般都比水泥石的强度高（轻骨料除外），所以不会直接影响混凝土的强度，但若骨料经风化等作用而强度降低时，则用其配制的混凝土强度也较低。骨料表面粗糙，则与水泥石粘接力较大，但达到同样流动性时，需水量大，随着水灰比变大，强度降低。因此，在水灰比小于 0.4 时，用碎石配制的混凝土比用卵石配制的混凝土强度约高38%，但随着水灰比增大，两者差别就不显著了。

3. 龄期与强度的关系

混凝土在正常养护（curing）条件下，其强度将随龄期的增长而增长。

在标准养护条件下，混凝土强度的发展大致与龄期的对数成正比关系（龄期不小于3d），可按下式进行推算。

$$f_n = f_{28} \frac{\lg n}{\lg 28}$$

式中　f_n——nd 龄期时的混凝土抗压强度，$n \geqslant 3$；

　　　　f_{28}——28d 龄期时的混凝土抗压强度。

上式仅适用于正常条件下硬化的中等强度等级的普通混凝土，实际情况要复杂得多。

4. 养护湿度及温度

为了获得质量良好的混凝土，混凝土成型后必须进行适当的养护，以保证水泥水化过程的正常进行。养护过程需要控制的参数为湿度和温度。由于水泥的水化反应只能在充水的毛细孔内发生，在干燥环境中，强度会随水分蒸发而停止发展，因此养护期必须保湿。

养护温度对混凝土强度发展也有很大影响。混凝土在不同温度的水中养护时强度的发展规律是养护温度高时，可以增加初期水化速率，使混凝土早期强度得以提高。

三、提高混凝土强度的措施

① 选用高强度等级水泥或早强型水泥。在配合比不变的条件下，选用高强度水泥有利于提高混凝土 28d 强度，选用早强型水泥可提高混凝土的早期强度，这对于在确保工程质量的前提下加加工程进度有十分重要的意义。

② 采用低水灰比和浆集比。为提高混凝土的强度，通常采用低水灰比既能降低浆集比，减薄水泥浆层厚度，可以充分发挥集料的骨架作用，也有利于提高混凝土的强度。

③ 施工时采用机械搅拌和机械振捣。

④ 采用湿热处理养护混凝土。蒸汽养护：浇筑好的混凝土构件经 1~3h 预养后放在近 100℃ 的常压蒸汽中进行养护，以加速水泥水化过程，经过 16h 左右，其强度可达正常养护条件件下养护 28d 强度的 70%~80%。用普通水泥或硅酸盐水泥配制的混凝土养护温度不宜太高，时间不宜太长，且养护温度不宜超过 80℃，恒温养护时间 5~8h 为宜。

⑤ 使用混凝土外加剂是使其获得早强、高强的重要手段之一。混凝土掺入早强剂，可显著提高其早期强度，掺减水剂尤其高效减水剂，通过大幅度减少拌和水量，可使混凝土获得很高的 28d 强度，提高混凝土的耐久性。

四、混凝土的变形性能

混凝土的变形主要有弹性变形、收缩和徐变三种。

（1）弹性变形

混凝土是一种多相复合材料，是弹塑性体，而不是真实的弹性材料。混凝土在静力受压时，其应力（σ）与应变（ε）之间的关系是非线性关系，这是由于混凝土的变形不可逆所致。

（2）收缩

混凝土收缩主要有以下五种：化学收缩、温度收缩、干燥收缩、自收缩和碳化收缩。另外，在混凝土硬化前，由于塑性阶段混凝土表面失水而产生的收缩，称为塑性收缩。

（3）徐变

混凝土在长期荷载作用下会发生徐变现象。混凝土徐变是指混凝土在恒定荷载长期作用下，随时间而增加的变形。

第五节　硬化混凝土的耐久性

用于构筑物的混凝土，不仅要具有能安全承受荷载的强度，还应具有耐久性，即要求混凝土在长期使用环境条件的作用下，能抵抗内、外不利影响，而保持其使用性能不变的性质。

一、混凝土的抗渗性

混凝土的抗渗性是指其抵抗水、油等压力液体渗透作用的能力。混凝土的抗渗等级有 P_4、P_6、P_8、P_{10}、P_{12} 五个。

它对混凝土的耐久性起着重要的作用，因为环境中的各种侵蚀介质只有通过渗透才能进入混凝土内部产生破坏作用。

（1）提高混凝土抗渗性的关键

提高密实度，改善混凝土的内部孔隙结构。

（2）具体措施

降低水灰比，采用减水剂，掺加引气剂，选用致密、干净、级配良好的骨料，加强养护等。

二、混凝土的抗冻性

混凝土的抗冻性是指混凝土含水时抵抗冻融循环作用而不破坏的能力。

混凝土的冻融破坏原因是混凝土中水结冰后发生体积膨胀，当膨胀力超过其抗拉强度时，便使混凝土产生微细裂缝，反复冻融裂缝不断扩展，导致混凝土强度降低直至破坏。

（1）提高混凝土抗冻性的关键

提高密实度是提高混凝土抗冻性的关键。措施是减小水灰比，掺加引气剂或减水型引气剂等。

（2）表示方法

以抗冻标号来表示，抗冻标号是以龄期 28d 的石块在吸水饱和后于 $-15 \sim 20℃$ 反复冻融循环，用抗压强度下降不超过 25%，且质量损失不超过 5% 时，所能承受的最大冻融循环次数来表示。混凝土分为以下九个抗冻等级：F10、F15、F25、F50、F100、F150、F200、F250、F300，分别表示混凝土能够承受反复冻融循环次数不小于 10 次、15 次、25 次、50 次、100 次、150 次、200 次、250 次和 300 次。

以上是用慢冻法确定抗冻性，对于抗冻性要求高的混凝土，也可用快冻法，即同时满足相对弹性模量值不小于 60%、质量损失率不超过 5% 时的最大循环次数来表示其抗冻性指标。

三、混凝土的抗侵蚀性

环境介质对混凝土的化学侵蚀主要是对水泥石的侵蚀，提高混凝土的抗侵蚀性主要在于选用合适的水泥品种，以及提高混凝土的密实度。

四、混凝土的碳化

混凝土的碳化是指环境中的 CO_2 和混凝土内水泥石中的 $Ca(OH)_2$ 反应，生成碳酸钙和水，从而使混凝土的碱度降低（也称中性化）的现象。

碳化对混凝土的作用，利少弊多，由于中性化，使混凝土中的钢筋因失去碱性保护而被锈蚀，碳化收缩会引起微细裂缝，使混凝土强度降低。碳化对混凝土的性能也有有利的影响，表层混凝土碳化时生成的碳酸钙，可填充水泥石的孔隙，提高密实度，对防止有害介质的侵入具有一定的缓冲作用。

提高抗碳化能力的措施：降低水灰比，采用减水剂以提高混凝土密实度。

五、混凝土的碱-骨料反应

混凝土的碱-骨料反应是指混凝土中含有活性二氧化硅的骨料与所用水泥中的碱（Na_2O 和 K_2O）在有水的条件下发生反应，形成碱-硅酸凝胶，此凝胶吸水肿胀并导致混凝土胀裂的现象。

由上可知，水泥中含碱量高、骨料中含有活性二氧化硅及有水存在是碱-骨料反应的主要因素。

预防措施：可采用低碱水泥，对骨料进行检测，不用含活性 SiO_2 的骨料，掺用引气剂，减小水灰比及掺加火山灰质混合材料等。

第六节　普通混凝土的配合比设计

一、混凝土配合比设计基本要求

混凝土配合比（mixing proportion of concrete）是指 $1m^3$ 混凝土中各组成材料的用量，或各组成材料的质量比。

1. 配合比设计的四项基本要求

① 满足施工要求的和易性。

② 满足设计的强度等级，并具有 95% 的保证率。

③ 满足工程所处环境对混凝土的耐久性要求。

④ 经济合理，最大限度节约水泥，降低混凝土成本。

2. 混凝土配合比设计中的三个基本参数

为了达到混凝土配合设计的四项基本要求，关键是要控制好水灰比（W/C）、单位用量（W_0）和砂率（S_p）三个基本参数。

这三个基本参数的确定原则如下。

① 水灰比　水灰比根据设计要求的混凝土强度和耐久性确定。

确定原则为：在满足混凝土设计强度和耐久性的基础上，选用较大水灰比，以节约水泥，降低混凝土成本。

② 单位用水量　单位用水量主要根据坍落度要求和粗骨料品种、最大粒径确定。

确定原则为：在满足施工和易性的基础上，尽量选用较小的单位用水量，以节约水泥。因为当 W/C 一定时，用水量越大，所需水泥用量也越大。

③ 砂率　砂率对混凝土和易性、强度和耐久性影响很大，也直接影响水泥用量，故应尽可能选用最优砂率，并根据砂子细度模数、坍落度要求等加以调整，有条件时宜通过试验确定。确定原则为：砂子的用量填满石子的空隙略有富余。

3. 混凝土配合比设计的算料基准

① 计算 $1m^3$ 混凝土拌合物中各材料的用量，以质量计。

② 计算时，骨料以干燥状态质量为准，所谓干燥状态，是指细骨料含水率小于 0.5%，粗骨料含水率小于 0.2%。

⌂ 二、混凝土配合比设计的方法和步骤

1. 设计方法和原理

混凝土配合比设计的基本方法有两种：一是体积法（又称绝对体积法）；二是重量法（又称假定表观密度法），基本原理如下。

（1）体积法

体积法的基本原理为混凝土的总体积等于砂子、石子、水、水泥体积及混凝土中所含的少量空气体积的总和。

若以 V_h、V_c、V_w、V_s、V_g、V_k 分别表示混凝土、水泥、水、砂、石子、空气的体积，则有：

$$V_h = V_c + V_w + V_s + V_g + V_k$$

若以 C_0、W_0、S_0、G_0 分别表示 $1m^3$ 混凝土中水泥、水、砂、石子的用量（kg），以 ρ_w、ρ_c、ρ_s、ρ_g 分别表示水、水泥的密度和砂、石子的表观密度（g/cm^3），10α 表示混凝土中空气体积，则上式可改为：

$$\frac{C_0}{\rho_c} + \frac{W_0}{\rho_w} + \frac{S_0}{\rho_s} + \frac{G_0}{\rho_g} + 10\alpha = 1000$$

式中，α 为混凝土含气量百分率（%），在不使用引气型外加剂时，可取 $\alpha = 1$。

（2）重量法

重量法基本原理为混凝土的总质量等于各组成材料质量之和。当混凝土所用原材料和三项基本参数确定后，混凝土的表观密度（即 $1m^3$ 混凝土的质量）接近某一定值。若预先能假定出混凝土表观密度，则有：

$$C_0 + W_0 + S_0 + G_0 = \rho_0$$

式中，ρ_0 为 $1m^3$ 为混凝土的质量（kg），可在 $2400 \sim 2450 kg/m^3$ 之间选用。

混凝土配合比设计中砂、石料用量指的是干燥状态下的质量。水工、港工、交通系统常采用饱和面干状态下的质量。

2. 混凝土配合比设计步骤

混凝土配合比设计步骤为：首先根据原始技术资料计算"初步计算配合比"；然后经试配调整获得满足和易性要求的"基准配合比"；再经强度和耐久性检验定出满足设计要求、施工要求和经济合理的"试验室配合比"；最后根据施工现场砂、石料的含水率换算成"施工配合比"。

第一步：计算配合比（又称初步配合比）的确定

（1）计算混凝土配制强度（$f_{cu,t}$）

$$f_{cu,o} = f_{cu,k} + 1.645\sigma$$

无统计资料时，σ 可按表 4-8 取用。

表 4-8 混凝土强度标准差 σ 值　　　　　　　　　　　　单位：MPa

混凝土强度等级	≤C20	C25～C45	C50～C55
σ	4.0	5.0	6.0

（2）根据强度要求计算水灰比

由式：$f_{cu,0} = \alpha_a f_{ce}\left(\dfrac{C}{W} - \alpha_b\right)$，则有：$\dfrac{W}{C} = \dfrac{\alpha_a f_{ce}}{f_{cu,0} + A\alpha_b f_{ce}}$

① 根据耐久性要求查表 4-9，得最大水灰比限值。

② 比较强度和耐久性要求的水灰比，取两者中的最小值。

表 4-9　混凝土的最大水灰比和最小水泥用量

环境条件		结构物类别	最大水灰比			最小水泥用量/kg		
			素混凝土	钢筋混凝土	预应力混凝土	素混凝土	钢筋混凝土	预应力混凝土
干燥环境		正常的居住或办公用房屋内部件	无规定	0.65	0.60	200	260	300
潮湿环境	无冻害	高湿度的室内部件 室外部件 在非侵蚀性土或水中的部件	0.70	0.60	0.60	225	280	300
	有冻害	经受冻害的室外部件 在非侵蚀性土或水中且经受冻害的部件 高湿度且经受冻害的室内部件	0.55	0.55	0.55	250	280	300
有冻害和除冰剂的潮湿环境		经受冻害和除冰剂作用的室内和室外部件	0.50	0.50	0.50	300	300	300

注：当用活性掺合料取代部分水泥时，表中的最大水灰比及最小水泥用量即为替代前的水灰比和水泥用量。

③ 选择质量良好、级配合理的集料和合理的砂率。

④ 掺用适量的引气剂、减水剂和掺合料。

⑤ 加强混凝土质量的生产控制。

⑥ 加强使用过程中的例行检测、维护与维修。

（3）确定 1m³ 混凝土的用水量（W_0）

根据施工要求的坍落度和骨料品种、粒径，由表 4-10、表 4-11 选取。

表 4-10　干硬性混凝土的用水量　　　单位：kg/m³

拌合物稠度		卵石最大粒径/mm			碎石最大粒径/mm		
项目	指标	10	20	40	16	20	40
维勃稠度/s	16～20	175	160	145	180	170	155
	11～15	180	165	150	185	175	160
	5～10	185	170	155	190	180	165

表 4-11　塑性混凝土的用水量　　　单位：kg/m³

拌合物稠度		卵石最大粒径/mm				碎石最大粒径/mm			
项目	指标	10	20	31.5	40	16	20	31.5	40
坍落度/mm	10～30	190	170	160	150	200	185	175	165
	35～50	200	180	170	160	210	195	185	175
	55～70	210	190	180	170	220	205	195	185
	75～90	215	195	185	175	230	215	205	195

注：1. 本表用水量是采用中砂时的平均取值；采用细砂时，1m³ 混凝土的用水量可增加 5～10kg；采用粗砂时，则可减少 5～10kg。

2. 掺用各种外加剂或掺合料时，用水量应相应调整。

（4）计算 1m^3 混凝土的水泥用量（C_0）

① 计算水泥用量：$C_0 = \dfrac{W_0}{W/C}$

② 查表 4-9，复核是否满足耐久性要求的最小水泥用量，取两者中的较大值。

（5）确定合理砂率（S_p）

① 可根据骨料品种、粒径及 W/C 查表 4-12 选取。实际选用时可采用内插法，并根据附加说明进行修正。

表 4-12　混凝土砂率选用表　　　　　单位：%

水灰比 (W/C)	碎石最大粒径/mm			卵石最大粒径/mm		
	16	20	40	16	20	40
0.40	30～35	29～34	27～32	26～32	25～31	24～30
0.50	33～38	32～37	30～35	30～35	29～34	28～33
0.60	36～41	35～40	33～38	33～38	32～37	31～36
0.70	39～44	38～43	36～41	36～41	35～40	34～39

注：1. 本表适用于坍落度为 10～60mm 的混凝土。坍落度大于 60mm 的混凝土砂率，可经试验确定，也可在表 4-12 的基础上，按坍落度每增大 20mm，砂率增大 1% 的幅度予以调整。坍落度小于 10mm 的混凝土，其砂率应经试验确定。

2. 表中数值是中砂的选用砂率。对细砂或粗砂，可相应地减少或增加砂率。

3. 只用一个单粒级粗集料配制混凝土时，砂率值应适当增大。

② 在有条件时，可通过试验确定最优砂率。

（6）计算砂、石用量（S_0、G_0），并确定初步计算配合比

重量法：

$$\begin{cases} C_0 + W_0 + S_0 + G_0 = \rho_0 \\ S_p = \dfrac{S_0}{S_0 + G_0} \times 100\% \end{cases}$$

体积法：

$$\begin{cases} \dfrac{C_0}{p_c} + \dfrac{W_0}{\rho_w} + \dfrac{S_0}{\rho_g} + \dfrac{G_0}{\rho_R} + 10\alpha = 1000 \\ S_p = \dfrac{S_0}{S_0 + G_0} \times 100\% \end{cases}$$

配合比的表达方式有如下两种。

① 根据上述方法求得的 C_0、W_0、S_0、G_0，直接以每立方米混凝土材料的用量（kg）表示。

② 根据各材料用量间的比例关系表示：$C_0 : S_0 : G_0 = 1 : S_0/C_0 : G_0/C_0$，再加上 W/C 值。

第二步：基准配合比的确定

初步计算配合比是根据经验公式和经验图表估算而得，因此不一定符合实际情况，必须通过试拌验证。当不符合设计要求时，需通过调整使和易性满足施工要求，使 W/C 满足强度和耐久性要求。

和易性调整——确定基准配合比，根据初步计算配合比配成混凝土拌合物，先测定混凝土坍落度，同时观察黏聚性和保水性。如不符合要求，按下列原则进行调整。

① 当坍落度小于设计要求时，可在保持水灰比不变的情况下，增加用水量和相应的水

泥用量（水泥浆）。

②当坍落度大于设计要求时，可在保持砂率不变的情况下，增加砂、石用量（相当于减少水泥浆用量）。

③当黏聚性和保水性不良时（通常是砂率不足），可适当增加砂用量，即增大砂率。

④当拌合物显得砂浆量过多时，可单独加入适量石子，即降低砂率。

直到和易性满足要求后，调整和易性后提出的配合比即是混凝土的基准配合比。

第三步：试验室配合比的确定

根据和易性满足要求的基准配合比和水灰比，配制一组混凝土试件；并保持用水量不变，水灰比分别增加和减少 0.05 再配制两组混凝土试件，用水量应与基准配合比相同，砂率可分别增加和减少 1%。制作三组混凝土强度试件时，应同时检验混凝土拌合物的流动性、黏聚性、保水性和表观密度，并以此结果代表相应配合比的混凝土拌合物的性能。

三组试件经标准养护 28d，测定抗压强度，并重新计算水泥和砂石用量，计作 C_b、W_b、S_b、G_b。

在混凝土和易性满足要求后，按下式计算 1m³ 混凝土的各材料用量——即实验室配合比。

校正系数
$$\delta = \frac{\rho_{c,t}}{\rho_{c,c}}$$

$$\begin{cases} C_{sh} = C_b \delta \\ W_{sh} = W_b \delta \\ S_{sh} = S_b \delta \\ G_{sh} = G_b \delta \end{cases}$$

式中　　　　　$\rho_{c,c}$——试拌调整后，单位体积混凝土中各材料的实际总用量（kg），混凝土计算体积密度 $\rho_{c,c} = C_b + W_b + S_b + G_b$，kg/m³；

$\rho_{c,t}$——混凝土的实测体积密度；

C_b，W_b，S_b，G_b——试拌调整后，水泥、水、砂子、石子实际拌和用量，kg；

C_{sh}，W_{sh}，S_{sh}，G_{sh}——实验室配合比中 1m³ 混凝土的各材料用量，kg。

如果初步计算配合比和易性完全满足要求而无需调整，也必须测定实际混凝土拌合物的体积密度，并利用上式计算 C_{sh}、W_{sh}、S_{sh}、G_{sh}。否则将出现"负方"或"超方"现象。亦即初步计算 1m³ 混凝土，在实际拌制时，少于或多于 1m³。

当混凝土表观密度实测值与计算值之差的绝对值不超过计算值的 2% 时，则初步计算配合比即为基准配合比，无需调整。

当对混凝土的抗渗、抗冻等耐久性指标有要求时，则制作相应试件进行检验。强度和耐久性均合格的水灰比对应的配合比，称为混凝土试验室配合比。

第四步：施工配合比的计算

试验室配合比是以干燥（或饱和面干）材料为基准计算而得，但现场施工所用的砂、石料常含有一定水分，因此，在现场配料前，必须先测定砂石料的实际含水率，在用水量中将砂石带入的水扣除，并相应增加砂石料的称量值。设砂的含水率为 $a\%$；石子的含水率为 $b\%$，则施工配合比按下列各式计算：

$$C' = C_{sh}$$
$$S' = S_{sh}(1 + a\%)$$

$$G' = G_{sh}(1+b\%)$$
$$W' = W_{sh} - S_{sh}a\% - G_{sh}b\%$$

【例 4-2】　某框架结构钢筋混凝土，混凝土设计强度等级为 C30，现场机械搅拌，机械振捣成型，混凝土坍落度要求为 *50～70mm*，并根据施工单位的管理水平和历史统计资料，混凝土强度标准差 σ 取 *4.0MPa*。所用原材料如下。

水泥：普通硅酸盐水泥 32.5 级，密度 $\rho_c = 3.1$，水泥强度富余系数 $K_c = 1.12$；

砂：河砂 $M_x = 2.4$，Ⅱ 级配区，$\rho_s = 2.65g/cm^3$；

石子：碎石，$D_{max} = 40mm$，连续级配，级配良好，$\rho_g = 2.70g/cm^3$；

水：自来水。

求混凝土初步计算配合比。

解：（1）确定混凝土配制强度（$f_{cu,t}$）

$$f_{cu,0} = f_{cu,k} + 1.645\sigma = 30 + 1.645 \times 4.0 = 36.58 \ (MPa)$$

（2）确定水灰比（W/C）

① 根据强度要求计算水灰比（W/C）

$$\frac{W}{C} = \frac{\alpha_a f_{ce}}{f_{cu,0} + \alpha_a \alpha_b f_{ce}} = \frac{0.53 \times 32.5 \times 1.12}{36.58 + 0.53 \times 0.20 \times 32.5 \times 1.12} = 0.48$$

② 根据耐久性要求确定水灰比（W/C）

由于框架结构混凝土梁处于干燥环境，查表 4-9 得最大水灰比为 0.65，故取满足强度要求的水灰比 0.45 即可。

（3）确定用水量（W_0）

查表 4-11 可知，坍落度 55～70mm 时，用水量 185kg；

（4）计算水泥用量（C_0）

$$C_0 = W_0 \times \frac{C}{W} = 185 \times \frac{1}{0.48} = 385 \ (kg)$$

根据表 4-9，满足耐久性对水泥用量的最小要求。

（5）确定砂率（S_p）

参照表 4-12，通过插值（内插法）计算，取砂率 $S_p = 32\%$。

（6）计算砂、石用量（S_0、G_0）

采用体积法计算，因无引气剂，取 $\alpha = 1$。

$$\begin{cases} \dfrac{385}{3.1} + \dfrac{185}{1} + \dfrac{S_0}{2.65} + \dfrac{G_0}{2.70} + 10 \times 1 = 1000 \\ \dfrac{S_0}{S_0 + G_0} = 32\% \end{cases}$$

解上述联立方程得：$S_0 = 605kg$；$G_0 = 1219kg$。

因此，该混凝土初步计算配合比为：$C_0 = 385kg$，$W_0 = 185kg$，$S_0 = 605kg$，$G_0 = 1219kg$。或者：$C:S:G = 1:1.40:2.99$，$W/C = 0.48$。

【例 4-3】　承上题求得的混凝土实验室配合比，若掺入减水率为 *18%* 的高效减水剂，并保持混凝土坍落度和强度不变，实测混凝土体积密度 $\rho_h = 2400kg/m^3$。求掺减水剂后混凝土的配合比。$1m^3$ 混凝土节约水泥多少千克？

解：（1）减水率 *18%*，则实际需水量为

$$W = 190 - (190 \times 18\%) = 156 \ (kg)$$

（2）保持强度不变，即保持水灰比不变，则实际水泥用量为

$$C = 156/0.45 = 347kg$$

（3）掺减水剂后混凝土配合比如下

各材料总用量 $= 347 + 156 + 564 + 1215 = 2282$（$kg$）

$$C' = \frac{347}{2282} \times 2400 = 365（kg）\quad W' = \frac{156}{2282} \times 2400 = 164（kg）$$

$$S' = \frac{564}{2282} \times 2400 = 593（kg）\quad G' = \frac{1215}{2282} \times 2400 = 1278（kg）$$

所以，实际每立方米混凝土节约水泥：$422 - 365 = 57$（kg）。

第七节　其他种类混凝土

一、绿色混凝土

绿色材料的特点包括材料本身的先进性（优质的、生产能耗低的材料）；生产过程的安全性（低噪声、无污染）；材料使用的合理性（节省的、可以回收的）以及符合现代工程学的要求等。绿色材料是材料发展的必然。

1. 绿色混凝土的含义

绿色混凝土（green concrete）的环境协调性是指对资源和能源消耗少、对环境污染小和循环再生利用率高。绿色混凝土的自适应性是指具有满意的使用性能，能够改善环境，具有感知、调节和修复等机敏特性。

自 20 世纪 90 年代以来，国内外科技工作者对绿色混凝土展开了研究，其涉及范围包括绿色高性能混凝土、再生集料混凝土、环保型混凝土和机敏混凝土等。

2. 绿色混凝土的类型

（1）绿色高性能混凝土（green high performance concrete，GHPC）

各国学者对高性能混凝土（high performance concrete）有不同的定义和解释，但高性能混凝土的共性可归结为：在新拌阶段具有高工作性，易于施工，甚至无需振捣就能密实成型；在水化、硬化早期和使用过程中具有高体积稳定性，很少产生由于水化热和干缩等因素而形成的裂缝；在硬化后具有足够的强度和低渗透性，满足工程所需的力学性能和耐久性。

（2）再生集料混凝土

再生集料混凝土是指用废混凝土、废砖块、废砂浆做集料而制得的混凝土。

混凝土制备过程还将消耗大量砂石。若以每吨水泥生产混凝土时消耗 6～10t 砂石材料计，我国每年将生产砂石材料 48 亿～80 亿吨。全球已面临优质砂石材料短缺的问题，我国不少城市亦不得不远距离运送砂石材料。同时，我国每年拆除的建筑垃圾产生的废弃混凝土约为 1360 万吨，新建房屋产生的废弃混凝土约为 4000 万吨，大部分是送到废料堆积场堆埋。因此实现再生集料的循环利用对保护环境，节约能源、资源的意义十分显著。

再生集料的性质同天然砂石集料相比因其含有 30% 左右的硬化水泥砂浆，从而导致其吸水性能、表观密度等物理性质与天然集料不同。再生混凝土的抗拉强度、抗弯强度、抗剪

强度和弹性模量通常较低，而徐变和收缩率却是较高的。研究的目的在于测定这些因素的最佳组合，以便经济地生产适合于某种用途的再生集料混凝土。

（3）环保型混凝土

环保型混凝土则是指能够改善、美化环境，对人类与自然的协调具有积极作用的混凝土材料。这类混凝土的研究和开发刚起步，它标志着人类在处理混凝土材料与环境的关系过程中采取了更加积极、主动的态度。目前所研究和开发的品种主要有透水、排水性混凝土，绿化植被混凝土和净水混凝土等。

如利用多孔混凝土（porous concrete）多孔的特性，将使混凝土具备透水、排水、净水、绿化植被、吸声、隔声等功能。多孔混凝土由粗集料与水泥浆结合而成，具有连续孔隙结构是其一大特征。它具有良好的透水性和透气性，孔隙率一般为 $5\%\sim35\%$，因而具有能够提供生物的繁殖生长空间、净化和保护地下水资源、吸收环境噪声等功能。

将光催化技术应用于水泥混凝土材料中而制成的光催化混凝土则可以起到净化城市大气的作用。如在建筑物表面使用掺有 TiO_2 的混凝土，可以通过光催化作用，使汽车和工业排放的氮氧化物、硫化物等污染物氧化成碳酸、硝酸和硫酸等随雨水排掉，从而净化环境。

（4）机敏混凝土

机敏混凝土是指具有感知、调节和修复等功能的混凝土，它是通过在传统的混凝土组分中复合特殊的功能组分而制备的具有本征机敏特性的混凝土。机敏混凝土是信息科学与材料科学相结合的产物，其目标不仅仅是将混凝土作为具有优良力学性能的建筑材料，而且更注重混凝土与自然的融合和适应性。

随着现代电子信息技术和材料科学的迅猛发展，促使社会及其各个组成部分，如交通系统、办公场所、居住社区等向智能化方向发展。自感知混凝土、自调节混凝土、仿生自愈合混凝土等一系列机敏混凝土的相继出现，为智能混凝土的研究和发展打下了坚实的基础。

① 自感知机敏混凝土材料对诸如热、电和磁等外部信号刺激具有监测、感知和反馈的能力，是未来智能建筑的必需组件。

② 自调节机敏混凝土材料对由于外力、温度、电场或磁场等变化具有产生形状、刚度、湿度或其他机械特性相应的能力。如在建筑物遭受台风、地震等自然灾害期间，能够调整承载能力和减缓结构振动。目前人们研制的自动调节环境湿度的混凝土材料自身即可完成对室内环境湿度的探测，并根据需求对其进行调控。这种材料已成功地用于多家美术馆的室内墙壁，取得非常好的效果。

③ 自修复机敏混凝土材料是模仿动物的骨组织结构和受创伤后的再生、恢复机理，采用粘接材料和水泥基材相符合的方法，对材料损伤破坏具有自行愈合和再生功能，恢复甚至提高材料性能的新型复合材料。

机敏混凝土是智能化时代的产物，具有上述功能的高智能结构，不仅提高了智能建筑的性能和安全度，综合利用了有限的建筑空间，减少了综合布线的工序，节省建筑运行和维修费用，而且延长了建筑物的寿命。因此，在不远的将来，可以预见机敏混凝土材料与智能建筑的有机结合将对建筑业乃至整个社会的发展产生重大影响。

总之，绿色混凝土具有保护生态、美化环境、提高居住环境的舒适性和安全性的巨大优越性，它将是 21 世纪大力提倡、发展和应用的混凝土。

二、高强混凝土

在 20 世纪 20 年代，超过 20MPa 的混凝土可称为高强混凝土（high strength concrete），

20 世纪 70 年代，强度达到 40MPa 的被看作是高强混凝土。现在的高强混凝土是指强度等级为 C80 及其以上的混凝土。

1. 高强混凝土的优点和不利条件

（1）高强混凝土的主要优点

① 高强混凝土可以减少结构断面，增加房屋使用面积和有效空间，减轻地基负荷。在高层建筑柱结构、建筑物剪力墙和承重墙、桥梁箱梁（尤其是大跨度桥梁）中具有广阔的应用前景。但对于楼板和梁，高强度并不能改变构件的尺寸，高强混凝土并不具有经济优势。

② 对于预应力钢筋混凝土构件，高强混凝土由于刚度大、变形小，故可以施加更大的预应力和更早地施加预应力，以及减少因徐变导致的预应力损失。

③ 高强混凝土致密坚硬，抗渗性、抗冻性、耐磨性等耐久性大大提高。应用在极端暴露条件下的混凝土结构中（例如公路、桥面和停车场），则可大大提高其耐久性。

（2）高强混凝土的不利条件

① 高强混凝土对原材料质量要求严格。

② 生产、施工各环节的质量管理水平要求高，高强混凝土的质量对生产、运输、浇注、养护、环境条件等因素非常敏感。

③ 高强混凝土的延性差、脆性大、自收缩大。

2. 高强度混凝土的配制要求

① 选用质量稳定、强度等级不低于 42.5 级的硅酸盐水泥或普通硅酸盐水泥。水泥用量不宜大于 550kg/m³；水泥和矿物掺合料的总量不应大于 600kg/m³。

② 粗集料的最大粒径不宜大于 25mm，强度等级高于 C80 级的混凝土，其粗集料的最大粒径不宜大于 20mm，并严格控制其针片状颗粒含量、含泥量和泥块含量。细集料的细度模数宜大于 2.6，并严格控制其含泥量和泥块含量。混凝土的砂率宜为 28%～34%，泵送时的砂率可为 34%～44%。

③ 配制高强混凝土时应掺用高效减水剂或缓凝高效减水剂，其品种、掺量应通过试验确定。

④ 配制高强混凝土时应该掺用活性较好的掺合料，宜复合使用掺合料，品种、掺量应通过试验确定。

⑤ 高强混凝土的水胶比采用 0.25～0.42，强度等级越高，水胶比越低。

⑥ 当采用三个不同配合比进行混凝土强度试验时，其中一个应为基准配合比，另两个配合比的水灰比，宜较基准配合比分别增加和减少 0.02～0.03；高强混凝土设计配合比确定后，还应用该配合比进行不少于 6 次的重复试验验证，其平均值不应低于配制强度。

三、轻混凝土

体积密度小于 1950kg/m³ 的混凝土称为轻混凝土（light-weightconcrete），轻混凝土又可分为轻集料混凝土、多孔混凝土及无砂大孔混凝土三类。

1. 轻集料混凝土（lightweight aggregate concrete）

凡是用轻粗集料、轻细集料（或普通砂）、水泥和水配制而成的轻混凝土称为轻集料混凝土。由于轻集料种类繁多，故混凝土常以轻集料的种类命名。例如：粉煤灰陶粒混凝土、浮石混凝土等。轻集料按来源分为三类：a. 工业废渣轻集料（如粉煤灰陶粒、煤渣等）；b. 天然轻集料（如浮石、火山渣等）；c. 人工轻集料（如页岩陶粒、黏土陶粒、膨胀珍珠岩等）。

轻集料混凝土强度等级与普通混凝土相对应，按立方体抗压标准强度划分为：LC5.0、LC7.5、LC10、LC15、LC20、LC25、LC30、LC35、LC40、LC45、LC50、LC55 和 LC60。轻集料混凝土的应变值比普通混凝土大，其弹性模量为同强度等级普通混凝土的 $50\%\sim 70\%$。轻集料混凝土的收缩和徐变约比普通混凝土相应大 $20\%\sim 50\%$ 和 $30\%\sim 60\%$。

许多轻集料混凝土具有良好的保温性能，当其体积密度为 $1000kg/m^3$ 时，热导率为 $0.28W/(m\cdot K)$；体积密度为 $1800kg/m^3$ 时，热导率为 $0.87W/(m\cdot K)$。可作为保温材料、结构保温材料或结构材料。

2. 多孔混凝土（porous concrete）

一种不用集料的轻混凝土，内部充满大量细小封闭的气孔，孔隙率极大，一般可达混凝土总体积的 85%。它的表观密度一般在 $300\sim 1200kg/m^3$ 之间，热导率为 $0.08\sim 0.29W/(m\cdot K)$。因此多孔混凝土是一种轻质多孔材料，兼有结构及保温、隔热等功能，同时容易切削、锯解和握钉性好。多孔混凝土可制作屋面板、内外墙板、砌块和保温制品，广泛地用于工业及民用建筑和管道保温。

根据气孔产生的方法不同，多孔混凝土可分为加气混凝土和泡沫混凝土。加气混凝土在生产上比泡沫混凝土具有更多的优越性，所以生产和应用发展较快。

（1）加气混凝土（aelrated concrete）

加气混凝土是用含钙材料（水泥、石灰）、含硅材料（石英砂、粉煤灰、矿渣、页岩等）和加气剂为原料，经磨细、配料、浇注、切割和压蒸养护等工序加工而成的。

加气剂（gas-Forming admixture）一般采用铝粉，它与含钙材料中的氢氧化钙反应放出氢气，形成气泡，使料浆成为多孔结构。加气混凝土的抗压强度一般为 $0.5\sim 7.5MPa$。

（2）泡沫混凝土（foam concrete）

泡沫混凝土是将水泥浆和泡沫剂拌和后形成的多孔混凝土。其表观密度多在 $300\sim 500kg/m^3$，强度不高，仅 $0.5\sim 7MPa$。

通常用氢氧化钠加水拌入松香粉（碱∶水∶松香＝1∶2∶4），再与溶化的胶液（皮胶或骨胶）搅拌制成松香胶泡沫剂。将泡沫剂加温水稀释，用力搅拌即成稳定的泡沫。然后加入水泥浆（也可掺入磨细的石英砂、粉煤灰、矿渣等硅质材料）与泡沫拌匀，成型后蒸养或压蒸养护即成泡沫混凝土。

3. 无砂大孔混凝土（no-fines concrete）

无砂大孔混凝土是以粗集料、水泥、水配制而成的一种轻混凝土，体积密度为 $500\sim 1000kg/m^3$，抗压强度为 $3.5\sim 10MPa$。

无砂大孔混凝土中因无细集料，水泥浆仅将粗集料胶结在一起，所以是一种大孔材料。它具有导热性差、透水性好等特点，也可作绝热材料及滤水材料。水工建筑中常用作排水暗管、井壁滤管等。

四、纤维混凝土（lliber concrete）

纤维混凝土是以混凝土为基体，外掺各种纤维材料而成的，掺入纤维的目的是提高混凝土的力学性能，如抗拉、抗裂、抗弯、冲击韧性，也可以有效地改善混凝土的脆性。

常用的纤维材料有钢纤维、玻璃纤维、石棉纤维、碳纤维和合成纤维等。所用的纤维必须具有耐碱、耐海水、耐气候变化的特性。

在纤维混凝土中，纤维的含量、纤维的几何形状以及纤维的分布情况，对混凝土性能有重要影响。钢纤维混凝土一般可提高抗拉强度 2 倍左右，抗冲击强度提高 5 倍以上。

纤维混凝土目前主要用于对抗裂、抗冲击性要求高的工程，如机场跑道、高速公路、桥面面层、管道、屋面板、墙板等，随着纤维混凝土技术提高，各类纤维性能改善，在土木建筑工程中将会广泛应用纤维混凝土。

五、防水混凝土（waterproof concrete）

防水混凝土是通过调整混凝土配合比、掺入外加剂或采用合理的胶凝材料等方法提高其自身密实性、憎水性、抗渗性以满足抗渗防水要求的混凝土。与防水卷材、防水涂料相比，防水混凝土具有以下特点：兼有防水和承重功能，能节约材料，加快施工进度；在结构复杂的情况下施工简便，防水性能可靠；渗漏发生时易于检查和维修；耐久性好；材料来源广，成本较低。

1. 普通防水混凝土

普通防水混凝土通过配合比的设计和调整，改善混凝土内部的孔结构以提高混凝土自身的密实性，从而达到防水的目的。

2. 外加剂防水混凝土

外加剂防水混凝土通过在混凝土中掺入少量有机或无机外加剂来改善混凝土拌合物的工作性，提高混凝土密实性和抗渗性以满足抗渗防水的要求。常用的外加剂包括减水剂、防水剂、引气剂、膨胀剂等。

3. 膨胀水泥防水混凝土

膨胀水泥混凝土是以膨胀水泥为胶凝材料配制而成的防水混凝土。依靠膨胀水泥自身水化反应过程中的体积膨胀提高混凝土密实性，补偿收缩，从而提高混凝土的防水抗渗性能。

六、装饰混凝土（decoration concrete）

水泥混凝土外观颜色单调、灰暗、呆板，给人以压抑感，装饰性差。于是人们设法在混凝土的表面（混凝土墙面、地面、屋面等）做适当处理，使其产生一定的装饰效果。

装饰效果可以通过选择合适的混凝土材料、浇模材料以及特殊的浇注技术或者对硬化混凝土表面进行斑纹化表现出来。

混凝土的色彩可以通过使用特殊的水泥或选择彩色集料来获得。

（1）水泥

通过加入一些着色剂来改善水泥颜色，也可使用白水泥配制浅色混凝土或白色混凝土。

（2）着色剂

要得到整体性的彩色混凝土，最常用的方法是在拌和过程中加入色素。色素包括氧化铁（红色、黄色、棕色）、氧化铬（绿色）、氧化钴（蓝色）、石墨（黑色）等。

（3）集料

自然界中有很多彩色石头可以用作混凝土集料，从而获得很好的颜色效果。集料所能获得的颜色种类比用单纯的色素所能获得的颜色要多得多。最常见的颜色是白色、棕色和赭石色。

混凝土表面的结构可以通过模板衬托、露石饰面以及机械抹面等方法获得。

【案例分析】　某处于干燥环境的教学楼，为六层现浇钢筋混凝土框架结构，其梁、柱混凝土设计强度等级为 C30，梁、柱混凝土用量共为 $1693m^3$。施工要求坍落度为 $35\sim50mm$，混凝土采用机械搅拌，机械振捣，根据施工单位历史资料统计，混凝土强度标准差 $\sigma=5MPa$，且施工现场砂子含水率为 3%，石子含水率为 1%。

该工程采用的原材料为：水泥强度等级为 52.5 级、体积密度 $\rho_c=3000kg/m^3$ 的普通硅酸盐水泥；砂为 $M_x = 2.7$，体积密度 $\rho_s = 2650kg/m^3$ 的中砂；石子为最大粒径 $D_{max} = 31.5mm$，体积密度 $\rho_g = 2700kg/m^3$ 的碎石；水为自来水。则 $1m^3$ 混凝土中各材料用量为水泥 306kg，砂 680kg，石子 1238kg，水 173kg，$1m^3$ 混凝土的材料费根据预算定额，各材料的单价计算为 120.611 元，$1693m^3$ 混凝土的材料费为 $1693m^3 \times 120.611$ 元/$m^3 = 204194.42$ 元。

当上述原材料中碎石最大粒径为 20mm，其他条件保持不变；或水泥用 42.5 级普通水泥，碎石最大粒径分别为 31.5mm、20mm，其他条件不变，其材料用量及材料费（$1m^3$ 混凝土材料费可由现行预算定额计算得出）如表 4-13 所示。

表 4-13　某工程材料用量及材料费

水泥强度等级/MPa	碎石最大粒径（D_{max}）/mm	$1m^3$ 混凝土中各材料用量(施工配合比)				$1m^3$ 混凝土材料费/元	$1693m^3$ 混凝土材料费/元	方案比较
		水泥/kg	砂/kg	石子/kg	水/kg			
42.5	20	395	641	1168	165	128.492	217536.96	费用最多
	31.5	375	608	1247	155	124.466	210720.94	
52.5	20	322	675	1229	163	125.49	212454.57	
	31.5	306	680	1238	173	120.611	204194.42	费用最少

通过上表可以看到，石子的粒径增大（应满足施工要求），水泥用量减少，混凝土材料费降低；混凝土强度等级提高，水泥用量减少，混凝土材料费也随之降低。

对于 42.5 级的普通水泥，用 $D_{max} = 31.5mm$ 的石子比 $D_{max} = 20mm$ 的石子节省材料费：

$$217536.96 - 210720.94 = 6816.02 （元）$$

52.5 级普通水泥，$D_{max} = 31.5mm$ 的石子比 $D_{max} = 20mm$ 的石子节省材料费：

$$212454.57 - 204194.42 = 8260.15 （元）$$

用 52.5 级普通水泥、$D_{max} = 31.5mm$ 的石子比用 42.5 级普通水泥、$D_{max} = 20mm$ 的石子节省材料费：

$$217536.96 - 204194.42 = 13342.54 （元）$$

可见在满足施工要求的情况下，该工程用 52.5 级普通水泥、最大粒径 31.5mm 的石子最经济。

当上述钢筋混凝土处于严寒地区受冻部位，其他条件都不变，试计算各方案的材料用量，并比较哪一种方案最经济？

本 章 小 结

1. 普通混凝土对组成材料的质量要求（见表 4-14）

表 4-14　普通混凝土对组成材料的质量要求

组成材料	质　量　要　求
水泥	品种：根据工程特点，混凝土所处环境及设计、施工要求进行选择 强度等级：一般对中、低强度混凝土，水泥强度等级为混凝土等级的 1.5~2.0 倍；对高强混凝土，水泥强度等级为混凝土强度等级的 0.9~1.5 倍

续表

组成材料	质量要求
细骨料	(1)细度模数(M_x)与颗粒级配 $M_x=[(A_2+A_3+A_4+A_5+A_6)-5A_1]/(100-A_1)$ M_x 越大,砂越粗,粗砂总表面积较小,用其配置混凝土比用细砂节省,水泥颗粒级配用级配区表示,当颗粒配或级配曲线处于Ⅰ、Ⅱ、Ⅲ区任一级配区中,即可判定该砂级配合格 (2)杂质含量应符合 GB/T 14685—2011 的规定
粗骨料	(1)最大粒径(D_{max})与颗粒级配 为节约水泥,提高混凝土强度,粗骨料的最大粒径尽可能选用大些的,但最大粒径应符合 $D_{max}\leqslant 1/4$ 截面最小尺寸,$D_{max}\leqslant 3/4$ 钢筋最小净距 颗粒级配同细骨料 (2)杂质含量应符合《建设用砂》(GB/T 14684—2011)的规定
水	符合《混凝土用水标准》(JGJ 63—2006)的规定

2. 普通混凝土的主要技术性质(见表 4-15)

表 4-15 普通混凝土的主要技术性质

技术性质			测定方法	影响因素	提高措施
混凝土拌合物和易性	流动性		坍落度、维勃稠度法	内因:组成材料的性质、水泥浆用量和稠度,砂率 外因:温度和时间、外加剂	(1)保持用水量及水泥用量不变,选用需水量小的水泥 (2)保持水灰比不变,同时增加用水量及水泥用量 (3)采用较粗且级配良好的砂、石 (4)采用合理砂率
	黏聚性		直观实验		
	保水性		直观实验		
混凝土硬化后的性质	抗压强度	立方体抗压强度	用标准方法,制成 150mm×150mm×150mm 的立方体试件,在标准条件下养护 28d,测得的抗压强度	内因:水泥强度等级、水灰比、骨料性质 外因:施工条件、养护条件、龄期,外加剂、掺加料	(1)采用高强度等级水泥 (2)采用低水灰比的干硬性混凝土 (3)采用级配良好的骨料及合理砂率 (4)改进施工工艺 (5)加强养护 (6)掺入混凝土外加剂、掺加料
		轴心抗压强度	采用 150mm×150mm×300mm 棱柱体作为标注试件,在标准条件下养护 28d,测得的抗压强度		
		强度等级	根据立方体抗压强度标准值划分 C15、C20、C25、C30、C35、C40、C45、C50、C55、C60、C65、C70、C75、C80 共 14 个等级		
		变形性能	一是弹性变形,二是收缩,三是徐变		
	耐久性	抗渗性,抗冻性,抗侵蚀性,抗碳化,抗碱-骨料反应		组成材料的性质、外界环境、施工条件	(1)合理选择水泥品种及砂石骨料 (2)适合控制水灰比及水泥用量 (3)加强振捣及养护 (4)掺入减水剂或引气剂

3. 外加剂的种类、作用及应用(见表 4-16)

表 4-16 外加剂的种类、作用及应用

种类	作 用	应 用
减水剂	增加混凝土拌合物的流动性,提高混凝土的强度和耐久性,节约水泥	适用于所有混凝土工程
引气剂	改善混凝土拌合物的和易性,提高混凝土的耐久性,降低混凝土的强度	适用于抗冻、抗渗、抗硫酸盐,泌水严重的混凝土
缓凝剂	延缓混凝土凝结时间,提高混凝土强度,降低水化热	适用于大体积混凝土,炎热气候条件下施工的混凝土,长时间停放或长距离运输的混凝土
防冻剂	降低混凝土冰点,在一定时间内使混凝土获得预期强度	适用于负温条件下施工的工程

4. 普通混凝土配合比的设计步骤

① 根据选定原材料的性能及对混凝土的技术要求,用经验公式和数据计算出初步计算配合比。

② 经试拌、检验,获得满足和易性的基准配合比。

③ 通过强度复核,进行调整与确定,得出设计配合比。

④ 根据施工现场砂,石实际含水率对设计配合比进行修正,得施工配合比。

5. 特殊用途混凝土的种类、概念及应用(见表 4-17)

表 4-17 特殊用途混凝土的种类、概念及应用

种类	概 念	应 用
抗渗混凝土	指抗渗等级等于或大于 P6 级的混凝土,即能抵抗 0.6MPa 的净水压力作用而不致发生透水现象	地下基础工程,屋面防水工程及水工工程
抗冻混凝土	指抗冻等级等于或大于 F50 级的混凝土	长期处于潮湿和严寒环境中的混凝土结构
泵送混凝土	指混凝土拌合物的坍落度不低于 100mm 并用泵送施工的混凝土	比较适用于狭窄的施工现场,大体积混凝土结构及高层建筑等
高强混凝土	指强度等级为 C60 以上的混凝土	高层、超高层建筑,大跨度桥梁,高速公路
大体积混凝土	指混凝土结构实体最小尺寸等于或大于 1m,或预计会因水泥水化热引起混凝土内外温差过大而导致裂缝的混凝土	大型水坝、桥墩、高层建筑的基础工程

思 考 题

1. 名词解释

(1) 碱-集料反应;(2) 混凝土和易性;(3) 砂率;(4) 混凝土强度等级;(5) 混凝土立方体抗压强度;(6) 混凝土立方体抗压强度标准值

2. 普通混凝土的组成材料有哪些?各在混凝土中起什么作用?

3. 对于普通水泥混凝土粗细集料的技术要求如何?

4. 砂、石的粗细程度与颗粒级配如何评定?有何意义?

5. 碎石和卵石拌制混凝土有何不同?为何高强度混凝土都用碎石拌制?

6. 两种砂筛分结果如下表所示:

筛孔尺寸/mm		4.75	2.36	1.18	0.60	0.30	0.15	筛底
筛余量 /g	细砂	0	24	26	76	94	260	20
	粗砂	52	144	150	74	50	30	0

求:(1) 这两种砂的细度模数是多少?能否单独配制混凝土?

（2）若将它们按 1∶1 配合，混合砂细度模数是多少？能否配制混凝土？为什么？

7. 影响混凝土拌合物和易性的因素有哪些？如何影响？改善拌合物和易性的措施有哪些？

8. 混凝土流动性如何测定？用什么单位表示？

9. 什么是合理砂率？为什么采用合理砂率时技术和经济效果都较好？

10. 混凝土强度和强度等级有何异同？

11. 影响混凝土强度的因素有哪些？提高混凝土的强度可采用哪些措施？

12. 混凝土的轴心抗压强度为什么比立方体强度低？

13. 什么是混凝土的碳化？它对混凝土性能有何影响？如何提高混凝土抗碳化能力？

14. 影响混凝土耐久性的主要因素是什么？在集料和水泥品种均已限定的条件下，如何保证混凝土的耐久性？

15. 减水剂的作用原理是什么？混凝土中掺减水剂的技术经济效果如何？

16. 混凝土中掺入引气剂，对混凝土的和易性、抗冻性、抗渗性、强度将产生什么影响？

17. 进行混凝土配合比设计时，应当满足哪些基本要求？

18. 初步计算配合比、基准配合比、试验室配合比、施工配合比之间的关系如何？各阶段应完成什么工作？

19. 已知某建筑物构件用 C20 普通混凝土（不受风雪影响），施工时要求坍落度为 10～30mm，所用原料是：32.5 级矿渣水泥，$\rho_s = 3.04 \text{g/cm}^3$；中砂 $\rho_s = 2.60 \text{g/cm}^3$；卵石 5～40mm，$\rho_s = 2.60/\text{cm}^3$，用假定体积密度法（假定混凝土体积密度 2350kg/m³），求该混凝土的配合比。

20. 某工程设计要求的混凝土强度等级为 C30，试求：

（1）当混凝土强度标准差 $\sigma = 5.5$MPa 时，混凝土的配制强度应为多少？

（2）若提高施工管理水平，σ 值降为 3.0MPa，混凝土的配制强度为多少？

（3）若采用强度等级为 42.5 普通水泥和碎石配制混凝土，用水量为 180kg/m³，问从 5.5MPa 降到 3.0MPa，每立方米混凝土可节约水泥多少？

21. 已知混凝土的配合比为 1∶2.30∶4.00，水灰比为 0.60，拌合物的体积密度为 2400kg/m³，若施工工地砂含水 3%，碎石含水 1%，求该混凝土的施工配合比。若施工时不进行配合比换算，直接把试验室配合比在现场使用，对混凝土的性能有何影响？若采用强度等级为 32.5 的普通水泥，对混凝土的强度将产生多大的影响？

第五章 建筑砂浆

砂浆是由胶结材料、细集料、掺合料、水以及外加剂配制而成的建筑材料。主要用于砌筑、抹面、修补、装饰等工程。在建筑工程中起粘接、饰面、衬垫和传递应力的作用。由于没有粗骨料，所以建筑砂浆又称为细骨料混凝土。

建筑砂浆按用途不同可分为砌筑砂浆、抹面砂浆（普通抹面砂浆、防水砂浆、装饰砂浆等），以及特殊用途砂浆（隔热砂浆、耐腐蚀砂浆、吸声砂浆等）。

按所用胶结材料不同可分为水泥砂浆（cement mortar）、石灰砂浆（lime mortar）、水泥石灰混合砂浆（cement lime mortar）、石膏砂浆（gypsum mortar）、沥青砂浆（asphah mortal）、聚合物砂浆（polymer mortar）等。

按砂浆的生产工艺不同，可分为预拌砂浆、干粉砂浆、工地现场搅拌砂浆。

本章主要介绍建筑砂浆（building mortar）的组成材料，技术性质和砌筑砂浆的配合比设计，并简介了其他种类砂浆。通过学习，要求掌握砂浆的主要技术性质和配合比计算。

第一节　建筑砂浆的组成材料

一、胶结材料

建筑砂浆常用的胶结材料有水泥、石灰、石膏、黏土等，为配制修补砂浆或有特殊用途的砂浆，有时也采用有机胶结剂作为胶凝材料。在干燥条件下使用的砂浆既可选用气硬性胶结材料，也可选用水硬性胶结材料，但在潮湿环境或水中使用的砂浆必须选用水泥作为胶结材料。

砌筑砂浆用水泥的强度等级应根据设计要求进行选择。为合理利用资源、节约材料，在配制砂浆时要尽量选用低强度等级的水泥或砌筑水泥。水泥砂浆采用的水泥，其强度等级不宜大于 32.5 级；水泥混合砂浆中石灰膏等掺合料会降低砂浆强度，因而所选用的水泥强度等级可略高，但不宜大于 42.5 级。

二、细骨料

砂浆中的细骨料常指建筑用的砂子，对特种砂浆也可采用白色或彩色砂等，一些工业废渣如燃烧完全或未燃烧的煤分及有害杂质含量小的炉渣、铸造工业的废砂、石屑经筛选、试验后也可作为砂浆中的细骨料。

建筑砂浆用砂，应符合混凝土用砂的技术要求。由于砂浆层较薄，一般宜采用中砂拌制，既可满足和易性要求，又可节约水泥。其最大粒径不大于 2.5mm；光滑表面的抹灰及勾缝砂浆，宜选用细砂，最大粒径不大于 1.2mm。

砂子含泥与掺加黏土膏是两种不同的物理概念，砂子含泥是包裹在砂子表面的泥，应严格限制，黏土膏是高度分散的土颗粒，且在土颗粒表面有一层水膜，可以改善砂浆的和易性。砂的含泥量过大，不但会增加砂浆的水泥用量，还可能使砂浆的收缩值增大、耐水性降低，影响砌筑质量。

当采用人工砂（manufactured sand）、山砂（mountain sand）、特细砂（super-fine sand）和炉渣砂（industrial waste sand）时，应通过试验满足砂浆的技术要求。

三、掺合料

掺合料是指为改善砂浆和易性而加入的无机材料，例如石灰膏、黏土膏、粉煤灰等。

1. 石灰膏（lime paste）

为了保证砂浆质量，需将生石灰熟化成石灰膏后，方可使用。生石灰熟化成石灰膏时，应用孔径不大于 3mm×3mm 的网过滤，熟化时间不得少于 7d；磨细生石灰粉的熟化时间不得小于 2d。

为了保证石膏质量，沉淀池中贮存的石灰膏，应采取防止干燥、冻结和污染的措施。严禁使用脱水硬化的石灰膏，因为脱水硬化的石灰膏不但起不到塑化作用，还会影响砂浆强度。

2. 黏土膏（clay paste）

黏土膏必须达到所需的细度才能起到塑化作用。采用黏土或亚黏土制备黏土膏时，宜用搅拌机加水搅拌，并通过孔径不大于 3mm×3mm 的网过筛。黏土中有机物含量过高会降低砂浆质量，因此，用比色法鉴定黏土中的有机物含量时应浅于标准色。

四、水

对水质的要求，与混凝土的要求相同，应符合国家现行标准《混凝土拌和用水标准》（JGJ 63—2006）的规定。

五、外加剂

为改善砂浆的和易性和其他性能，在砂浆中可掺入增塑剂、早强剂、缓凝剂、防冻剂等外加剂。建筑砂浆的常用外加剂是增塑剂〔又称微沫剂，其主要成分是引气剂（mortar mini-foaming admixture）〕。引气剂在砂浆中产生大量的微小气泡，增加水泥分散性、使水泥颗粒之间摩擦力减小，砂浆的流动性和保水性得到改善。

第二节　砂浆拌合物性质

砂浆拌合物与混凝土拌合物相似，应具有良好的和易性。砂浆的和易性指砂浆拌合物便于施工操作，并能保证质量均匀的综合性质，包括流动性和保水性两个方面。

一、流动性（稠度）

砂浆的流动性（consistence of mortar）指在其自重或外力作用下流动的性能，用稠度表示。

稠度是以砂浆稠度测定仪的圆锥体沉入砂浆内的深度（mm）表示。圆锥沉入深度越大，砂浆的流动性越大。若流动性过大，砂浆易分层、泌水；若流动性过小，不便于施工操作，灰缝不易填充，所以新拌砂浆应具有适宜的稠度。

影响砂浆稠度的因素有：胶结材料种类及数量；用水量；掺合料的种类与数量；砂的形状、粗细与级配；外加剂的种类与掺量；搅拌时间。

砂浆稠度的选择与砌体材料的种类、施工条件及气候条件等有关。对于吸水性强的砌体材料和高温干燥的天气，要求砂浆稠度要大些；对于密实不吸水的砌体材料和湿冷天气，砂浆稠度可小些。砂浆稠度选择可按表5-1规定选用。

表 5-1　建筑砂浆流动性的稠度

砌 体 种 类	砂浆稠度/mm	砌 体 种 类	砂浆稠度/mm
烧结普通砖砌体	70～90	烧结普通砖平拱式过梁 空斗墙、筒拱	50～70
轻集料混凝土小型空心砌块砌体	60～90	普通混凝土小型空心砌块砌体 加气混凝土砌块砌体	
烧结多孔砖、空气砖砌体	60～80	石砌体	30～50

二、保水性

保水性（water keep ability of mortar）指砂浆拌合物保持水分的能力。保水性好的砂浆在存放、运输和使用过程中，能很好地保持水分不致很快流失，各组分不易分离，在砌筑过程中容易铺成均匀密实的砂浆层，能使胶结材料正常水化，最终保证了工程质量。

砂浆的保水性用分层度表示。分层度试验方法是：砂浆拌合物测定其稠度后，再装入分层度测定仪中，静置30min后取底部1/3砂浆再测其稠度，两次稠度之差值即为分层度（以mm表示）。

砂浆的分层度不得大于30mm，一般应在10～20mm。分层度过大（如大于30mm），砂浆容易泌水、分层或水分流失过快，不便于施工。分层度过小（如小于10mm），砂浆过于干稠不易操作，易出现干缩开裂。可通过如下方法改善砂浆保水性：保证一定数量的胶结材料和掺合料，1m³水泥砂浆中水泥用量不宜小于200kg；水泥混合砂浆中水泥和掺合料总量应在300～350kg；采用较细砂并加大掺量；掺入引气剂。

三、凝结时间

与混凝土类似，砂浆的凝结时间（setting time of mortar）不能过短也不能过长。凝结时间采用贯入阻力法进行测试，从拌和开始到贯入阻力为0.5MPa时所需的时间为砂浆凝结时间值。具体试验方法如下：将制备好的砂浆（砂浆稠度为100mm±10mm）装入砂浆容器中，抹平后在室温20℃±2℃下保存，从成型后2h开始测定砂浆的贯入阻力（贯入试针压入砂浆内部25mm时所受的阻力），直到贯入阻力达到0.5MPa时为止。并根据记录时间和相应的贯入阻力值绘图，从而得到砂浆的凝结时间。

四、粘接性

砖、石、砌块等材料是靠砂浆粘接成一个坚固整体并传递荷载的，因此，要求砂浆与基材之间应有一定的粘接强度。砂浆的粘接力（bond of mortar）是影响砌体抗剪强度、耐久性和稳定性乃至建筑物抗震能力和抗裂性的基本因素之一。

一般砂浆抗压强度越高，与基材的粘接强度越高。此外，砂浆的粘接强度与基层材料的表面粗糙程度、清洁程度、湿润状况、施工养护以及胶凝材料种类有很大关系，加入聚合物可使砂浆的粘接性大为提高。

针对砌体而言，砂浆的粘接性较砂浆的抗压强度更为重要。但抗压强度相对容易测定，因此，将砂浆抗压强度作为必检项目和配合比设计的依据。

五、变形性

砌筑砂浆在承受荷载或在温度变化时会产生变形。如果变形过大或不均匀，容易使砌体的整体性下降，产生沉陷或裂缝，影响到整个砌体的质量。抹面砂浆在空气中也容易产生收缩等变形，变形过大也会使面层产生裂纹或剥离等质量问题，因此要求砂浆具有较小的变形性。

砂浆变形性（deformation of mortar）的影响因素很多，如胶凝材料的种类和用量、用水量、细集料的种类、级配和质量以及外部环境条件等。

第三节 砌 筑 砂 浆

砌筑砂浆（masonry mortar）指将砖、石、砌块等粘接成为砌体的砂浆。砌筑砂浆在砌筑工程中起粘接砌体材料和传递应力的作用，见图5-1、图5-2。砌筑砂浆除应有良好的和易性外，硬化后还应有一定强度、粘接力及耐久性。

图 5-1 砌块砌体

图 5-2 烧结普通砖砌体

一、强度

砌筑砂浆的强度用强度等级来表示。砂浆强度等级（strength grading of mortar）是以边长为 70mm×70mm 的立方体试件，在标准养护条件下，用标准试验方法测得 28d 龄期的抗压强度值（单位 MPa）确定。标准养护条件为：温度，20℃±3℃；相对湿度，水泥砂浆大于 90%，混合砂浆 60%～80%。

砌筑砂浆的强度等级宜采用 M20、M15、M10、M7.5、M5、M2.5 六个等级。

影响砂浆强度的因素很多，除了砂浆的组成材料、配合比、施工工艺等因素外，砌体材料的吸水率也会对砂浆强度产生影响。

1. 不吸水砌体材料

当所砌筑的砌体材料不吸水或吸水率很小时（如密实石材），砂浆组成材料与其强度之间的关系与混凝土相似，主要取决于水泥强度和水灰比。计算公式如下：

$$f_{m,28} = A f_{ce}\left(\frac{C}{W} - B\right)$$

式中　　$f_{m,28}$——砂浆 28d 抗压强度，MPa；

f_{ce}——水泥的实际强度，确定方法与混凝土中相同，MPa；

C/W——灰水比（水泥与水质量比）；

A，B——经验系数，根据试验资料统计确定。

2. 吸水砌体材料

当砌体材料具有较高的吸水率时，虽然砂浆具有一定的保水性，但砂浆中的部分水仍会被砌体吸走。因而，即使砂浆用水量不同，经基底吸水后保留在砂浆中的水分却大致相同。这种情况下，砌筑砂浆的强度主要取决于水泥的强度及水泥用量，而与拌合水的量无关。强度计算公式如下：

$$f_{m,0} = \frac{\alpha f_{ce} Q_e}{1000} + \beta$$

式中　　Q_e——每立方米砂浆的水泥用量，kg/m^3；

$f_{m,0}$——砂浆的配置强度，MPa；

f_{ce}——水泥的实测强度，MPa；

α，β——砂浆的特征系数，$\alpha = 3.03$；$\beta = -15.09$。

二、砂浆的配合比设计

砌筑砂浆要根据工程类别及砌体部位的设计要求来选择砂浆的强度等级。再按所要求的强度等级确定其配合比。

砌筑砂浆的强度用强度等级来表示。砂浆强度等级（strength grading of mortar）是以边长为 70.7mm 的立方体试件，在标准养护条件下，用标准试验方法测得 28d 龄期的抗压强度值（MPa）确定。标准养护条件为：温度，20℃±2℃；相对湿度，水泥砂浆大于 90%，混合砂浆 60%～80%。

砌筑砂浆的强度等级有 M20、M15、M10、M7.5、M5 五个等级。

确定砂浆配合比时，一般可查阅有关手册或资料来选择相应的配合比，再经试配、调整后确定出施工用的配合比。水泥混合砂浆也可按下面介绍的方法进行计算，水泥砂浆配合比根据经验选用，再经试配、调整后确定其配合比。

1. 水泥混合砂浆配合比计算

混合砂浆的配合比计算，可按下列步骤进行。

（1）计算砂浆试配强度 $f_{m,0}$

由于砂浆材料的强度保证率为 85%，为使砂浆具有 85% 的强度保证率，以满足强度等级要求，砂浆的试配强度应按下式计算：

$$f_{m,0} = f_2 + 0.645\sigma$$

式中　　$f_{m,0}$——砂浆的试配强度，精确至 0.1MPa；

f_2——砂浆抗压强度平均值（强度等级），精确至 0.1MPa；

σ——砂浆现场强度标准差，精确至 0.01MPa。

砌筑砂浆现场强度标准差 σ 可按下式计算：

$$\sigma = \sqrt{\frac{\sum\limits_{i=1}^{n} f_{m,i}^{2} - n\mu_{fm}^{2}}{n-1}}$$

式中　$f_{m,i}$——统计周期内同一品种砂浆第 i 组试件的强度，MPa；

　　　μ_{fm}——统计周期内同一品种砂浆第 n 组试件强度的平均值，MPa；

　　　n——统计周期内同一品种砂浆试件的总组数，$n \geqslant 25$。

当不具有近期统计资料时，其砂浆现场强度标准差 σ 可按表 5-2 取用。

表 5-2　砂浆强度标准差 σ 选用值

施工水平　　　砂浆强度等级	M2.5	M5.0	M7.5	M10.0	M15.0	M20
优良	0.5	1.00	1.50	2.00	3.00	4.00
一般	0.62	1.25	1.88	2.50	3.75	5.00
较差	0.75	1.50	2.25	3.00	4.50	6.00

（2）计算每立方米砂浆中的水泥用量 Q_c

对于吸水材料，水泥强度和用量成为影响砂浆强度的主要因素。因此，每立方米砂浆的水泥用量，可按下式计算：

$$Q_c = \frac{1000(f_{m,0} - \beta)}{\alpha \cdot f_{ce}}$$

在无法取得水泥的实测强度值时，可按下式计算：

$$f_{ce} = \gamma_c \cdot f_{ce,k}$$

式中　$f_{ce,k}$——水泥强度等级对应的强度值；

　　　γ_c——水泥强度等级值的富余系数，该值应按实际统计资料确定，无统计资料时，γ_c 可取 1.0。

（3）计算每立方米砂浆掺合料用量 Q_d

根据大量实践，每立方米砂浆水泥的掺合料的总量宜为 300~350kg，基本上可满足砂浆的塑性要求。因而，掺合料用量的确定可按下式计算：

$$Q_d = Q_a - Q_c$$

式中　Q_d——每立方米砂浆的掺合料用量，精确至 1kg；

　　　Q_c——每立方米砂浆的水泥用量，精确至 1kg；

　　　Q_a——每立方米砂浆中水泥和掺合料的总量，精确至 1kg；一般应在 300~350kg/m³ 之间。

石灰膏，黏土膏等试配时的稠度应为 120mm±5mm。当石灰膏稠度不同时，其换算系数可按表 5-3 进行换算。

表 5-3　石灰膏不同稠度时的换算系数

石灰膏的稠度	120	110	100	90	80	70	60	50	40	30
换算系数	1.00	0.99	0.97	0.95	0.93	0.92	0.90	0.88	0.87	0.86

（4）确定每立方米砂浆砂用量 Q_s（单位 kg）

砂浆中的水、胶结料和掺合料是用来填充砂子的空隙，1m³ 砂子就构成了 1m³ 砂浆。

因此，每立方米砂浆中的砂子用量，以干燥状态（含水率小于 0.5%）砂的堆积密度值作为计算值，即：

$$Q_s = \rho_s'$$

式中 ρ_s'——砂的堆积密度。

砂子堆积干燥状态体积恒定，当砂子含水 5%～7%时，体积最大可膨胀 30%左右，当砂子含水处于饱和状态，体积比干燥状态要减少 10%左右。工程上如用含水砂来配砂浆，应予以调整。

（5）每立方米砂浆用水量 Q_w（单位 kg）

砂浆中用水量多少，对其强度影响不大，满足施工所需稠度即可。每立方米砂浆中的用水量，根据砂浆稠度等要求可选用 240～310kg。混合砂浆用水量选取时应注意以下问题：混合砂浆中的用水量不包括石灰膏或黏土膏中的水，一般小于水泥砂浆用量；当采用细砂或粗砂时，用水量分别取上限和下限；稠度小于 70mm 时，用水量可小于下限；施工现场气候炎热或干燥季节，可酌量增加用水量。

2. 水泥砂浆配合比选用

水泥砂浆如按水泥混合砂浆同样计算水泥用量，则水泥用量普遍偏少，因为水泥与砂浆相比，其强度太高，造成通过计算出现不太合理的结果。因而，水泥砂浆材料用量可按表 5-4 选用，避免由于计算带来的不合理情况，每立方米砂浆用水量范围仅供参考，不必加以限制，仍以达到稠度要求为根据。

表 5-4　每立方米水泥砂浆材料用量

强度等级	每立方米砂浆水泥用量/kg	每立方米砂子用量/kg	每立方米砂浆用水量/kg
M2.5～M5	200～230		
M7.5～M10	220～280	1m³ 砂子的堆积密度值	270～330
M15	280～340		
M20	340～400		

注：1. 此表水泥强度等级为 32.5 级，大于 32.5 级水泥用量宜取下限。
    2. 根据施工水平合理选择水泥用量。
    3. 当采用细砂或粗砂时，用水量分别取上限或下限。
    4. 稠度小于 70mm 时，用水量可小于下限。
    5. 施工现场气候炎热或干燥季节，可酌量增加用水量。
    6. 试配强度的确定与水泥混合砂浆相同。

3. 配合比试配、调整与确定

按计算或查表所得配合比进行试拌时，应测定其拌合物的稠度和分层度，当不能满足要求时，应调整材料用量，直到符合要求为止。然后确定为试配时的砂浆基准配合比（即计算经试拌后，稠度、分层度已合格的配合比）。

为了使砂浆强度能在计算范围内，试配时应采用三个不同的配合比。其中一个为基准配合比，其他配合比的水泥用量应按基准配合比分别增加及减少 10%。在保证稠度、分层度合格的条件下，可将用水量或掺合料用量作相应调整。

对三个不同的配合比进行调整后，按《建筑砂浆基本性能试验方法》（JGJ 70—2009）的规定成型试件，测定砂浆强度，并选定符合试配强度要求且水泥用量最低的配合比作为砂浆配合比。

第四节 其他建筑砂浆

一、普通抹灰砂浆

抹灰砂浆（plastering mortar）是指涂抹在建筑物内外表面的砂浆，见图5-3。根据其功能不同可分为普通抹灰砂浆和特殊用途砂浆（如防水、耐酸、绝热、吸声及装饰等用途）。

普通抹灰砂浆对建筑物和墙体起保护作用，它直接抵抗风、霜、雨、雪等自然环境对建筑物的侵蚀，提高了建筑物的耐久性，同时可使建筑物达到表面平整、光洁和美观的效果。

抹灰砂浆应与基面牢固地黏合，因此要求砂浆应有良好的和易性及较高的粘接力。抹灰砂浆常有两层或三层做法。一般底层砂

图5-3 普通抹灰砂浆

浆应有良好的保水性，这样水分才能不致被底面材料吸走过多而影响砂浆的流动性，使砂浆与底面很好地粘接。中层主要是为了找平，有时可省去不做。面层主要为了平整美观。

用于砖墙的底层抹灰，多为石灰砂浆；有防水、防潮要求时应采用水泥砂浆。用于混凝土基层的底层抹灰，多为水泥混合砂浆。中层抹灰多用水泥混合砂浆或石灰砂浆。面层抹灰多用水泥混合砂浆、麻刀灰或纸筋灰。水泥砂浆不得涂抹在石灰砂浆层上。

对防水、防潮要求部位及容易碰撞的部位应采用水泥砂浆，如墙裙、踢脚板、地面、雨篷、窗台以及水井、水池等处。在硅酸盐砌块墙面上做砂浆抹面或粘贴饰面材料时，最好在砂浆层内夹一层事先固定好的钢丝网，以免日后脱落。

普通抹灰砂浆的配合比，可参照表5-5选用。

表5-5 普通抹灰砂浆参考配合比

材　料	配合比（体积比）	应　用　范　围
石灰：砂	1：2～1：4	用于砖石墙表面（檐口、勒脚、女儿墙以及潮湿房间的墙除外）
石灰：黏土：砂	1：1：4～1：1：8	干燥环境的墙表面
石灰：石膏：砂	1：0.4：2～1：1：3	用于不潮湿房间木质表面
石灰：石膏：砂	1：0.6：2～1：1：3	用于不潮湿房间的墙及顶棚
石灰：石膏：砂	1：2：2～1：2：4	用于不潮湿房间的线脚及其他修饰工程
石灰：水泥：砂	1：0.5：4.5～1：1：5	用于檐口、勒脚、女儿墙外脚以及比较潮湿的部位
水泥：砂	1：3～1：2.5	用于浴室、潮湿车间等墙裙、勒脚等或地面基层
水泥：砂	1：2～1：1.5	用于地面、顶棚或墙面面层
水泥：砂	1：0.5～1：1	用于混凝土地面随时压光
水泥：石膏：砂：锯末	1：1：3：5	用于吸声粉刷
水泥：白石子	1：2～1：1	用于水磨石（打底用1：2.5水泥砂浆）

二、防水砂浆

制作防水层的砂浆叫做防水砂浆（waterproofed mortar）。砂浆防水层又叫刚性防水层。这种防水层仅用于不受振动和具有一定刚度的混凝土工程或砌体工程。对于变形较大或可能发生不均匀沉陷的建筑物，都不宜采用刚性防水层。

防水砂浆可以用普通水泥砂浆来制作，也可以在水泥砂浆中掺入防水剂、掺合料来提高砂浆的抗渗能力，或采用聚合物水泥砂浆防水。常用的防水剂有氯化物金属盐类、金属皂类、硅酸钠、无机铝酸盐等。常用的聚合物有天然橡胶胶乳、合成橡胶胶乳（氯丁橡胶、丁苯橡胶、丁腈橡胶、聚丁二烯橡胶等）、热塑性树脂乳液（聚丙烯酸酯、聚醋酸乙烯酯等）、热固性树脂乳液（环氧树脂、不饱和聚酯树脂等）、水溶性聚合物（聚乙烯醇、甲基纤维素、聚丙烯酸钙等）、有机硅。

用于混凝土或砌体结构基层上的水泥砂浆防水层，应采用多层抹压的施工工艺，以提高水泥砂浆层的防水能力。普通水泥砂浆防水层是采用不同配合比的水泥浆和水泥砂浆，通过分层抹压构成防水层。此方法在防水要求较低的工程中使用较为适宜，其配合比设计应按表5-6选用。

表5-6 普通水泥砂浆防水层的配合比

名　称	配合比（质量比）		水灰比	适用范围
	水　泥	砂		
水泥浆	1	—	0.55～0.60	水泥砂浆防水层的第一层
水泥浆	1	—	0.37～0.40	水泥砂浆防水层的第三层、第五层
水泥砂浆	1	1.5～2.0	0.40～0.50	水泥砂浆防水层的第二层、第四层

三、装饰砂浆

涂抹在建筑物内外墙表面，且具有美观装饰效果的抹灰砂浆通称为装饰砂浆（decoration mortar）。装饰砂浆的底层和中层抹灰与普通抹灰砂浆基本相同。主要是装饰砂浆的面层，要选用具有一定颜色的胶凝材料和集料以及采用某种特殊的操作工艺，使表面呈现出各种不同的色彩、线条与花纹等装饰效果。

装饰砂浆采用的胶凝材料有普通水泥、矿渣水泥、火山灰质硅酸盐水泥和白色水泥、彩色水泥，或是在常用水泥中掺加些耐碱矿物配成彩色水泥以及石灰、石膏等。集料常采用大理石、花岗石等带颜色的细石渣或玻璃、陶瓷碎片。

外墙面的装饰砂浆有如下的常用做法。

① 拉毛　先用水泥砂浆做底层，再用水泥石灰砂浆做面层，在砂浆尚未凝结时，用刀将表面拍拉成凹凸不平的形状。

② 水刷石　用颗粒细小的石渣所拌成的砂浆做面层，在水泥初始凝固时，喷水冲刷表面，使其石渣半露而不脱落。水刷石多用于建筑物的外墙装饰，具有一定的质感，经久耐用。

③ 水磨石　用普通水泥、白色水泥或彩色水泥拌和各种色彩的大理石渣做面层。硬化后用机械磨平抛光表面。水磨石多用于地面装饰，可事先设计图案和色彩，抛光后更具艺术效果。除可用作地面之外，还可预制做成楼梯踏步、窗台板、柱面、台度、踢脚板和地面板等多种建筑构件。水磨石一般应用于室内。

④ 干粘石　在水泥砂浆面层的整个表面上，粘接粒径5mm以下的彩色石渣、小石子、彩色玻璃粒。要求石渣粘接牢固不脱落。干粘石的装饰效果与水刷石相同，而且避免了湿作业，施工效率高，也节约材料。

⑤ 斩假石 又称为剁假石。制作情况与水刷石基本相同。它是在水泥浆硬化后，用斧刃将表面剁毛并露出石渣。斩假石表面具有粗面花岗岩的效果。

⑥ 假面砖 将普通砂浆用木条在水平方向压出砖缝印痕，用钢片在竖直方向压出砖印，再涂刷涂料。亦可在平面上画出清水砖墙图案。

装饰砂浆还可采取喷涂、弹涂、辊压等新工艺方法，可做成多种多样的装饰面层，操作方便，施工效率可大大提高。

四、绝热砂浆

采用水泥、石灰、石膏等胶凝材料与膨胀珍珠岩、膨胀蛭石或陶砂等轻质多孔集料，按一定比例配制的砂浆称为绝热砂浆（thermal insulation mortar）。绝热砂浆质轻并具有良好的绝热性能，其热导率约为 $0.07\sim0.10\mathrm{W/(m\cdot K)}$，可用于屋面绝热层、绝热墙壁以及供热管道绝热层等处。

五、吸声砂浆

一般绝热砂浆是由轻质多孔集料制成的，同时具有吸声性能。还可以用水泥、石膏、砂、锯末（其体积比为 1:1:3:5）等配成吸声砂浆（sound absorption mortar），或在石灰、石膏砂浆中掺入玻璃纤维、矿物棉等松软纤维材料。吸声砂浆用于室内墙壁和顶棚的吸声。

六、耐酸砂浆

用水玻璃与氟硅酸钠为胶结材料，掺入石英岩、花岗岩、铸石等耐酸粉料和细集料拌制并硬化而成耐酸砂浆（acid resisting mortar）。水玻璃硬化后具有很好的耐酸性能。耐酸砂浆多用作衬砌材料、耐酸地面和耐酸容器的内壁防护层。

七、防射线砂浆

在水泥中掺入重晶石粉、重晶石砂可配制有防 X 射线和 γ 射线能力的砂浆（radiation shielding mortar）。其配合比约为水泥：重晶石粉：重晶石砂 = 1:0.25:(4~5)。如在水泥浆中掺加硼砂、硼酸等可配制成有抗中子辐射能力的砂浆。此类防射线砂浆应用于射线防护工程。

八、膨胀砂浆

在水泥砂浆中掺入膨胀剂，或使用膨胀水泥可配制膨胀砂浆（expanded mortar）。膨胀砂浆可在修补工程中及大板装配工程中填充裂缝，达到粘贴密实的目的。

本 章 小 结

1. 砂浆对组成材料的技术要求（见表 5-7）

表 5-7 砂浆对组成材料的技术要求

组 成 材 料	技 术 要 求
水泥	品种：根据使用环境、用途合理选择 强度等级：一般为砂浆强度等级的 4~5 倍为宜
砂	最大粒径 D_{max}：砖砌体用 $D_{max}\leq2.5mm$ 的中砂 毛石砌体用 $D_{max}<(1/4\sim1/5)$砂浆层厚的粗砂 光滑表面抹灰及勾缝用 $D_{max}\leq1.2mm$ 的细砂 杂质含量：要求同普通混凝土
掺加料	石灰膏、黏土膏及电石膏的稠度，应为 120mm±5mm

2. 砂浆的技术性质及其影响因素（见表 5-8）

表 5-8　砂浆的技术性质及其影响因素

技术性质	内容	概　　念	评定指标或等级	影　响　因　素
硬化前（和易性）	流动性	指砂浆在自重或外力作用下流动的性能	沉入度/mm	胶结材料的种类及用量；砂子的粗细及级配；用水量及搅拌时间
	保水性	指砂浆保持其内部水分不泌出流失的能力	分层度/mm	胶结材料、砂子、掺和料的种类及用量
硬化后	抗压强度	将砂浆制成 70.7mm × 70.7mm × 70.7mm 的六个立方体试件，在标准条件下养护 28d 测得抗压、强度平均值	M5、M7.5、M10、M15、M20 五个等级	基层为不吸水材料（密实的石材）；影响强度的因素主要为水泥强度和水灰比。基层为吸水材料（黏土砖）；影响强度的主要因素为水泥强度和水泥用量
	耐久性	指砂浆抵抗环境介质作用，并长期保持良好使用性和外观完整性的能力		施工质量为主要影响因素
	粘接力	指砂浆与粘接材料表面或涂抹材料表面的粘接能力		砂浆的强度；基面的清洁程度、湿润情况、粗糙程度及吸水能力；养护时间
	变形能力	指砂浆承受荷载或温度变化时，抵抗变形或开裂的能力		细骨料的种类、施工方法等

思　考　题

1. 建筑工程中所用砂浆可分为几类？用途有何区别？

2. 砂浆和易性包括哪些含义？各用什么方法检测？用什么指标表示？

3. 影响砂浆强度的主要因素有哪些？

4. 一工程砌砖墙，需配制 M7.5 级、稠度为 80mm 水泥石灰混合砂浆，施工水平一般。现材料供应如下：水泥为 32.5 级的普通水泥；中砂，含水率小于 0.5%，堆积密度为 1450kg/m³；石灰膏稠度为 100mm。求 1m³ 砂浆中各材料的用量。

第六章 建筑用钢及其他金属材料

建筑钢材是指建筑工程中使用的各种钢材。如钢结构中使用的各种型材（圆钢、角钢、工字钢、管钢）、板材等，钢筋混凝土结构中的钢筋、钢丝、钢绞线等，见图 6-1～图 6-4。

图 6-1　钢结构中使用的型材

图 6-2　钢结构中使用的扁钢

图 6-3　混凝土结构中使用的钢筋

图 6-4　混凝土结构中使用的盘圆钢丝

建筑钢材的主要优点如下。

① 强度高　在建筑中可用作各种构件，特别适用于大跨度及高层建筑。在钢筋混凝土中，能弥补混凝土抗拉、抗弯、抗剪和抗裂性能较低的缺点。

② 塑性和韧性较好　在常温下建筑钢材能承受较大的塑性变形，可以进行冷弯、冷拉、冷拔、冷轧、冷冲压等各种冷加工。

③ 可焊接、铆接、螺栓连接，易于装配。

建筑钢材的主要缺点是容易生锈、维护费用高、防火性能较差、能耗及成本较高。

除钢材外，铜、铝及其合金的应用也发展迅速，主要应用于建筑安装及装饰工程中。

本章主要介绍钢材的基本知识、化学组成、力学性能、热加工与冷加工等知识以及建筑钢材的标准与选用，简要介绍其他金属材料。通过本章学习，应掌握建筑钢材的性质及应用。

第一节 钢的基本知识

一、钢的冶炼

生铁是由铁矿石、石灰石（熔剂）、焦炭在高炉中经过还原反应和造渣反应而得到的一种碳铁合金，其中碳的含量为 2.06%～6.67%，磷、硫等杂质的含量也较高。生铁硬而脆，无塑性和韧性，不能进行焊接、锻造、轧制等加工，在建筑中很少应用。

钢（steel）是将生铁在炼钢炉内进行氧化，除去其中大部分碳和杂质，使含碳量控制在 2.06% 以下的铁碳合金。

二、钢的分类

1. 按钢的化学成分分类

① 碳素钢（carbon steel） 含碳量为 0.02%～2.06% 的铁碳合金称为碳素钢，也称碳钢。碳素钢根据含碳量可分为低碳钢（含碳量小于 0.25%）、中碳钢（含碳量为 0.25%～0.6%）和高碳钢（含碳量大于 0.6%）。

② 合金钢（alloy steel） 碳素钢中加入一定量的合金元素则称为合金钢。合金元素的掺入可改善钢材的强度、塑性、低温韧性、耐锈蚀性等性能。按合金元素的总含量可分为低合金钢（合金元素总含量小于 5%）、中合金钢（合金元素总含量为 5%～10%）和高合金钢（合金元素总含量大于 10%）。

建筑上所用的钢材主要是碳素钢中的低碳钢和合金钢中的低合金钢。

2. 按品质（杂质含量）分类

按钢中有害杂质的含量，可将钢材分为如下几类。

① 普通钢 含硫量≤0.050%；含磷量≤0.045%。

② 优质钢 含硫量≤0.035%；含磷量≤0.035%。

③ 高级优质钢 含硫量≤0.025%；含磷量≤0.025%。

④ 特级优质钢 含硫量≤0.015%；含磷量≤0.025%。

3. 按冶炼时脱氧程度分类

根据炼钢过程中脱氧程度不同，钢材可分为沸腾钢、镇静钢、半镇静钢和特殊镇静钢。

① 沸腾钢（boiling steel） 如果炼钢时脱氧不充分，钢液中还有较多金属氧化物，浇筑钢锭后钢液冷却到一定的温度，其中的碳会与金属氧化物发生反应，生成大量 CO 气体外逸，引起钢液激烈沸腾，因而这种钢材称为沸腾钢，代号为"F"。沸腾钢的冲击韧性和可焊接性较差，特别是低温冲击韧性的降低更显著。但从经济上比较，成本较低。

② 镇静钢（killed steel） 如果炼钢时脱氧充分，钢液中金属氧化物很少或没有，在浇筑钢锭时钢液会平静地冷却凝固，这种钢称为镇静钢，代号为"Z"。镇静钢组织致密，气泡少，偏析程度小，各种力学性能都比沸腾钢优越，可用于受冲击荷载的结构或其他重要结构。

③ 半镇静钢（semi-killed steel） 半镇静钢是指脱氧程度和性能都介于沸腾钢和镇静钢之间的钢材，代号为"b"。

④ 特殊镇静钢（special killed steel） 特殊镇静钢比镇静钢脱氧程度更充分彻底，代号为"TZ"。特殊镇静钢的质量最好，用于特别重要的结构工程。

4. 按钢的用途分类

按照钢材的用途可分为结构钢、工具钢和特殊性能钢三类。

① 结构钢 结构钢主要用于建筑工程中的钢结构和钢筋混凝土结构。

② 工具钢 工具钢一般用于各种切削工具、量具、模具等工具的生产。

③ 特殊性能钢 特殊性能钢用于具有各种特殊物理、化学性质钢的生产，如不锈钢、耐热钢、耐磨钢、磁钢等。

5. 按钢的炼钢方法分类

① 氧气转炉炼钢 氧气转炉炼钢法是现代炼钢法的主流方式。它用纯氧代替空气吹入炼钢炉的铁水中，有效地除去硫、磷等杂质，显著提高钢的质量。这种方法冶炼速度快而成本却较低，常用来冶炼较优质的碳素钢和合金钢。

② 电炉炼钢 电炉炼钢法冶炼温度高，且温度可控，能很好地清除杂质。因此钢的质量最好，但成本高。主要用于冶炼优质碳素钢及特殊合金钢。

③ 平炉炼钢法 以固态或液态生铁、废钢铁或铁矿石作原料，用煤气或重油为燃料在平炉中进行冶炼。平炉炼钢熔炼时间长，化学成分控制严格，杂质含量少，成品质量较高。但由于设备一次投资大，燃料热效率较低，冶炼时间较长，故其成本较高。

目前，在建筑工程中常用普通碳素结构钢和普通低合金结构钢。

第二节 钢的化学成分

钢中除主要化学成分铁以外，还含有少量的碳（C）、硅（Si）、锰（Mn）、磷（P）、硫（S）、氧（O）、氮（N）、钛（Ti）、钒（V）等元素，这些元素含量虽少，但对钢材性能的影响很大。

1. 碳（carbon）

碳是决定钢材性能的最重要元素，它对钢材的强度、塑性、韧性等力学性能有重要影响。当钢中含碳量在 0.8% 以下时，随着含碳量的增加，钢的强度和硬度提高，塑性和韧性下降；但当含碳量大于 1.0% 时，随着含碳量的增加，钢的强度反而下降。钢中含碳量增加，还会使钢的焊接性能变差（含碳量大于 0.3% 的钢，可焊性显著降低），冷脆性和时效敏感性增大，并使钢耐大气锈蚀能力下降。

2. 硅（silicon）

硅在钢中是有益元素，炼钢时为脱氧而加入。当硅含量小于 1.0% 时，大部分溶于铁素体中，使铁素体强化，显著提高钢的强度，而对钢的塑性和韧性无明显影响。硅是我国钢筋用钢的主要合金元素。

3. 锰（manganese）

锰是炼钢时为脱氧去硫而加入的，也是有益元素。锰能消除由硫所引起的热脆性，改善钢的热加工性，同时能提高钢材的强度和硬度。锰是我国低合金钢的主加合金元素，其含量一般为 1%～2%。当锰含量达 11%～14% 时，称为高锰钢，具有较高的耐磨性。

4. 磷（phosphorus）

磷是钢中的有害元素。随磷含量的增加，钢材的塑性和韧性显著下降。特别是温度越低，对塑性和韧性的影响越大，显著增加钢的冷脆性。磷也会降低钢材的可焊性，但磷可提高钢的耐磨性和耐蚀性。建筑用钢一般要求磷含量小于 0.045%。

5. 硫（sulfur）

硫也是钢中的有害元素，由炼铁原料中带入，可降低钢材的各种力学性能。由于硫化物熔点低，使钢材在热加工过程中造成晶粒的分离，引起钢材断裂，形成热脆现象，即热脆性。硫还能降低钢的可焊性、冲击韧性、耐疲劳性和抗腐蚀性等。建筑钢材要求硫含量应小于 0.050%。

6. 氧（oxygen）

氧是钢中的有害元素，主要存在于非金属夹杂物内，少量溶于铁素体中。非金属夹杂物能使钢的力学性能下降，特别是韧性。氧还有促进时效倾向的作用。氧化物所造成的低熔点使钢的可焊性变差。通常要求钢中氧含量小于 0.03%。

7. 氮（nitrogen）

氮对钢材性能的影响与碳、磷相似，使钢的强度提高，塑性和韧性显著下降。溶于铁素体中的氮，可加剧钢材的时效敏感性和冷脆性，降低可焊性。钢中氮含量一般小于 0.008%。

8. 钛（titanium）

钛是强脱氧剂，能细化晶粒，显著提高强度和改善韧性。钛能减少时效倾向，改善可焊性。钛是常用的微量合金元素。

9. 钒（vanadium）

钒是弱脱氧剂，钒加入钢中可减弱碳和氮的不利影响，能细化晶粒，有效地提高强度，减小时效敏感性，但有增加焊接时的淬硬倾向。钒也是合金钢常用的微量合金元素。

第三节　建筑钢材主要技术性能

钢材的主要技术性能包括力学性能和工艺性能。力学性能是钢材最重要的使用性能，包括抗拉性能、冲击韧性、硬度和疲劳强度等；工艺性能是指钢材在各种加工过程中的行为，包括冷弯性能和可焊性。

一、力学性能

1. 抗拉强度

抗拉性能是钢材的重要性能。钢材受拉时，在产生应力的同时，相应地产生应变。应力和应变之间的关系反映出钢材的主要力学特征。从图 6-5 低碳钢（软钢）的应力-应变关系图可以看出，低碳钢从受拉到断裂，经历四个阶段。

（1）弹性阶段（OA 段，elastic stage）

在图 6-5 中弹性阶段 OA 范围内，应力较低，应力与应变成比例关系，此时，如卸去拉力，试件能完全恢复原状，无残余形变，这一阶段称为弹性阶段。弹性阶段的最高点 A 点所对应的应力称为弹性极限，用 σ_p 表示。在此阶段，应力和应变的比值为常数，称为弹性模量，用 E 表示，即 $E = \dfrac{\sigma}{\varepsilon}$。弹性模量反映钢材的刚度，即产生单位弹性应变时所需应力的大小。它是钢材在受力条件下计算结构变形的重要指标。土木工程中常用的碳素结构钢 Q235 的弹性模量为 $(2.0 - 2.1) \times 10^5$ MPa。

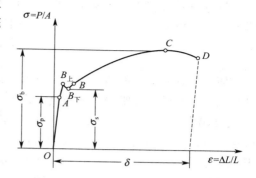

图 6-5　低碳钢（软钢）的应力-应变关系图

（2）屈服阶段（AB 段，yield stage）

当应力超过弹性极限后，应变的增长比应力快，此时，如卸去拉力，试件除产生弹性变形外，还产生塑性变形。当应力达 $B_\text{上}$ 点后，塑性变形急剧增加，应力-应变曲线出现一些波动，这种现象称为屈服，这一阶段称为屈服阶段。在屈服阶段中，外力不增大，而变形继续增加。这时相应的应力称为屈服极限（σ_s）或屈服强度。屈服点分为上屈服点 $B_\text{上}$ 和下屈服点 $B_\text{下}$。上屈服点是指试件发生屈服而应力首次降低前的最大应力；下屈服点是指不计初始瞬时效应时屈服阶段中的最小应力。由于下屈服点比较稳定容易测定，因此，一般采用屈服点作为钢材的屈服强度。钢材受力达到屈服强度后，变形迅速增长，尽管尚未断裂，已不能满足使用要求，故结构设计中以屈服强度作为许用应力取值的依据。常用碳素结构钢 Q235 的屈服强度在 235MPa 以上。

（3）强化阶段（BC 段，strengthening stage）

钢材屈服到一定程度后，由于内部晶格扭曲、晶粒破碎等原因，阻止了塑性变形的进一步发展，钢材抵抗拉力的能力重新提高，在图 6-5 中，曲线从 $B_\text{下}$ 点开始上升至最高点 C 点，这一过程称为强化阶段。对应于 C 点的应力称为抗拉强度（σ_b），它是钢材所承受的最大拉应力。常用低碳钢的抗拉强度在 375～500MPa 之间。

抗拉强度在设计中虽然不能利用，但是抗拉强度与屈服强度之比（强屈比）σ_b / σ_s 却是评价钢材使用可靠性的一个参数。强屈比越大，钢材受力超过屈服点工作时的可靠性越大，安全性越高。但是，强屈比太大，钢材强度的利用率偏低，浪费材料。钢材的强屈比一般不低于 1.2，用于抗震结构的普通钢筋实测的强屈比不低于 1.25。

（4）颈缩阶段（CD 段，necking stage）

当钢材达到最高点 C 后，试件薄弱处的断面将显著减小，塑性变形急剧增加，产生"颈缩现象"（见图 6-6），拉力下降，直到发生断裂。

图 6-6　钢筋颈缩现象示意图

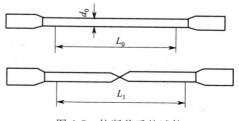

图 6-7　拉断前后的试件

将拉断后的试件于断裂处对接在一起（见图 6-7），测其断后标距 L_1（mm）。标距的伸长值占原始标距 L_0（mm）的百分率，称为伸长率，以 δ 表示。即

$$\delta = \frac{L_1 - L_0}{L_0} \times 100\%$$

伸长率是衡量钢材塑性的重要技术指标，伸长率越大，表明钢材的塑性越好。钢材拉伸时塑性变形在试件标距内的分布是不均匀的，颈缩处的伸长较大，因而原始标距 L_0 与直径 d_0 之比越大，颈缩处的伸长值在总伸长值中所占的比例就越小，则计算所得伸长率也越小。通常钢材以 δ_5 和 δ_{10} 分别表示 $L_0 = 5d_0$ 和 $L_0 = 10d_0$ 时的伸长率。对于同一种钢材，δ_5 大于 δ_{10}。

钢材的塑性也可以用其断面收缩率（ψ）表示，即

$$\psi = \frac{A_0 - A_1}{A_0} \times 100\%$$

式中，A_0 和 A_1 分别为试件拉伸前后的断面积。

中碳钢与高碳钢（硬钢）拉伸时的应力-应变曲线与低碳钢不同，其抗拉强度高，塑性变形小，没有明显的屈服现象。这类钢材由于不能测定屈服点，故规范规定以产生 0.2% 残余变形时的应力值作为屈服极限，称为条件屈服点，用 $\sigma_{0.2}$ 表示，如图 6-8 所示。

2. 冲击韧性

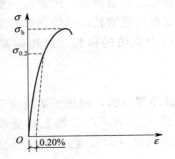

图 6-8　中、高碳钢的应力-应变图

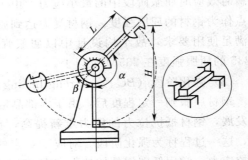

图 6-9　冲击韧性试验原理图

冲击韧性（impact toughness）是指钢材抵抗冲击荷载的能力。钢材的冲击韧性试验是将标准试件置于冲击机的支架上，并使切槽位于受拉的一侧（见图 6-9）。当试验机的重摆从一定高度自由落下时，在试件中间开 V 形缺口，试件吸收的能量等于重摆所做的功 W。若试件在缺口处的最小横截面积为 A，则冲击韧性 α_k 为：

$$\alpha_k = \frac{W}{A}$$

式中，α_k 的单位为 J/cm^2。

钢材的冲击韧性高低与钢材的化学成分、组织状态、冶炼、轧制质量有关，还与环境温度有关。钢材中磷、硫含量较高，存在偏析、非金属夹杂物和焊接中形成的微裂纹等都会显著降低冲击韧性。

3. 硬度

硬度（hardness）是指金属材料抵抗硬物压入表面局部体积的能力。亦即材料表面抵抗

塑性变形的能力。

测定钢材硬度采用压入法，即以一定的静荷载（压力），通过压头压在金属表面，然后测定压痕的面积或深度来确定硬度。按压头或压力不同，有布氏法、洛氏法等，相应的硬度试验指标称为布氏硬度（HB）和洛氏硬度（HR）。较常用的方法是布氏法。

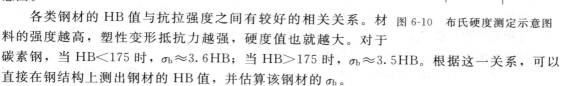

布氏法的测定原理是：利用直径为 D(mm) 的淬火钢球以 P(N) 的荷载将其压入试件表面，经规定持续时间后卸荷，即得直径为 d(mm) 的压痕，以压痕表面积 F(mm) 除以荷载 P，所得应力值即为试件的布氏硬度值 HB，以数字表示，不带单位。HB 值越大，表示钢材越硬。图 6-10 为布氏硬度测定示意图。

图 6-10 布氏硬度测定示意图

各类钢材的 HB 值与抗拉强度之间有较好的相关关系。材料的强度越高，塑性变形抵抗力越强，硬度值也就越大。对于碳素钢，当 HB<175 时，$\sigma_b \approx 3.6HB$；当 HB>175 时，$\sigma_b \approx 3.5HB$。根据这一关系，可以直接在钢结构上测出钢材的 HB 值，并估算该钢材的 σ_b。

4. 疲劳强度

钢材在交变荷载反复多次作用下，可在最大应力远低于抗拉强度的情况下突然破坏，这种破坏称为疲劳破坏（fatigue failure）。钢材的疲劳破坏指标用疲劳强度（或称疲劳极限）来表示，它是指试件在交变应力作用下，不发生疲劳破坏的最大应力值。

测定疲劳强度时，应根据结构使用条件来确定采用的应力循环类型（如拉-拉型、拉-压型等）、应力特征值（最小与最大应力之比，又称应力比值 ρ）和周期基数。例如，测定钢筋的疲劳极限时，通常采用的是承受大小改变的拉应力循环；对非预应力筋，应力比值通常为 0.1～0.8，预应力筋为 0.7～0.85；周期基数为 200 万次或 400 万次以上。

研究证明，钢材的疲劳破坏是拉应力引起的，首先在局部开始形成微细裂纹，其后由于裂纹尖端处产生应力集中而使裂纹迅速扩展至钢材断裂。疲劳破坏经常是突然发生的，因而具有很大的危险性，往往造成严重事故。

钢材的疲劳强度与其抗拉强度有关，一般抗拉强度高，其疲劳强度也较高。

二、工艺性能

良好的工艺性能，可以保证钢材顺利通过各种加工，而使钢材制品的质量不受影响。冷弯和焊接性能均是钢材的重要工艺性能。

1. 冷弯性能

冷弯性能（cold bending properties）是指钢材在常温下承受弯曲变形的能力。钢材的冷弯性能指标以弯心直径对试件厚度（或直径 d）和试件被弯曲的角度（α）的比值（d/a）来表示。钢材的冷弯试验见图 6-11。

试验时采用的弯曲角度越大，弯心直径对试件厚度（或直径）的比值越小，表示冷弯性能越好。钢的技术标准中对各号钢的冷弯性能都有规定：按规定的弯曲角度和弯心直径进行试验，试件的弯曲处不产生裂缝、断裂或起层，即认为冷弯性能合格。

冷弯试验是钢材处于不利变形条件下的塑性变形，钢材局部发生非均匀变形，有助于暴露钢材的某些内在缺陷。相对于伸长率而言，冷弯是对钢材塑性更严格的检验，它能揭示钢材内部是否存在组织不均匀、内应力和夹杂物等缺陷。

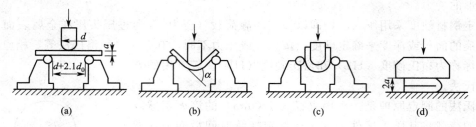

图 6-11　钢材冷弯试验示意图

2. 焊接性能

焊接是钢结构、钢板、钢筋和预埋件的主要连接方式。建筑工程中的钢结构有 90％以上是焊接结构。焊接的质量取决于焊接工艺、焊接材料及钢的焊接性能（welding performance）。

钢材的可焊性，是指钢材是否适应通常的方法与工艺进行焊接的性能。可焊性好的钢材，是指易于用一般焊接方法和工艺施焊，焊口处不易形成裂纹、气孔、夹渣等缺陷；焊接后钢材的力学性能，特别是强度不低于原有钢材，硬脆倾向小。

钢材可焊性的好坏与钢材的化学成分和含量有关。钢的含碳量高将增加焊接接头的硬脆性，含碳量小于 0.25％的碳素钢具有良好的可焊性。加入合金元素硅、锰、钒、钛等，也将增大焊接处的硬脆性，降低可焊性，尤其是硫能使焊接产生热脆性。

工程中的焊接结构用钢，应选用含碳量较低的氧气转炉或平炉镇静钢。对于高碳及合金钢，为了改善可焊性，焊接时一般需要采用焊前预热及焊后热处理等措施。

在钢筋焊接中应注意一些问题，如冷拉钢筋的焊接应在冷拉之前进行；钢筋焊接之前，焊接部位应清除铁锈、熔渣、油污等；应尽量避免不同国家的进口钢筋之间或进口钢筋与国产钢筋之间的焊接等。

第四节　钢材的热加工与冷加工处理

一、钢材的热处理

热处理（heat treatment）是改善金属使用性能和工艺性能的一种非常重要的加工方法。在机械工业中，绝大部分重要机件都必须经过热处理。热处理是将固态金属或合金在一定介质中加热、保温和冷却（见图 6-12），以改变整体或表面组织，从而获得所需性能的工艺。

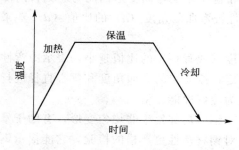

图 6-12　热处理工艺曲线示意图

通过热处理，可以改善钢件在冷热加工过程中的工艺性能，即消除前工序产生的缺陷而为后工序的顺利进行创造条件，以及充分发挥材料的潜力，赋予工件所需的最终使用性能。

土木工程中钢材应用最多的普通热处理是退火、正火、淬火和回火。

（1）退火（anneal）

退火是将钢加热到相变温度（约 723℃）以上

适当温度，保温一定时间，然后缓慢冷却（一般为随炉冷却），以获得接近于平衡状态组织的热处理工艺。

退火可消除前工序（铸、锻、焊）所造成的组织缺陷，细化晶粒，提高力学性能；调整硬度以利于切削加工；消除残余内应力，防止工件变形；为最终热处理（淬火、回火）做好组织上的准备。

（2）正火（normalizing）

正火是钢材或钢件加热到相变温度以上 30～50℃，保温适当时间后，在空气中匀速冷却，得到珠光体类组织的热处理。

正火与完全退火的主要差别在于冷却速率较快，转变温度较低，使组织中珠光体量增多，获得的珠光体类组织较细，钢的强度、硬度也较高。

（3）淬火（quenching）

淬火是将钢加热到相变温度以上 30～50℃，保温后快速冷却的热处理工艺。

淬火的目的是与回火相配合，赋予工件最终使用性能。例如，高碳工具钢淬火后低温回火可得到高硬度、高耐磨性的钢；中碳结构钢淬火后高温回火可使钢具有强度、塑性、韧性良好配合的综合力学性能等。

（4）回火（temper）

回火是钢件淬火后，为了消除内应力并获得所要求的性能，将其加热到相变温度以下的某一温度，保温一定时间，然后冷却到室温的热处理工艺。回火紧接着淬火进行，除等温淬火外，其他淬火的钢件都必须及时回火。

淬火钢回火的目的主要是为了降低脆性，减少或消除内应力，防止工件变形或开裂；获得工件所要求的力学性能；稳定工件尺寸以及改善某些合金钢的切削性能等。

二、钢材的冷加工及时效处理

1. 钢材的冷加工强化处理

冷加工强化（cold-working strengthening）处理是指将钢材在常温下进行冷拉、冷拔或冷轧。

（1）冷拉

冷拉是将热轧钢筋用冷拉设备加力进行张拉，使之伸长。钢材经冷拉后屈服阶段缩短，伸长率降低，冲击韧性降低，材质变硬。

（2）冷拔

冷拔是将光圆钢筋通过硬质合金拔丝模孔强行拉拔，见图 6-13。每次拉拔断面缩小应在 10％ 以下。钢筋在冷拔过程中，不仅受拉，同时还受到挤压作用，因而冷拔的作用比纯冷拉作用强烈。经过一次或多次冷拔后的钢筋，表面光洁度高，屈服强度提高 40％～60％，但塑性大大降低，具有硬钢的性质。

（3）冷轧

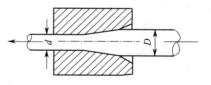

图 6-13　冷拔钢筋

冷轧是将圆钢在冷轧机上轧成断面形状规则的钢筋，可提高其强度及与混凝土的粘接力。钢筋在冷轧时，纵向与横向同时产生变形，因而能较好地保持其塑性和内部结构均匀性。

工程中钢筋采用冷加工强化具有明显的经济效益。经过冷加工的钢材，可适当减小钢筋混凝土结构设计截面或减小混凝土中配筋数量，从而达到节约钢材、降低成本的目的。钢筋冷拉还有利于简化施工工序。但冷拔钢丝的强屈比较大，相应的安全储备较小。

2. 时效处理

钢材冷加工后，在常温下存放 15～20 天或加热至 100～200℃，保持 2h 左右，其屈服强度、抗拉强度及硬度明显提高，而塑性及韧性明显降低，弹性模量则基本恢复，这个过程称为时效处理（aging treatment）。

时效处理方法有两种：在常温下存放 15～20 天，称为自然时效，适合用于低强度钢筋；加热至 100～200℃后保持一定时间，称为人工时效，适合于高强度钢筋。由于时效过程中内应力的消减，故弹性模量可基本恢复到冷加工前的数值。钢材的时效是普遍而长期的过程，有些未经冷加工的钢材，长期存放后也会出现时效现象。冷加工只是加速了时效发展进度。

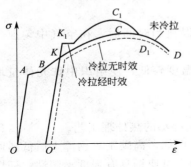

图 6-14　钢材经冷加工时效后的
应力-应变曲线的变化

钢材经冷加工及时效处理后，其应力-应变关系变化的规律，可明显地在应力-应变图上得到反映。如图 6-14 所示，OABCD 为未经冷拉和时效试件的曲线。当试件冷拉至超过屈服强度的任意一点 K，卸去荷载，此时由于试件已产生塑性变形，则曲线沿 KO′ 下降，KO′ 大致与 AO 平行。如立即再拉伸，则 σ-ε 曲线将成为 O′K₁C₁D₁（虚线）曲线，屈服强度由 B 点提高到 K 点。但如在 K 点卸荷后进行时效处理，然后再拉伸，则应力-应变图将成为 O′K₁C₁D₁ 曲线，这表明冷拉时效后，屈服强度和抗拉强度均得到提高，但塑性和韧性则相应降低。钢材经冷加工及时效处理后，屈服强度可提高 20%～50%，节约钢材20%～30%。

第五节　常用建筑钢材

建筑钢材可分为钢结构用钢和钢筋混凝土结构用钢两大类。

一、主要钢种

1. 碳素结构钢（carbon structural steels）

碳素结构钢包括一般结构钢工程中热轧钢板、钢带、型钢等。现行国家标准《碳素结构钢》（GB/T 700—2006）规定了它的牌号表示方法、代号和符号、技术要求、试验方法和检验规则等。

（1）牌号表示方法

按照国家标准《碳素结构钢》（GB/T 700—2006）中的规定，碳素结构钢的牌号表示方法由代表屈服点的字母 Q、屈服点数值（按屈服点的数值分为 195MPa、215MPa、235MPa、275MPa 四个等级）、质量等级（按硫、磷杂质的含量由多到少分为 A、B、C、D 四个质量等级）和脱氧程度（按脱氧程度不同分为特殊镇静钢 TZ、镇静钢 Z、沸腾钢 F）四个部分组成。对于镇静钢和特殊镇静钢，在钢的牌号中予以省略。如 Q235AF，表示屈服点不小于 235MPa 的 A 级沸腾钢；Q235C，表示屈服点不小于 235MPa 的 C 级镇静钢。

（2）技术要求

碳素结构钢的化学成分、力学性能和冷弯试验应分别符合表 6-1～表 6-3 的要求。

（3）各类牌号钢材的性能和用途

从表 6-2、表 6-3 中可知，随着钢号的增大，钢材含碳量增加，强度和硬度相应提高，而塑性和韧性则降低。

表 6-1　碳素结构钢的化学成分（摘自 GB/T 700—2006）

牌号	统一数字代号[①]	等级	厚度(或直径)/mm	脱氧方法	化学成分(质量分数)/%,不大于				
					C	Si	Mn	P	S
Q195	U11952	—	—	F、Z	0.12	0.30	0.50	0.035	0.040
Q215	U12152	A	—	F、Z	0.15	0.35	1.20	0.045	0.050
	U12155	B							0.045
Q235	U12352	A		F、Z	0.22	0.35	1.40	0.045	0.050
	U12355	B			0.20[②]				0.045
	U12358	C		Z	0.17			0.040	0.040
	U12359	D		TZ				0.035	0.035
Q275	Q12752	A		F、Z	0.24	0.35	1.50	0.045	0.050
	U12755	B	≤40	Z	0.21			0.045	0.045
			>40		0.22				
	U12758	C	—	Z	0.20			0.040	0.040
	U12759	D		TZ				0.035	0.035

① 表中为镇静钢、特殊镇静钢牌号的统一数字，沸腾钢牌号的统一数字代号如下：

Q195F——U11950；

Q215AF——U12150，Q215BF——U12153；

Q235AF——U12350，Q235BF——U12353；

Q275AF——U12750。

② 经需方同意，Q235B 的碳含量可不大于 0.22%。

表 6-2　碳素结构钢的力学性能（摘自 GB/T 700—2006）

牌号	等级	屈服强度[①]R_{eH}/(N/mm²),不小于						抗拉强度[②] R_m/(N/mm²)	断后伸长率 A/%,不小于					冲击试验(V 形缺口)	
		厚度(或直径)/mm							厚度(或直径)/mm					温度/℃	冲击吸收功(纵向)/J 不小于
		≤16	>16~40	>40~60	>60~100	>100~150	>150~200		≤40	>40~60	>60~100	>100~150	>150~200		
Q195	—	195	185	—	—	—	—	315~430	33	—	—	—	—	—	—
Q215	A	215	205	195	185	175	165	335~450	31	30	29	27	26	—	—
	B													+20	27
Q235	A	235	225	215	215	195	185	370~500	26	25	24	22	21	—	27[③]
	B													+20	
	C													0	
	D													−20	
Q275	A	275	265	255	245	225	215	410~540	22	21	20	18	17	—	27
	B													+20	
	C													0	
	D													−20	

① Q195 的屈服强度值仅供参考，不作交货条件。

② 厚度大于 100mm 的钢材，抗拉强度下限允许降低 20N/mm²。宽带钢（包括剪切钢板）抗拉强度上限不作交货条件。

③ 厚度小于 25mm 的 Q235B 级钢材，如供方能保证冲击吸收功值合格，经需方同意，可不作检验。

表 6-3 碳素结构钢的冷弯性能（摘自 GB/T 700—2006）

牌　号	试样方向	冷弯试验 180°　　$B=2a$[①]		牌　号	试样方向	冷弯试验 180°　　$B=2a$[①]	
		钢材厚度（或直径）[②]/mm				钢材厚度（或直径）[②]/mm	
		≤60	>60~100			≤60	>60~100
		弯心直径 d				弯心直径 d	
Q195	纵	0	—	Q235	纵	a	$2a$
	横	$0.5a$			横	$1.5a$	$2.5a$
Q215	纵	$0.5a$	$1.5a$	Q275	纵	$1.5a$	$2.5a$
	横	a	$2a$		横	$2a$	$3a$

① B 为试样宽度，a 为试样厚度（或直径）。

② 钢材厚度（或直径）大于 100mm 时，弯曲试验由双方协商确定。

建筑工程中主要使用 Q235 碳素结构钢。Q235 号钢具有较高的强度、良好的塑性、韧性和加工性能，时效敏感性小，综合性能好。因而能满足一般钢结构和钢筋混凝土用钢要求，且成本较低，可轧制成钢筋、型钢、钢板和钢管等。

Q195、Q215 号钢的强度低，塑性、韧性和冷加工性能好，常用于钢钉、铆钉、螺栓和铁丝等。Q215 号钢经冷加工后可代替 Q235 号钢使用。

Q275 号钢的强度高，但塑性、韧性和可焊性差，不易进行冷弯加工，可用于轧制带肋钢筋、螺栓、机械零件和工具等。

2. 低合金高强度结构钢（high strength low alloy structural steels）

在碳素结构钢的基础上，添加总量小于 6% 的一种或几种合金元素即得低合金高强度结构钢，所加合金元素主要有锰、硅、钒、钛、铌、镍及稀土元素。其目的是为了提高钢的屈服强度、抗拉强度、耐磨性、耐蚀性及耐低温性等。因此，低合金高强度结构钢是一种综合性能较为理想的建筑钢材，尤其在大跨度、承受动荷载和冲击荷载的结构中更为适用。另外，与使用碳素钢相比，可节约钢材 20%~30%。

根据国家标准《低合金高强度结构钢》（GB/T 1591—2008）规定，共有八个牌号。其牌号的表示方法由屈服点字母 Q、屈服点数值、质量等级（A、B、C、D、E 五级）三个部分组成。

低合金高强度结构钢的化学成分和拉伸性能应符合表 6-4 和表 6-5 中的规定。

表 6-4 低合金高强度结构钢的化学成分（摘自 GB/T 1591—2008）

牌号	质量等级	化学成分（质量分数）/%													
		C	Si	Mn	P	S	Nb	V	Ti	Cr	Ni	Cu	N	Mo	B	Als
					不大于											不小于
Q345	A	≤0.20	≤0.50	≤1.70	0.035	0.035										—
	B				0.035	0.035										
	C				0.030	0.030	0.07	0.15	0.20	0.30	0.50	0.30	0.012	0.10	—	
	D	≤0.18			0.030	0.025										0.015
	E				0.025	0.020										
Q390	A	≤0.20	≤0.50	≤1.70	0.035	0.035										—
	B				0.035	0.035										
	C				0.030	0.030	0.07	0.20	0.20	0.30	0.50	0.30	0.015	0.10	—	
	D				0.030	0.025										0.015
	E				0.025	0.020										

续表

牌号	质量等级	化学成分（质量分数）/%														
		C	Si	Mn	P	S	Nb	V	Ti	Cr	Ni	Cu	N	Mo	B	Als
					不大于											不小于
Q420	A	≤0.20	≤0.50	≤1.70	0.035	0.035	0.07	0.20	0.20	0.30	0.80	0.30	0.015	0.20	—	—
	B				0.035	0.035										
	C				0.030	0.030										
	D				0.030	0.025										0.015
	E				0.025	0.020										
Q460	C	≤0.20	≤0.60	≤1.80	0.030	0.030	0.11	0.20	0.20	0.80	0.80	0.55	0.015	0.20	0.004	0.015
	D				0.030	0.025										
	E				0.025	0.020										
Q500	C	≤0.18	≤0.60	≤1.80	0.030	0.030	0.11	0.12	0.20	0.60	0.80	0.55	0.015	0.20	0.004	0.015
	D				0.030	0.025										
	E				0.025	0.020										
Q550	C	≤0.18	≤0.60	≤2.00	0.030	0.030	0.11	0.12	0.20	0.80	0.80	0.80	0.015	0.30	0.004	0.015
	D				0.030	0.025										
	E				0.025	0.020										
Q620	C	≤0.18	≤0.60	≤2.00	0.030	0.030	0.11	0.12	0.20	1.00	0.80	0.80	0.015	0.30	0.004	0.015
	D				0.030	0.025										
	E				0.025	0.020										
Q690	C	≤0.18	≤0.60	≤2.00	0.030	0.030	0.11	0.12	0.20	1.00	0.80	0.80	0.015	0.30	0.004	0.015
	D				0.030	0.025										
	E				0.025	0.020										

注：1. 型材及棒材 P、S 含量可提高 0.005%，其中 A 级钢上限可为 0.045%。

2. 当细化晶粒元素组合加入时，20(Nb＋V＋Ti)≤0.22%，20(Mo＋Cr)≤0.30%。

3. Als 表示化验时酸溶铝含量。

低合金结构钢主要用于轧制型钢、钢板来建造桥梁、高层及大跨度建筑。在重要的钢筋混凝土结构或预应力钢筋混凝土结构中，主要应用低合金钢加工成的热轧带肋钢筋。

二、主要品种

1. 钢筋

钢筋是由轧钢厂将炼钢厂生产的钢链经专用设备和工艺制成的条状材料。在钢筋混凝土和预应力钢筋混凝土中，钢筋属于隐蔽材料，其品质优劣对工程影响较大。

（1）钢筋牌号

钢筋的牌号是人们给钢筋所取的名字，牌号不仅标明了钢筋的品种，而且还可以大致判断其质量。钢筋的牌号可分为 HPB300、HRB335、HRB400、HRB500、CRB550 等。

牌号中的 HPB 分别为热轧、光圆、钢筋三个词的英文首位字母，后面的数字是表示钢筋的屈服强度最小值。

牌号中的 HRB 分别为热轧、带肋、钢筋三个词的英文首位字母，后面的数字是表示钢筋的屈服强度最小值。

表6-5　低合金高强度结构钢材的拉伸性能（摘自 GB/T 1591—2008）

牌号	质量等级	拉 伸 试 验																					
		下屈服强度/MPa 以下公称厚度（直径、边长）									抗拉强度/MPa 以下公称厚度（直径、边长）							断后伸长率/% 公称厚度（直径、边长）					
		≤16mm	16~40mm	40~63mm	63~80mm	80~100mm	100~150mm	150~200mm	200~250mm	250~400mm	≤40mm	40~63mm	63~80mm	80~100mm	100~150mm	150~250mm	250~400mm	≤40mm	40~63mm	63~100mm	100~150mm	150~250mm	250~400mm
Q345	A	≥345	≥335	≥325	≥315	≥305	≥285	≥275	≥265	≥265	470~630	470~630	470~630	470~630	450~600	450~600	450~630	≥20	≥19	≥19	≥18	≥17	≥17
	B																						
	C																						
	D																						
	E																						
Q390	A	≥390	≥370	≥350	≥330	≥330	≥310	—	—	—	490~650	490~650	490~650	490~650	470~620	—	—	≥21	≥20	≥20	≥19	≥18	—
	B																						
	C																						
	D																						
	E																						
Q420	A	≥420	≥400	≥380	≥360	≥360	≥340	—	—	—	520~680	520~680	520~680	520~680	500~650	—	—	≥20	≥19	≥19	≥18	≥18	—
	B																						
	C																						
	D																						
	E																						

续表

| 牌号 | 质量等级 | 拉 伸 试 验 ||||||||||||||||||||||
| | | 以下公称厚度（直径、边长）下屈服强度/MPa ||||||||| 以下公称厚度（直径、边长）下抗拉强度/MPa ||||||| 断后伸长率/%　公称厚度（直径、边长） ||||||
		≤16mm	16~40mm	40~63mm	63~80mm	80~100mm	100~150mm	150~200mm	200~250mm	250~400mm	≤40mm	40~63mm	63~80mm	80~100mm	100~150mm	150~250mm	250~400mm	≤40mm	40~63mm	63~100mm	100~150mm	150~250mm	250~400mm
Q460	C																						
	D	≥460	≥440	≥420	≥400	≥380	—	—	—	—	550~720	550~720	550~720	550~720	530~700	—	—	≥17	≥17	≥16	≥16	—	—
	E																						
Q500	C																						
	D	≥500	≥480	≥470	≥450	≥440	—	—	—	—	610~770	600~760	590~750	540~730	—	—	—	≥17	≥17	≥17	—	—	—
	E																						
Q550	C																						
	D	≥550	≥530	≥520	≥500	≥490	—	—	—	—	670~830	620~810	600~790	590~780	—	—	—	≥16	≥16	≥16	—	—	—
	E																						
Q620	C																						
	D	≥620	≥600	≥590	≥570	—	—	—	—	—	710~880	690~880	670~860	—	—	—	—	≥15	≥15	≥15	—	—	—
	E																						
Q690	C																						
	D	≥690	≥670	≥660	≥640	—	—	—	—	—	770~940	750~920	730~900	—	—	—	—	≥14	≥14	≥14	—	—	—
	E																						

注：1. 当屈服不明显时，可测量 $R_{p0.2}$ 代替下屈服强度。

2. 宽度不小于600mm的扁平材，拉伸试验取横向试样；宽度小于600mm的扁平材、型材及棒材取纵向试样，断后伸长率最小值相应提高1%（绝对值）。

3. 厚度大于250~400mm的数值适用于扁平材。

牌号中的CRB分别为冷轧、带肋、钢筋三个词的英文首位字母，后面的数字是表示钢筋的抗拉强度最小值。

工程图纸中，用牌号为Q235碳素结构钢制成的热轧光圆钢筋（包括盘圆，直径不大于10mm）常用符号"Φ"表示；牌号为HRB335的钢筋混凝土用热轧带肋钢筋常用符号"Φ"表示；牌号为HRB400的钢筋混凝土用热轧带肋钢筋常用符号"Φ"表示；牌号为HRB500的钢筋混凝土用热轧带肋钢筋常用符号"Φ"表示。

（2）工程中常用的钢筋

工程中经常使用的钢筋品种有钢筋混凝土用热轧带肋钢筋、钢筋混凝土用热轧光圆钢筋、低碳钢热轧圆盘条、冷轧带肋钢筋、钢筋混凝土用余热处理钢筋等。建筑施工所用钢筋必须与设计相符，并且满足产品标准要求。

① 钢筋混凝土用热轧带肋钢筋　钢筋混凝土用热轧带肋钢筋（俗称螺纹钢）是最常用

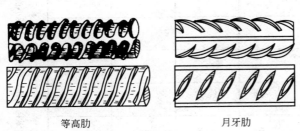

等高肋　　　　　　月牙肋

图6-15　带肋钢筋外形

的一种钢筋，它是用低合金高强度结构钢轧制成的条形钢筋，通常带有两道纵肋和沿长度方向均匀分布的横肋，按肋纹的形状又分为月牙肋和等高肋，见图6-15。由于表面肋的作用，和混凝土有较大的粘接能力，因而能更好地承受外力的作用，适用于作为非预应力钢筋、箍筋、构造钢筋。热轧带肋钢筋经冷拉后还可作为预应力钢筋。热轧带肋钢筋直径范围为6～50mm。推荐的公称直径（与该钢筋横截面面积相等的圆所对应的直径）为6mm、8mm、10mm、12mm、16mm、20mm、25mm、32mm、40mm、50mm。

② 钢筋混凝土用热轧光圆钢筋　热轧光圆钢筋是经热轧成型并自然冷却而成的横截面为圆形，且表面光滑的钢筋混凝土配筋用钢材，其钢种为碳素结构钢，钢筋级别为Ⅰ级，强度代号为R235（R代表热轧，屈服强度数值为235MPa）。适用于作为非预应力钢筋、箍筋、构造钢筋、吊钩等。热轧光圆钢筋的直径范围为8～20mm。推荐的公称直径为8、10、12、16、20mm。

③ 低碳钢热轧圆盘条　热轧盘条是热轧型钢中截面尺寸最小的一种，大多通过卷线机卷成盘卷供应，故称盘条或盘圆。低碳钢热轧圆盘条由屈服强度较低的碳素结构钢轧制，是目前用量最大、使用最广的线材，适用于非预应力钢筋、箍筋、构造钢筋、吊钩等。热轧圆盘条又是冷拔低碳钢丝的主要原材料，用热轧圆盘条冷拔而成的冷拔低碳钢丝可作为预应力钢丝，用于小型预应力构件（如多孔板等）或其他构造钢筋、网片等。热轧盘条的直径范围为5.5～14.0mm。常用的公称直径为5.5mm、6.0mm、6.5mm、7.0mm、8.0mm、9.0mm、10.0mm、11.0mm、12.0mm、13.0mm、14.0mm。

④ 冷轧带肋钢筋　冷轧带肋钢筋是以碳素结构钢或低合金热轧圆盘条为母材，经冷轧（通过轧钢机轧成表面有规律变形的钢筋）或冷拔（通过冷拔机上的孔模，拔成一定截面尺寸的细钢筋）减径后在其表面冷轧成三面（或二面）有肋的钢筋，提高了钢筋和混凝土之间的粘接力。适用于作为小型预应力构件的预应力钢筋、箍筋、构造钢筋、网片等。与热轧圆盘条相比较，冷轧带肋钢筋的强度提高了17%左右。冷轧带肋钢筋的直径范围为4～12mm。

⑤ 钢筋混凝土用余热处理钢筋　钢筋混凝土用余热处理钢筋是指低合金高强度结构钢经热轧后立即穿水，进行表面控制冷却，然后利用芯部余热自身完成回火处理所得的成品钢筋。其性能均匀，晶粒细小，在保证良好塑性、焊接性能的条件下，屈服点约提高10％，用作钢筋混凝土结构的非预应力钢筋、箍筋、构造钢筋，可节约材料并提高构件的安全可靠性。余热处理月牙肋钢筋的级别为 E 级，强度等级代号为 KL400（其中"K"表示"控制"）。余热处理钢筋的直径范围为 8～40mm。推荐的公称直径为 8、10、12、16、20、25、32、40mm。

2. 型钢

建筑中的主要承重结构，常使用各种规格的型钢来组成各种形式的钢结构。钢结构常用的型钢有圆钢、方钢、扁钢、工字钢、槽钢、角钢等。对于焊接结构应选择焊接性能好的钢材。我国钢结构用热轧型钢主要采用的是碳素结构钢和低合金高强度结构钢。

常用型钢品种及相关质量要求如下。

（1）热轧扁钢

热轧扁钢是截面为矩形并稍带钝边的长条钢材，主要由碳素结构钢或低合金高强度结构钢制成。其规格以厚度×宽度的毫米数表示，如"4×25"，即表示厚度为 4mm、宽度为 25mm 的扁钢。在建筑工程中多用作一般结构构件，如连接板、栅栏、楼梯扶手等。

扁钢的截面为矩形，其厚度为 3～60mm，宽度为 10～150mm 。截面图及标注符号如图 6-16 所示。

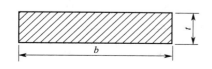

图 6-16　截面图及标注符号

t—扁钢厚度；*b*—扁钢宽度

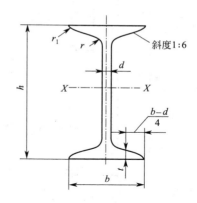

图 6-17　热轧工字钢的截面图及标注符号

h—高度；*b*—腿宽度；*d*—腰厚度；*t*—平均腿厚度；*r*—内圆弧半径；r_1—腿端圆弧半径

（2）热轧工字钢

热轧工字钢也称钢梁，是截面为工字形的长条钢材，主要由碳素结构钢轧制而成。其规格以腰高（*h*）×腿宽（*b*）×腰厚（*d*）的毫米数表示，如"工160×88×6"，即表示腰高为 160mm、腿宽为 88mm、腰厚为 6mm 的工字钢。工字钢规格也可用型号表示，型号表示腰高的厘米数，如工 16 号。腰高相同的工字钢，如有几种不同的腿宽和腰厚，需在型号右边加 a 或 b 或 c 予以区别，如 32a、32b、32c 等。热轧工字钢的规格范围为 10～63 号。工字钢广泛应用于各种建筑钢结构和桥梁，主要用在承受横向弯曲的杆件。

热轧工字钢的截面图及标注符号如图 6-17 所示。

（3）热轧槽钢

热轧槽钢是截面为凹槽形的长条钢材，主要由碳素结构钢轧制而成。其规格表示方法同工字钢。如 120×53×5，表示腰高为 120mm、腿宽为 53mm、腰厚为 5mm 的槽钢，或称 12 号槽钢。腰高相同的槽钢，如有几种不同的腿宽和腰厚，也需在型号右边加上 a 或 b 或 c 予以区别，如 25a、2b、25c 等。热轧槽钢的规格范围为 5～40 号。

槽钢主要用于建筑钢结构和车辆制造等，30 号以上可用于桥梁结构作受拉力的杆件，也可用作工业厂房的梁、柱等构件。槽钢常常和工字钢配合使用。

热轧槽钢的截面图形及标注符号如图 6-18 所示。

（4）热轧等边角钢

热轧等边角钢（俗称角铁），是两边互相垂直成角形的长条钢材，主要由碳素结构钢轧制而成。其规格以边宽×边宽×边厚的毫米数表示。如 30×30×3，即表示边宽为 30mm、边厚为 3mm 的等边角钢。也可用型号表示，型号是边宽的厘米数，如 3 号。型号不表示同一型号中不同边厚的尺寸，因而在合同等单据上应将角钢的边宽、边厚尺寸填写齐全，避免单独用型号表示。热轧等边角钢的规格为 2～20 号。

热轧等边角钢可按结构的不同需要组成各种不同的受力构件，也可作构件之间的连接件。其广泛应用于各种建筑结构和工程结构上。

热轧等边角钢的截面图示及标注符号如图 6-19 所示。

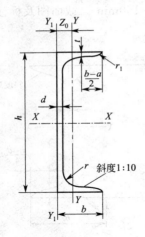

图 6-18　热轧槽钢的截面图形及标注符号

h—高度；b—腿宽度；d—腰厚度；

t—平均腿厚度；r—内圆弧半径；

r_1—腿端圆弧半径

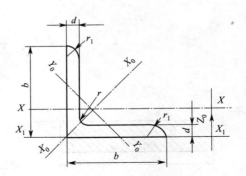

图 6-19　热轧等边角钢的截面图示及标注符号

b—边宽度；d—边厚度；r—内圆弧半径；

r_1—边端内圆弧半径

第六节　建筑钢材的锈蚀和保管

一、钢材的锈蚀

钢材的锈蚀（corrosion）指钢的表面与周围介质发生化学反应而遭到的破坏。锈蚀可发生于许多引起锈蚀的介质中，如湿润空气、土壤、工业废气等。温度升高，锈蚀加速。锈蚀不仅使钢材的有效截面积减小，浪费钢材，而且会形成程度不等的锈坑、锈斑，造成应力集中，加速结构破坏。若受到冲击荷载、循环交变荷载作用，将产生锈蚀疲劳现象，使钢材的疲劳强度大大降低，甚至出现脆性断裂。

根据钢材表面于周围介质的不同作用，锈蚀可分为下述两类。

（1）化学锈蚀（chemical corrosion）

钢材表面与周围介质直接发生化学反应而产生的锈蚀称为化学锈蚀。这种锈蚀多数是氧化作用，使钢材表面形成疏松的氧化物。在常温下，钢材表面形成一薄层钝化能力很弱的氧化保护膜 FeO。在干燥环境下，锈蚀发展缓慢，但在温度或湿度较高的环境条件下，这种锈蚀发展很快。

（2）电化学锈蚀（electrochemical corrosion）

由于金属表面形成原电池而产生的锈蚀称为电化学锈蚀。建筑钢材在存放和使用中发生的锈蚀主要属于这一类。钢材本身含有铁、碳等多种成分，由于这些成分的电极电位不同，形成许多微电池。在潮湿空气中，钢材表面将覆盖一层薄的水膜。在阳极区，铁被氧化成 Fe^{2+} 进入水膜，因为水中溶有空气中的氧。故在阴极区氧将被还原为 OH^-，两者结合成为不溶于水的 $Fe(OH)_2$，并进一步氧化成为疏松而易剥落的红棕色铁锈 $Fe(OH)_3$。

二、钢材锈蚀的防止措施

1. 保护层

在钢材表面施加保护层，使其与周围介质隔离，从而防止锈蚀。保护层可分为两大类：非金属保护层和金属保护层。

非金属保护层是在钢材表面涂刷有机或无机物质。钢结构防锈常用的方法是在表面刷漆，常用底漆有红丹、环氧富锌漆、铁红环氧底漆等；面漆有调和漆、醇酸磁漆等。此方法简单易行，但不耐久。此外，还可采用塑料保护层、沥青保护层及搪瓷保护层等。

金属保护层是用耐蚀性较强的金属，以电镀或喷镀的方法覆盖在钢材表面，如镀锌、镀锡、镀铬等。

2. 制成合金钢

钢材的化学成分对耐锈蚀性有很大的影响。如在钢中加入合金元素铬、镍、钛、铜制成不锈钢，可以提高耐锈蚀的能力。

3. 混凝土配筋的防锈措施

钢筋混凝土配筋的防锈，主要是根据结构的性质和所处的环境条件等来确定。考虑到混凝土的质量要求，限制水灰比和水泥用量，加强施工管理，保证混凝土的密实度、保证足够的保护层厚度、限制氯盐外加剂的掺加量和保证混凝土一定的碱度等。还可掺用阻锈剂。

三、建筑钢材的运输、贮存

建筑钢材由于重量大、长度长，运输前必须了解所运建筑钢材的长度和单捆重量，以便安排运输车辆和吊车。

建筑钢材应按不同的品种、规格分别堆放。在条件允许的情况下，建筑钢材应尽可能存放在库房或料棚内（特别是有精度要求的冷拉、冷拔等钢材），若采用露天存放，则料场应选择地势较高而又平坦的地面，经平整、夯实、预设排水沟道、安排好垛底后方能使用。为避免因潮湿环境而引起的钢材表面锈蚀现象，雨雪季节建筑钢材要用防雨材料覆盖。

　　施工现场堆放的建筑钢材应注明"合格"、"不合格"、"在检"、"待检"等产品质量状态，注明钢材生产企业名称、品种规格、进场日期及数量等内容，并以醒目标识标明，工地应由专人负责建筑钢材收货和发料。

第七节　其他金属材料

一、铝和铝合金

1. 铝合金的特性及分类

　　铝在自然界中主要以化合物的状态存在。铝矿石有铝土矿、尖晶石、正长石、云母等，都是冶炼铝的重要原料。通常所说的金属铝即指经工业开采出来的纯铝，其熔点为660℃，结晶后具有面心立方晶格，无同素异构转变。铝与氧的亲和力很强，在空气中可形成致密的氧化膜（Al_2O_3），具有良好的抗大气腐蚀能力，但铝不能耐酸、碱、盐的腐蚀。由于铝的强度较低，为提高其强度，可通过冷变形加工硬化方法，但最有效的方法是加入合金元素（如硅、铜、镁及稀土元素等），从而制成铝合金（aluminium alloy）。

　　（1）铝和铝合金的特性

　　① 密度低、比强度高　纯铝的密度只有 2.7g/cm³，仅为铁的 1/3。铝合金的密度也很小，采用各种强化手段后，铝合金可以达到与低合金钢相近的强度，因此比强度比一般高强钢的高。

　　② 物理、化学性能优良　铝的导电性好，仅次于银、铜和金，居第四位。室温电导率约为铜的 64%。铝及铝合金具有相当好的抗大气腐蚀能力。

　　③ 加工性能良好　铝和铝合金（退火状态）的塑性很好，可以冷拔成细丝，切削性能也很好。高强铝合金加工后经热处理，可达到很高的强度。铸造铝合金的铸造性能极好。

　　④ 强度提高则塑性下降　纯铝的强度很低（80～100MPa），冷变形加工硬化后强度可提高到 σ_b 为 150～250MPa，但其塑性却下降为 50%～60%。

　　（2）铝合金的分类

　　根据成分及制造工艺，铝合金分变形铝合金和铸造铝合金两类。土木工程中主要用变形铝合金。变形铝合金包括防锈铝合金、硬铝合金、超硬铝合金及锻铝合金四种。

　　① 防锈铝合金的主要合金元素是锰和镁。锰的主要作用是提高抗蚀能力，并起固溶强化作用；镁亦有固溶强化作用，同时降低密度。防锈铝合金锻造退火后是单相固溶体，抗蚀性能高，塑性好。这类合金不能进行时效强化，属于不可热处理强化的铝合金，但可冷变形，利用加工硬化提高强度。主要用于受力不大、要求耐腐蚀、表面光洁的构件和管道等。

　　② 硬铝合金属于 Al-Cu-Mg 系合金，另含有少量 Mn。这类合金可进行热处理强化也可进行形变强化，主要用于门窗、货架、柜台等的型材。

　　③ 超硬铝合金为 Al-Mg-Zn-Cu 系合金，并含有少量的 Cr，主要用于承重构件和高荷载

零件。

④ 锻铝合金为 Al-Cu-Mg-Ni-Fe 系合金，主要用于中等荷载的构件。

变形铝合金可进行热轧、冷轧、冲压、挤压、弯曲、卷边等加工，制成不同形状和不同尺寸的型材、线材、管材、板材等。

2. 常用铝合金制品

（1）铝合金门窗

铝合金门窗是将按特定要求成型并经表面处理的铝合金型材，经下料、打孔、铣槽、攻丝等加工，制得门窗框料构件，再加连接件、密封件、开闭五金件等一起组合装配而成。铝合金门窗尽管其造价较高，但由于长期维修费用低、强度及抗风压力较高、质量轻、密封性好且造型、色彩、玻璃镶嵌、密封材料和耐久性等均比钢、木门窗有着明显的优势，所以得到了广泛应用。

铝合金门窗按其结构与开启方式可分为：推拉窗（门）、平开窗（门）、悬挂窗、回转窗、百叶窗、纱窗等。铝合金门窗产品通常要满足强度、气密性、水密性、隔热性、隔声性、开闭力等性能方面的要求。

建筑工程中用铝合金制品的标准主要有《铝合金门》（GB/T 8478—2008）、《铝合金窗》（GB/T 8479—2008）等。铝合金门窗的产品代号和规格如表6-6及表6-7所示。

表6-6　铝合金门窗产品代号

产品名称	平开铝合金窗		平开铝合金门		推拉铝合金窗		推拉铝合金门	
	不带纱窗	带纱窗	不带纱窗	带纱窗	不带纱窗	带纱窗	不带纱窗	带纱窗
代号	PLC	APLC	PLM	SPLM	TLC	ATLC	TLM	STLM
产品名称	滑轴平开窗		固定窗		上悬窗	中悬窗	下悬窗	主转窗
代号	HPLC		GLC		SLC	CLC	XLC	LLC

表6-7　铝合金门窗规格

名　称	同口尺寸/mm		厚度基本尺寸系列/mm
	高	宽	
平开铝合金窗	600　900　1200 1500　1800　2100	600　900　1200 1500　1800　2100	40　45　50　55 60　65　70
平开铝合金门	2100　2400　2700	800　900　1000 1200　1500　1800	40　45　50　55 60　70　80
推拉铝合金窗	600　900　1200 1500　1800　2100	1200　1500　1800 2100　2400　2700　3000	40　55　60　70 80　90
推拉铝合金门	2100　2400　2700　3000	1500　1800　2100 2400　2700　3000	70　80　90

（2）铝合金幕墙板

铝合金幕墙板的种类主要有铝塑复合板、单层铝板和蜂巢复合铝板。

① 铝塑复合板　又名铝塑板，是由铝板作为表层，以聚乙烯（PE）或聚氯乙烯（PVC）作为芯层或底层经过加工复合（以热复合为优）而成。

铝塑复合板有三层（铝-塑-铝）和两层（铝-塑）两种结构。前者又称双面铝塑板，后者又称单面铝塑板。

双面铝塑板为外墙板，厚度有 3mm、4mm、6mm，每层铝板厚度不小于 0.5mm。作为幕墙的铝塑板常用厚度为 4~6mm，以夹聚乙烯塑料为优，经采用氟碳烤漆进行表面处理后具有不吸附灰尘的自洁性，外观光洁平整，价格适中，可保持 20 年不褪色。

单面铝塑板为内墙板，不能用于幕墙装饰，主要用于室内墙面、顶棚装饰及广告标牌等饰面，厚度为 3mm 左右，其中铝板厚度不小于 0.2mm。

铝塑板的规格主要为 1220mm×2440mm。

② 单层铝板　由纯铝或合金铝板制成，合金铝板强度高，重量轻，因此国内以合金铝板制作幕墙居多。单层铝板厚度为 2~4mm，需在工厂由钣金工按单元尺寸、形状加工，装加强筋后再作铝板表面处理和氟碳烤漆涂装。该板材可在工厂加工成复杂的形状，使板面有变化更富有装饰性，具有良好的整体性和耐久性。

③ 蜂巢复合铝板　又称蜂巢铝板，是由两块铝板中间夹 5~45mm 铝蜂巢，通过专门的工艺用胶在一定的温度下压制而成的。铝板厚度为 0.6~1.5mm，蜂巢铝板的厚度为 10~70mm，也需在工厂加工，它是内、外铝板先涂装后，钣金加工、切割，装夹层蜂巢，内、外铝板涂胶压制而成。其平整度和刚度较好，可实现较大板块，并且抗风压强度大，自重轻，保温、隔热、隔声等性能均较优良。但加工较困难，价格较高。

二、铜和铜合金

自然界中的铜分为自然铜、氧化铜矿和硫化铜矿。自然铜及氧化铜的储量较少，现在世界上 80％以上的铜都是从硫化铜矿中精炼出来的。通常所说的金属铜即为工业纯铜，又称紫铜。为提高铜的强度，并同时保持纯铜的其他优良性质，往铜中加入一些如锌、锡、铅等合金元素后，便得到铜合金。

1. 紫铜（工业纯铜）

工业纯铜呈紫红色，常称紫铜，密度是 8.9g/cm³，为镁的 5 倍，比普通钢还重 15％。紫铜具有优良的导电性、导热性、耐腐蚀性和易加工性。紫铜可压制成铜片和线材，由于强度低，不适合作结构材料。

2. 铜合金

铜合金一般分为黄铜、青铜和白铜三大类。建筑工程中常用黄铜和青铜。

（1）黄铜

含锌量低于 50％，以锌为唯一的或主要的合金元素的铜合金称为黄铜。按照化学成分，黄铜分为普通黄铜和复杂黄铜两种。

普通黄铜是铜锌二元合金。其力学性能随铜的质量分数变化。复杂黄铜是为了获得更高的强度、抗蚀性和良好的铸造性能，在铜锌合金中加入铝、铁、硅、锰、镍等元素而形成：黄铜不仅有良好的变形加工性能，还具有优良的铸造性能。黄铜的耐蚀性较好，与纯铜接近，超过铁、碳钢以及许多合金钢。

黄铜常用于扶手、把手、门锁、纱窗、卫生器具、五金配件等方面。普通黄铜粉用于调制装饰材料，代替金粉使用。

（2）青铜

青铜原指铜锡合金，但工业上习惯统称含 Al、Si、Pb、Be、Mn 等的铜基合金为青铜，所以青铜包括锡青铜、铝青铜和铍青铜三类。青铜强度较高，硬度大，耐磨性、耐腐蚀性好，主要用于板材、管材、弹簧、螺栓和机械零件。

三、铸铁

铸铁（cast iron）是含碳量大于 2.06％的铁碳合金。它是以铁、碳、硅为主要组成元素并比碳素钢含有较多的锰、硫、磷等杂质的多元合金。有时为了提高铸铁的力学性能或物理、化学性能，还可加入一定量的合金元素，得到合金铸铁。土木工程中常用灰口铸铁（断口呈暗灰色）。

铸铁抗压强度较高，铸造性能良好，但性脆，无塑性，抗拉和抗弯强度不高，不适用于结构材料，常用于排水沟、地沟、窨井等的盖板、铸铁水管、暖气片及零部件、门、窗、栏杆、栅栏等。

本 章 小 结

1. 钢材的技术性质（见表 6-8）

表 6-8　钢材的技术性质

性　质		概念及表示方法	影 响 因 素	实 际 意 义
力学性质	抗拉性质	钢材抵抗拉伸的能力 一般以低碳钢的应力-应变图表示	钢材化学成分、脱氧程度、冶炼方法、冷加工及时效等	屈服强度（σ_{max}）是低碳钢强度设计的依据 强屈比（σ_s/σ_{max}）是衡量钢材安全性和可靠性大小的指标 伸长率、截面收缩率是反映钢材塑性变形程度的指标
	冲击韧性	指钢材抵抗冲击荷载作用而不破坏的能力 以冲击韧性指标 α_k 表示	钢材化学成分、冶炼、环境温度及时效等	承受震动、冲击荷载作用的重要结构，如吊车梁、桥梁等，应选用时效敏感性小，脆性临界温度低的钢材
	疲劳强度	指钢材承受交变 $10^6 \sim 10^7$ 次不发生破坏所能承受的最大应力	钢材内部组织、成分偏析、各种缺陷等	对承受交变荷载的结构，应尽可能避免出现减税凸角、凹槽及焊接裂缝等
	硬度	指钢材表面局部体积内，抵抗较硬物体压入，产生塑性变形的能力 以布氏硬度值 HB 表示	钢材的抗拉强度，塑性变形抵抗力	是衡量钢材软硬程度的指标
工艺性质	冷弯性能	钢材在常温下承受弯曲变形的能力 一般以弯曲角度（α）、弯心直径与试件直径（d/d_0）表示	钢材的化学成分、冶炼、冷加工及时效等	是钢材塑性性质的反映，可检查钢材弯曲加工的质量及焊接质量
	焊接性质	在一定焊接工艺条件下，在焊缝及附近过热区不产生裂缝及脆性倾向	钢材的化学成分、冶炼质量、冷加工及焊接工艺等	建筑工程中，跟钢材之间的连接绝大多数是采用焊接方式完成的

2. 冷加工与时效

冷加工、时效是钢材加工过程中具有的特性。

钢材在常温下受到强力作用，产生塑性变形，从而提高屈服强度，相应降低塑性和韧性的现象称为冷加工。

钢材冷加工后，随时间的延长，钢材屈服极限和强度极限逐渐提高，而塑性和韧性逐渐降低的现象，称为时效。

3. 钢材的冷脆性及时效敏感性

冷脆性：当温度降低至某一范围时，冲击韧性突然明显下降，钢材开始呈脆性断裂的性质。

时效敏感性：因时效而导致钢材冲击韧性降低及其他性质改变的程度。

4. 建筑常用钢种的工程应用（见表 6-9）

表 6-9 建筑常用钢种的工程应用

常用材料		工程应用
碳素结构钢		建筑上 Q195、Q215 常用作铆钉、钢筋和钢丝等;Q235 常用作非预应力钢筋中的 HPB300 级钢及钢结构中的型钢、钢板及钢管等;Q235、Q275 常用作钢筋混凝土和钢结构中的构件、螺栓等
低合金高强度结构钢		可轧制大跨度桥梁。高层建筑及大柱网结构所用的型钢、钢板、钢管及预应力钢筋混凝土结构中使用的各种钢筋
钢筋	热轧钢筋	用于钢筋混凝土和预应力混凝土结构的钢筋
	冷轧带肋钢筋	用于普通混凝土结构及中、小型预应力结构
	热处理钢筋	用于预应力混凝土轨枕、板、梁及吊车梁等
钢丝		主要用于大跨度的屋架及薄腹梁、吊车梁、桥梁等大型预应力混凝土构件
钢绞线		主要用于大跨度、大负荷的桥梁、屋架,大跨度的吊车梁及需要曲线配筋的预应力钢筋混凝土结构

思 考 题

1. 试解释下列钢牌号的含义

(1) Q235-A   (2) Q275-Bb   (3) Q420-D   (4) Q460-C

2. 何谓强屈比?说明钢材的屈服点和强屈比的实用意义,并解释 $\sigma_{0.2}$ 的含义。

3. 钢中的主要有害元素有哪些?它们造成危害的原因是什么?

4. 钢材的主要力学性能有哪些?试述它们的定义和测定方法。

5. 何为冷加工、冷加工时效?经冷加工、冷加工时效后钢材的性质发生了哪些变化?

6. 钢材的脱氧程度对钢的性能有何影响?

7. 低碳钢在拉伸试验时,在应力-应变图上分哪几个阶段?

8. 何谓镇静钢和沸腾钢?它们有何优缺点?

9. 钢材的冲击韧性与哪些因素有关?何为冷脆临界温度和时效敏感性?

10. 试述钢材锈蚀的原因与防锈措施。

11. 直径为 16mm 的钢筋,截取两根试样作拉伸试验,达到屈服点的荷载分别为 72.3kN 和 72.2kN,拉断时的荷载分别为 104.5kN 和 108.5kN。试样标距长度为 80mm,拉断后的标距长度分别为 96mm 和 94.4mm。问该钢筋属何牌号?

12. 伸长率表示钢材的什么性质?如何计算?对同一种钢材来说,δ_5 和 δ_{10} 哪个值大?为什么?

13. 钢材冷弯性能有何实用意义?冷弯试验的主要规定有哪些?什么是可焊性?哪些因素对可焊性有影响?

14. 简述铝合金的分类。建筑工程中常用的铝合金制品有哪些?其主要技术性能如何?

第七章　墙体材料

　　墙体在建筑中起承重、围护、隔断、防水、保温和隔声等作用。随着现代建筑的发展，传统墙体材料，如烧结黏土砖，存在自重大、生产能耗高、耗用大量耕地、施工速度慢和耐久性差等缺点。因此，大力开发和使用节土、节能、轻质、高强、耐久、多功能、可工业化生产和可利用工业废弃物的新型墙体材料显得十分重要。

　　目前，我国可用于墙体的材料品种较多，总体可归为砖、砌块和板材三类。

　　本章主要介绍砌墙砖、墙用砌块、墙用板材的技术性质及应用，简要介绍屋面材料。通过学习，了解砌墙砖、墙用砌块和墙用板材的技术性质、等级划分和品种规格，了解我国进行墙体改革的目的及意义。

第一节　砌　墙　砖

　　砌墙砖按孔洞率的大小分为实心砖、多孔砖和空心砖。实心砖又称普通砖，孔洞率＜25％；多孔砖孔洞率≥25％，孔的尺寸小而数量多；空心砖孔洞率≥40％，孔的尺寸大而数量少。

　　按制造工艺分为烧结砖、蒸养（压）砖、免烧（蒸）砖。

　　按原料分为黏土砖、页岩砖、灰砂砖、粉煤灰砖、煤矸石砖、煤渣砖等。

一、烧结砖

　　凡经焙烧而制成的砖称为烧结砖。烧结砖根据其孔洞率大小分别有烧结普通砖、烧结多孔砖和烧结空心砖三种。

　　1. 烧结普通砖（ordinary fired brick）

　　(1) 烧结普通砖的种类

　　黏土、页岩、煤矸石、粉煤灰等原料的化学组成相近，都可用作烧结砖的主要原料。因此，烧结砖有黏土砖（N）、页岩砖（Y）、煤矸石砖（M）、粉煤灰砖（F）等多种。

　　① 烧结黏土砖（fired clay brick）　烧结黏土砖是以黏土原料为主，并加入少量添加料，经配料、混合匀化、制坯、干燥、预热、焙烧而成的。黏土质原料的可塑性和烧结性是制坯与烧成的工艺基础。黏土中的主要成分为高岭石（$Al_2O_3 \cdot 2SiO_2 \cdot 2H_2O$），还含有少量杂质（如石英砂、云母、碳酸盐、黄铁矿、碱、有机质等）以及少量添加料，在干燥、预热、

焙烧过程中发生一系列物理-化学反应，重新化合形成一些合成矿物（如硅线石等）和易熔硅酸盐类新生物。当温度升高达到某些矿物的最低共熔点时，便出现液相，此液相包裹着一些不溶固体颗粒表面并填充其颗粒间隙。高温时所形成的液相在制品冷却时凝固成玻璃相。所以烧结砖一类的烧土制品，其内部微观结构为结晶的固体颗粒被玻璃相牢固地粘接在一起，因而其制品具有一定的强度。砖的焙烧温度约为 $950\sim1000℃$。

砖坯在氧化气氛中焙烧，黏土中的铁被氧化成呈红色的高价铁（Fe_2O_3），此时砖呈红色，称为红砖。若砖坯开始在氧化气氛中焙烧，当达到烧结温度后又处于还原气氛（如通入水蒸气）中继续焙烧，此时高价铁被还原成呈青灰色的低价铁，此时砖呈青灰色，称为青砖。

砖在焙烧过程中若火候不足，会成欠火砖。若焙烧火候过度，则会成过火砖。欠火砖呈淡红色、强度低、耐久性差。过火砖呈深红色，强度虽高，但经常有弯曲等变形，不便于砌筑。

普通黏土砖的体积密度为 $1600\sim1800kg/m^3$；吸水率一般为 $6\%\sim18\%$；热导率约为 $0.55W/(m\cdot K)$ 左右。砖的吸水率与砖的焙烧温度有关，焙烧温度高，砖的孔隙率小、吸水率低、强度高，但砖的吸水率过低，则会影响砖的砌筑性质。

② 烧结页岩砖（fired shale brick）　烧结页岩砖是以泥质及碳质页岩，经粉碎成型，焙烧而成的。页岩是一类以黏土矿物为主要成分的泥质沉积岩。页岩的化学性能和物理性能均优于黏土。就物理性能而言，页岩原料的干燥收缩和干燥敏感系数均较普通黏土低，因而砖坯干燥工艺更易掌握，在适当提高风温和风速条件下，可实现快速干燥而不引起坯体收缩，出现干燥裂纹。在化学性能方面，页岩原料的矿物组成较黏土物料更适宜烧结，烧成速率可较黏土砖提高 $15\%\sim20\%$。

从黏土砖和页岩砖产品的性能看，页岩砖普遍优于黏土砖。而且页岩砖吸水率较黏土砖低，其抗冻性和耐久性也明显优于黏土砖。

页岩砖性能优良，烧砖能耗低，故也是目前我国大力推广的墙体材料。

③ 烧结煤矸石砖（fired coal spoil brick）　烧结煤矸石砖指开采煤时剔除的废石（煤矸石）为主要原料，经选择、粉碎，再根据其含碳量和可塑性，进行适当配料，经成型、干燥、焙烧而成。煤矸石的化学成分与黏土近似。焙烧过程中，煤矸石发热作为内燃料，基本不用外投煤，可节约用煤量 $50\%\sim60\%$。

煤矸石砖生产周期短、干燥性好、色深红而均匀，声音清脆，抗压强度一般为 $10\sim20MPa$，抗折强度为 $2.3\sim5MPa$，体积密度为 $1500kg/m^3$，可用于工业与民用建筑工程。

利用煤矸石工业废渣烧砖，不仅可以减少环境污染，而且节约了黏土和燃煤，是变废为宝的有效途径。

④ 结粉煤灰砖（fired fly ash brick）　烧结粉煤灰砖指以火力发电厂排出的粉煤灰为主要原料，再掺入适量黏土，经配料、成型、干燥、焙烧而成。坯体干燥性好，与烧结普通黏土砖相比吸水率偏大（约为 20%），但能满足抗冻性要求，能经受 15 次冻融循环而不破坏。这种砖呈淡红或深红色，抗压强度一般为 $10\sim15MPa$，抗折强度为 $3\sim4MPa$，体积密度为 $1480kg/m^3$。烧结粉煤灰砖可代替烧结普通黏土砖，用于建筑工程中。

（2）烧结普通砖的技术性能指标

国家标准《烧结普通砖》（GB 5101—2003）中对烧结普通砖的尺寸偏差、外观质量、强度等级和抗风化性质等主要技术性能指标均作了具体规定。强度、抗风化性能和放射性物质合格的砖，根据尺寸偏差、外观质量、泛霜和石灰爆裂分为优等品（A）、一等品（B）和合格品（C）三个产品等级。

① 尺寸偏差与外观质量要求 烧结普通砖的公称尺寸为 240mm×115mm×53mm；若加上砌筑灰缝厚约 10mm，则 4 块砖长、8 块砖宽和 16 块砖厚约 1m，因此，每立方米砖砌体需砖 4×8×16＝512 块。砖的尺寸允许有一定偏差，见表 7-1。

砖的外观质量包括两条面高度差、弯曲程度、缺棱掉角、裂缝等，要求见表 7-2。

② 强度等级 烧结普通砖根据 10 块砖样的抗压强度平均值和强度标准值，分为 MU30、MU25、MU20、MU15、MU10 五个强度等级，见表 7-3。

表 7-1 烧结普通砖尺寸允许偏差 单位：mm

公称尺寸	优等品		一等品		合格品	
	样品平均偏差	样品平均级差，≤	样品平均偏差	样品平均级差，≤	样品平均偏差	样品平均级差，≤
240	±2.0	6	2.5	7	±3.0	8
115	±1.5	5	2.0	6	±2.5	7
53	±1.5	4	1.6	5	±2.0	6

表 7-2 烧结普通砖外观质量要求 单位：mm

项 目		优等品	一等品	合格品
两条面高度差，≤		2	3	4
弯曲，≤		2	3	4
杂质凸出高度，≤		2	3	4
缺棱掉角的三个破坏尺寸，不得同时大于		5	20	30
裂缝长度，≤	大面上宽度方向及其延伸到条面的长度	30	60	80
	大面上长度方向及其延伸到顶面的长度或条、顶面上水平裂缝的长度	50	80	100
完整面，不得少于		二条面和二顶面	一条面和一顶面	—
颜色		基本一致	—	—

注：1. 为装饰面施加的色差、凹凸纹、拉毛、压花等不算作缺陷。

2. 凡有下列缺陷之一者，不得称为完整面：

① 缺损在条面或顶面上造成的破坏面尺寸同时大于 10mm×10mm；

② 条面或顶面上裂纹宽度大于 1mm，其长度超过 30mm；

③ 压陷、粘底、焦花在条面或顶面上的凹陷或凸出超过 2mm，区域尺寸同时大于 10mm×10mm。

表 7-3 烧结普通砖强度等级划分规定

强度等级	抗压强度/MPa		
	抗压强度平均值（$\overline{f}$），≥	变异系数 $\delta \leq 0.21$	变异系数 $\delta > 0.21$
		抗压强度标准值 f_k，≥	单块最小抗压强度值 f_{min}，≥
MU30	30.0	22.0	25.0
MU25	25.0	18.0	22.0
MU20	20.0	14.0	16.0
MU15	15.0	10.0	12.0
MU10	10.0	6.5	7.5

烧结普通砖的抗压强度标准值按下式计算：$f_k = \overline{f} - 1.8S$

$$S = \sqrt{\frac{1}{9} \sum_{x=1}^{10} (f_x - \overline{f})^2}$$

式中　f_k——烧结普通砖抗压强度标准值，MPa；

　　　$\overline{f}$——10 块砖样的抗压强度算数平均值，MPa；

　　　S——10 块砖样的抗压强度标准差，MPa；

　　　f_x——单块砖样的抗压强度测定值，MPa。

强度变异系数（δ）按下式计算：

$$\delta = \frac{S}{\overline{f}}$$

③ 抗风化性能　砖的抗风化性能（weather resistance）与砖的使用寿命密切相关，抗风化性能好的砖其使用寿命长，砖的抗风化性能除与砖本身性质有关外，还与所处的环境风化指数有关。

国家标准《烧结普通砖》（GB 5101—2003）中规定，严重风化区中的东北三省以及内蒙古、新疆等地区用砖应做冻融试验，其他地区用砖可用沸煮吸水率与饱和系数指标表示其抗风化性能。烧结普通砖抗风化性指标见表 7-4。

表 7-4　烧结普通砖抗风化性指标

项目　砖种类	严重风化区				非严重风化区			
	5h沸煮吸水率/％，≤		饱和系数，≤		5h沸煮吸水率/％，≤		饱和系数，≤	
	平均值	单块最大值	平均值	单块最大值	平均值	单块最大值	平均值	单块最大值
黏土砖	18	20	0.85	0.87	19	20	0.88	0.90
粉煤灰砖	21	23			23	25		
页岩砖	16	18	0.74	0.77	18	20	0.78	0.80
煤矸石砖	16	18			18	20		

注：粉煤灰掺入量（体积比）小于 30％时，按黏土砖规定判定。

④ 泛霜　泛霜（effloresce）系砖的原料中含有的可溶性盐类，在砖使用过程中，随水分蒸发在砖表面产生盐析，常为白色粉末，严重者会导致粉化剥落。优等品砖应无泛霜，一等品砖不允许出现中等泛霜，合格品砖不得严重泛霜。

⑤ 石灰爆裂　石灰爆裂（1ime imploding）指砖内存在生石灰时，待砖砌筑后，生石灰吸水消解体积膨胀而使砖开裂的现象。优等品、一等品、合格品砖的石灰爆裂区域、每组砖样中爆裂点数均有规定。

⑥ 酥砖和螺旋纹砖　酥砖指砖坯被雨水淋、受潮、受冻或在焙烧过程中受热不均等原因，从而产生大量的网状裂纹的砖，这种现象会使砖的强度和抗冻性严重降低。螺旋纹砖指从挤泥机挤出的砖坯上存在螺旋纹的砖。它在烧结时不易消除，导致砖受力时易产生应力集中，使砖的强度下降。

产品中不允许有欠火砖、酥砖和螺旋纹砖。

（3）烧结普通砖的应用

烧结普通砖具有一定的强度，较好的耐久性，可用于砌筑承重或非承重的内外墙、柱、拱、沟道及基础等。优等品砖可用于清水墙建筑，合格品砖可用于混水墙建筑。中等泛霜的砖不能用于潮湿部位。

2. 烧结多孔砖（fired perforated bricks）

　　烧结多孔砖是以黏土、页岩、煤矸石等为主要原料，经焙烧而成。生产过程与普通烧结砖基本相同，但塑性要求较高。

　　烧结多孔砖为大面有孔的直角六面体，孔多而小，孔洞垂直于受压面。砖的形状如图7-1所示，圆孔直径≤22mm，非圆孔内切圆直径≤15mm，手抓孔为（30～40）mm×（75～85）mm。长、宽、高尺寸应符合下列要求：290mm、240mm、190mm、180mm；175mm、140mm、115mm、90mm。其他规格尺寸由供需双方协商确定。

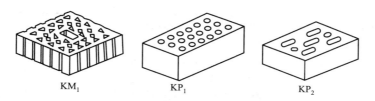

图 7-1　烧结多孔砖

　　我国多孔砖又分为 P 型砖和 M 型砖。P 型砖的外形尺寸为 240mm×115mm×90mm；M 型砖的外形尺寸为 190mm×190mm×90mm。

　　按国家标准《烧结多孔砖》（GB 13544—2011）的规定，根据砖的抗压强度平均值和标准值或单块最小抗压强度值，分为 MU30、MU25、MU20、MU15、MU10 五个强度等级（见表7-5）。强度、抗风化性能合格的砖，根据尺寸偏差、外观质量、孔型及孔洞排列、泛霜、石灰爆裂、吸水率分为优等品（A）、一等品（B）和合格品（C）三个产品等级。尺寸允许偏差、外观质量、抗风化性能要求见表7-6、表7-7及表7-8。烧结多孔砖的泛霜及石灰爆裂要求同烧结普通砖，也不允许有欠火砖、酥砖和螺旋纹砖。

表 7-5　烧结多孔砖的强度等级

强度等级	抗压强度/MPa		
	抗压强度平均值($\bar{f}$)，≥	变异系数 $\delta \leqslant 0.21$ 抗压强度标准值 f_k，≥	变异系数 $\delta > 0.21$ 单块最小抗压强度值 f_{min}，≥
MU30	30.0	22.0	25.0
MU25	25.0	18.0	22.0
MU20	20.0	14.0	16.0
MU15	15.0	10.0	12.0
MU10	10.0	6.5	7.5

表 7-6　烧结多孔砖的尺寸允许偏差　　　　单位：mm

尺寸	优等品		一等品		合格品	
	样本平均偏差	样本极差，≤	样本平均偏差	样本极差，≤	样本平均偏差	样本极差，≤
290、240	±2.0	6	±2.5	7	±3.0	8
190、180、175、140、115	±1.5	5	±2.0	6	±2.5	7
90	±1.5	4	±1.7	5	±2.0	6

表 7-7　烧结多孔砖的外观质量要求　　　　单位：mm

项　目	优等品	一等品	合格品
颜色（一条面和一顶面）	一致	基本一致	—
完整面，不得少于	一条面和一顶面	一条面和一顶面	—
缺棱掉角的三个破坏尺寸不得同时大于	15	20	30

续表

项　　目		优等品	一等品	合格品
裂纹长度≤	大面上深入孔壁15mm以上宽度方向及其延伸到条面的长度	60	80	100
	大面上深入孔壁15mm以上长度方向及其延伸到顶面的长度	60	100	120
	条顶面上的水平裂纹	80	100	120
杂质在砖面上造成的凸出高度,≤		3	4	5

注:1. 为装饰面施加的色差、凹凸纹、拉毛、压花等不算作缺陷。

2. 凡有下列缺陷之一者,不得称为完整面:

(1) 缺损在条面或顶面上造成的破坏面尺寸同时大于20mm×30mm;

(2) 条面或顶面上裂纹宽度大于1mm,其长度超过70mm;

(3) 压陷、粘底、焦花在条面上的凹陷或凸出超过2mm,区域尺寸同时大于20mm×30mm。

表7-8　烧结多孔砖的抗风化性能指标

项目　　砖种类	严重风化区				非严重风化区			
	5h沸煮吸水率/%,≤		饱和系数,≤		5h沸煮吸水率/%,≤		饱和系数,≤	
	平均值	单块最大值	平均值	单块最大值	平均值	单块最大值	平均值	单块最大值
黏土砖	21	23	0.85	0.87	23	25	0.88	0.90
粉煤灰砖	23	25			30	32		
页岩砖	16	18	0.74	0.77	18	20	0.78	0.80
煤矸石砖	19	21			21	23		

注:粉煤灰掺入(体积比)小于30%时,按黏土砖规定判定。

　　烧结多孔砖孔洞率在25%以上,表观密度为1200kg/m³左右。虽然多孔砖具有一定的孔洞率,使砖受压时有效受压面积减小,但因制坯时受较大的压力,使砖孔壁致密程度提高,且对原材料要求也较高,这就补偿了因有效面积减少而造成的强度损失,故烧结多孔砖的强度仍较高,常被用于砌筑六层以下的承重墙。

　　3. 烧结空心砖(fired hollow bricks)

　　烧结空心砖是以黏土、页岩、煤矸石、粉煤灰等为主要原料,经焙烧而成。烧结空心砖为顶面有孔洞的直角六面体,孔大而少,孔洞为矩形条孔或其他孔形,平行于大面和条面,如图7-2所示。

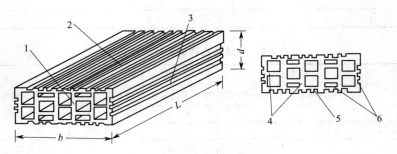

图7-2　烧结空心砖

1—顶面;2—大面;3—条面;4—肋;5—凹线槽;6—外壁

L—长度;b—宽度;d—高度

　　根据国家标准《烧结空心砖和空心砌块》(GB 13545—2003)规定,砖的长、宽、高尺寸有390mm、290mm、240mm、190mm、180mm、175mm、140mm、115mm、90mm(也

可由供需双方商定）。

　　按砖的体积密度分成 800、900、1000、1100 四个体积密度级别（见表 7-9）；根据抗压强度分为 MU10.0、MU7.5、MU5.0、MU3.5、MU2.5 五个强度等级（见表 7-10）。强度、密度、抗风化性能和放射性物质合格的砖和砌块根据尺寸偏差、外观质量、孔洞排列及其结构、泛霜、石灰爆裂、吸水率分为优等品（A）、一等品（B）和合格品（C）三个质量等级。对于黏土、页岩、煤矸石空心砖和空心砌块优等品的砖吸水率要求不大于 16%，一等品的砖吸水率不大于 18%，合格品的砖吸水率不大于 20%。烧结多孔砖的泛霜及石灰爆裂要求同烧结普通砖，不允许有欠火砖和酥砖。

表 7-9　烧结空心砖和空心砌块的密度等级

密度等级	5块密度平均值/(kg/m³)	密度等级	5块密度平均值/(kg/m³)
800	≤800	1000	901～1000
900	801～900	1100	1001～1100

表 7-10　烧结空心砖和空心砌块的强度等级

强度等级	抗压强度/MPa			密度等级范围/(kg/m³)
	抗压强度平均值（$\bar{f}$），≥	变异系数 $\delta \leq 0.21$ 抗压强度标准值 f_k，≥	变异系数 $\delta > 0.21$ 单块最小抗压强度值 f_{min}，≥	
MU10.0	10.0	7.0	8.0	
MU7.5	7.5	5.0	5.8	
MU5.0	5.0	3.5	4.0	≤1100
MU3.5	3.5	2.5	2.8	
MU2.5	2.5	1.6	1.8	≤800

　　烧结空心砖，孔洞率一般在 40% 以上，体积密度在 800～1100kg/m³ 之间，自重较轻，强度不高，因而多用作非承重墙，如多层建筑内隔墙或框架结构的填充墙等。

　　目前我国的烧结多孔砖与空心砖主要为烧结黏土多孔砖和烧结黏土空心砖，习惯上将这两类砖统称为空心黏土砖。

　　据有关测算，由生产烧结黏土砖改为烧结空心黏土砖，仅在生产环节上，可节约黏土原材料用量 15%～60%，；节省煤炭等烧砖燃料 30%～50%。通过对孔洞结构和大小的合理设计，空心砖除能满足建筑设计所要求的足够强度外，其热导率可低于 0.29W/(m·K)，与加气混凝土接近，故空心砖砌体具有良好的保温性能。实践表明，240mm 的双面粉刷空心砖墙，隔声指数为 47～51dB，足以满足分户墙的隔声要求。空心砖透气性好，平衡水分低，

图 7-3　烧结多孔砖、烧结空心砖在墙体砌筑中的应用

有利于调节室内湿度，使居室环境更为舒适。并且由于其良好的绝热隔声性能，可使墙体厚度减少，使有效使用面积增加，其多孔结构可使建筑物自重减轻 10%～20%，从而可节省建筑的结构材料消耗，降低基础造价，使建筑物的抗震性能提高。

　　由于可以节土省地，节省烧砖能耗，并且墙体保温隔热性能较好，故烧结多孔砖和空心砖得到越来越广泛的应用，见图 7-3，发展高强多孔砖、空心砖是墙体材料改革的方向。

二、蒸养（压）砖

蒸养（压）砖以石灰和含硅材料（砂、粉煤灰、煤矸石、炉渣和页岩等）加水拌和，经压制成型、蒸汽养护或蒸压养护而成，主要品种有灰砂砖、粉煤灰砖和煤渣砖。

1. 灰砂砖（又称蒸压灰砂砖，autoclaved lime—sand brick）

图 7-4 蒸压灰砂砖

灰砂砖是由磨细生石灰或消石灰粉、天然砂和水按一定配比，经搅拌混合、陈伏、加压成型，再经蒸压（一般温度为175～203℃、压力为 0.8～1.6MPa 的饱和蒸汽）养护而成的，见图 7-4。

实心灰砂砖的规格尺寸与烧结普通砖相同，其体积密度为1800～1900kg/m³，热导率约为 0.61W/(m·K)。国家标准《蒸压灰砂砖》（GB 11945—1999）规定，按砖的尺寸偏差、外观质量、强度及抗冻性分为优等品、一等品和合格品。按砖浸水 24h 后的抗压强度和抗折强度分为 MU25、MU20、MU15、MU10 四个等级（见表7-11）。MU25、MU20、MU15 的砖可用于基础及其他建筑；MU10 的砖仅可用于防潮层以上的建筑。

表 7-11 蒸压灰砂砖的性能指标

强度等级（标号）	抗压强度/MPa		抗折强度/MPa		抗冻性	
	平均值，不小于	单块值，不小于	平均值，不小于	单块值，不小于	抗压强度平均值/MPa 不小于	单块砖的干质量损失/%，不大于
MU25	25.0	20.0	5.0	4.0	20.0	2.0
MU20	20.0	16.0	4.0	3.2	16.0	2.0
MU15	15.0	12.0	3.3	2.6	12.0	2.0
MU10	10.0	8.0	2.5	2.0	8.0	2.0

灰砂砖应避免用于长期受热高于 200℃、受急冷急热交替作用或有酸性介质侵蚀的建筑部位。此外，砖中的氢氧化钙等组分会被流水冲失，所以灰砂砖不能用于有流水冲刷的地方。

灰砂砖的表面光滑，与砂浆粘接力差，砌筑时灰砂砖的含水率会影响砖与砂浆的粘接力，所以，应使砖含水率控制在 5%～8%。在干燥天气，灰砂砖应在砌筑前 1～2 天浇水。砌筑砂浆宜用混合砂浆，不宜用微沫砂浆。

2. 粉煤灰砖（fly ash brick）

粉煤灰砖是以粉煤灰、石灰为主要原料，掺加适量石膏和集料经坯料制备、压制成型、常压或高压蒸汽养护而成。

粉煤灰砖的规格尺寸与烧结普通砖相同。按建材行业标准《粉煤灰砖》（JC 239—2001）的规定，根据砖的抗压强度和抗折强度分为 MU30、MU125、MU20、MU15、MU10 五个强度等级（见表7-12）。根据砖的尺寸偏差、外观质量、强度等级、干燥收缩分为优等品（A）、一等品（B）、合格品（C）。优等品的强度等级应不低于 MU15 级，优等品和一等品的干燥收缩值不大于 0.65mm/m。

粉煤灰砖是深灰色，体积密度为 1550kg/m³ 左右。粉煤灰砖可用于工业与民用建筑的墙体和基础，使用于基础或易受冻融和干湿交替作用的建筑部位必须使用 MU15 及以上强度等级的砖。粉煤灰砖不得用于长期受热（20℃以上），受急冷、急热和有酸性介质侵蚀的建筑部位。用粉煤灰砖砌筑的建筑物，应适当增设圈梁及伸缩缝，或采取其他措施，以避免或减少收缩裂缝的产生。

表 7-12 粉煤灰砖的性能指标

强度等级	抗压强度/MPa		抗折强度/MPa		抗冻性	
	10 块平均值，不小于	单块值，不小于	10 块平均值，不小于	单块值，不小于	抗压强度平均值/MPa，不小于	单块砖的干质量损失/%，不大于
MU30	30.0	24.0	6.2	5.0	24.0	2.0
MU25	25.0	20.0	5.0	4.0	20.0	2.0
MU20	20.0	16.0	4.0	3.2	16.0	2.0
MU15	15.0	12.0	3.3	2.6	12.0	2.0
MU10	10.0	8.0	2.5	2.0	8.0	2.0

注：强度等级以蒸汽养护后 1 天的强度为准。

3. 炉渣砖（cinder brick）

炉渣砖（旧称煤渣砖）是以煤燃烧后的残渣为主要原料，加入适量石灰、石膏（或电石渣、粉煤灰）和水搅拌均匀，并经陈伏、轮碾、成型、蒸汽养护而成。

炉渣砖呈黑灰色，体积密度一般为 1500～1800kg/m³，吸水率为 6%～18%。按建材行业标准《炉渣砖》（JC/T 525—2007）规定，炉渣砖按抗压强度分为 MU25、MU20、MU15 三个强度等级（见表 7-13）。

表 7-13 炉渣砖的强度指标 单位：MPa

强度等级	抗压强度平均值 $\bar{f}$, ≥	变异系数 $\delta \leqslant 0.21$	变异系数 $\delta \geqslant 0.21$
		强度标准值 f_k, ≥	单块最小抗压强度 f_{min}, ≥
MU25	25.0	19.0	20.0
MU20	20.0	14.0	16.0
MU15	15.0	10.0	12.0

注：强度等级以蒸汽养护后 24～36h 的强度为准。

炉渣砖主要用于一般建筑物的墙体和基础部位。其他使用要点与灰砂砖、粉煤灰砖相似。炉渣砖不得用于长期受热（200℃以上）、受急冷、急热和有酸性介质侵蚀的建筑部位。由于蒸养炉渣砖的初期吸水速率较慢，故与砂浆的粘接性能差，在施工时应根据气候条件和砖的不同湿度，及时调整砂浆的稠度。对经常受干湿交替及冻融作用的建筑部位（如勒脚、窗台、落水管等），最好使用高强度的炉渣砖，或采取用水泥砂浆抹面等措施。防潮层以下的建筑部位，应采用 MU15 级以上的炉渣砖；MU10 级的炉渣砖最好用在防潮层以上。

第二节 墙 用 砌 块

砌块是用于砌筑的人造块材，外形多为直角六面体，也有各种异形的。砌块系列中主规格的长度、宽度或高度有一项或一项以上分别大于 365mm、240mm 或 115mm。砌块不仅尺寸大，制作工艺简单，施工效率高，可改善墙体的热工性能，而且其生产所采用的原材料可以是炉渣、粉煤灰、煤矸石等，从而充分地利用地方材料和工业废料，因此砌块应用广泛，是目前常用的墙体材料。

　　根据主规格尺寸，砌块分为小型砌块、中型砌块和大型砌块。其中，系列中主规格的高度大于 115mm 而又小于 380mm 的砌块为小型砌块，也简称为小砌块；系列中主规格的高度为 380～980mm 的砌块为中型砌块，可简称为中砌块；系列中主规格的高度大于 980mm 的砌块为大型砌块，可简称为大砌块。目前，我国以中小型砌块使用较多。

　　砌块按其空心率大小分为空心砌块和实心砌块两种。实心砌块空心率小于 25％ 或无孔洞，空心砌块空心率等于或大于 25％。

　　砌块按其所用主要原料及生产工艺分为水泥混凝土砌块、粉煤灰硅酸盐砌块、石膏砌块、烧结砌块等。

一、普通混凝土小型空心砌块（normal concrete small hollow block）

　　普通混凝土小型空心砌块是由水泥、砂、石加水搅拌，经装模、振动（或加压振动或冲压）成型，并经养护而成，其空心率不小于 25％。

　　混凝土小型空心砌块的主体规格尺寸为 390mm×190mm×190mm，最小壁厚应不小于 30mm，最小肋厚应不小于 25mm（见图 7-5、图 7-6）。

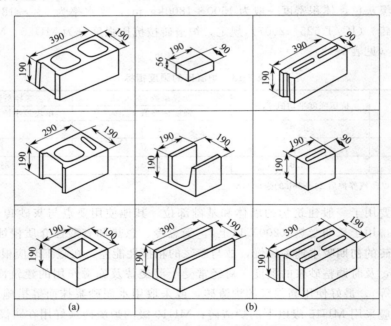

图 7-5　混凝土小型空心砌块的形状

（a）主规格砌块；（b）辅助规格砌块

图 7-6　混凝土小型空心砌块

混凝土小型空心砌块分为承重砌块和非承重砌块两类。根据《普通混凝土小型空心砌块》现行规范的规定，按其尺寸偏差、外观质量分为优等品（A）、一等品（B）及合格品（C）三个产品等级。按砌块的抗压强度分为 MU20.0、MU15.0、MU10.0、MU7.5、MU5.0、MU3.5 六个等级（见表7-14）。相对含水率对于潮湿、中等、干燥地区应分别不大于45％、40％、35％。

表 7-14　混凝土小型空心砌块的抗压强度

强度等级	抗压强度/MPa		强度等级	抗压强度/MPa	
	5块平均值	单块最小值,不小于		5块平均值	单块最小值,不小于
MU3.5	3.5	2.8	MU10.0	10.0	8.0
MU5.0	5.0	4.0	MU15.0	15.0	12.0
MU7.5	7.5	6.0	MU20.0	20.0	16.0

混凝土砌块的热导率随混凝土材料及孔型和空心率的不同而有差异。普通水泥混凝土小型空心砌块，空心率为50％时，其热导率约为 0.26W/(m·K)。

混凝土小型空心砌块可用于低层和中层建筑的内墙和外墙。

这种砌块在砌筑时一般不宜浇水，但在气候特别干燥炎热时，可在砌筑前稍喷水湿润。砌筑时尽量采用主规格砌块，并应先清除砌块表面污物和砌块孔洞的底部毛边。采用反砌（即砌块底面朝上），砌块之间应对孔错缝砌筑。

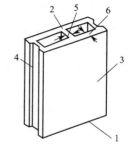

图 7-7　混凝土中型空心砌块构造示意图
1—铺浆面；2—坐浆面；3—侧面；4—端面；5—壁；6—肋

二、混凝土中型空心砌块（concrete medium hollow block）

混凝土中型空心砌块是由水泥或无熟料水泥，配以一定比例的集料制成的，其空心率大于或等于25％。

混凝土中型空心砌块的主体规格尺寸为：长度 500mm，600mm，800mm，1000mm；宽度 200mm，240mm；高度 400mm，450mm，800mm，900mm。其壁、肋厚度不应小于30mm（见图7-7）。

按抗压强度砌块分为 15.0、10.0、7.5、5.0、3.5 五个等级，其物理性能、外观尺寸偏差、缺棱掉角、裂缝均不应超过规定范围。

混凝土中型空心砌块表观密度小，强度高，施工效率高，主要用作民用及一般工业建筑的墙体。

三、轻集料混凝土小型空心砌块（lightweight aggregate concrete small hollow block）

轻集料混凝土小型空心砌块是由水泥、普通砂或轻砂、轻粗集料加水搅拌，经装模、振动（或加压振动或冲压）成型，并经养护而成。轻集料有陶粒、煤渣、煤矸石、浮石等。根据《轻集料混凝土小型空心砌石》（GB 15229—2011）的规定，轻集料混凝土小型空心砌块主规格尺寸为 390mm×190mm×190mm，根据体积密度变动范围的上限将砌块分为 700、800、900、1000、1100、1200、1300、1400 八个密度等级，10.0、7.5、5.0、3.5、2.5 五个强度等级（见表7-15）。

轻集料混凝土小型空心砌块可用于工业及民用的建筑承重和非承重墙体，特别适合于高层建筑的填充墙和内隔墙。

四、粉煤灰硅酸盐中型砌块（medium-sized fly ash silicate block）

粉煤灰硅酸盐砌块简称粉煤灰砌块。粉煤灰中型砌块是以粉煤灰、石灰、石膏和集料等为原料，经加水搅拌、振动成型、蒸汽养护而制成的密实砌块。通常采用炉渣作为砌块的集料。粉煤灰砌块原材料组成间的互相作用及蒸养后所形成的主要水化产物等与粉煤灰蒸养砖相似。

表 7-15　轻集料混凝土小型空心砌块的强度等级　　　　　　　　　　　　单位：MPa

强度等级	砌块抗压强度		密度等级范围，≤
	平均值，≥	最小值	
2.5	2.5	2.0	800
3.5	3.5	2.8	1200
5.0	5.0	4.0	1200
7.5	7.5	6.0	1400
10.0	10.0	8.0	1400

按《中型砌块砌筑工程施工工艺标准》（604—1996）要求，粉煤灰砌块主规格外形尺寸规格如下。

长度（mm）：1180、880、580、430；

高度（mm）：380；

宽度（mm）：240、200、190、180。

砌块的强度等级按其立方体试件的抗压强度分为 MU10 级和 MU15 级两个强度等级，其立方体抗压强度、碳化后强度、抗冻性能和表观密度应符合表 7-16 的规定。砌块按其外观质量、尺寸偏差和干缩性能分为一等品（B）和合格品（C）两个产品等级。粉煤灰硅酸盐砌块的热导率为 0.460～0.582W/(m·K)。

表 7-16　粉煤灰硅酸盐中型砌块性能指标

强度等级	指　　　标	
	MU10	MU15
抗压强度/MPa	3 块试件平均值不小于 10 其中一块最小值不小于 8	3 块试件平均值不小于 15 其中一块最小值不小于 12
人工碳化后强度/MPa	不小于 6	不小于 9
抗冻性	强度损失率不超过 25%，外观无明显松疏、剥落或裂纹	
密度/(kg/m³)	1500(不大于产品设计密度)	
干缩值/(mm/m)	不大于 1	

煤灰砌块可用于一般工业和民用建筑的墙体和基础。但不宜用于有酸性介质侵蚀的建筑部位，也不宜用于经常处于高温影响下的建筑物。常温施工时，砌块应提前浇水湿润；冬季施工时砌块不得浇水湿润。粉煤灰砌块的墙体内外表面宜作粉刷或其他饰面，以改善隔热、隔声性能并防止外墙渗漏，提高耐久性。

🏠 五、蒸压加气混凝土砌块（autoclaved aerated concrete block）

蒸压加气混凝土砌块是以钙质材料和硅质材料以及加气剂、少量调节剂，经配料、搅拌、浇筑成型、切割和蒸压养护而成的多孔轻质块体材料。原料中的钙质材料和硅质材料可分别采用石灰、水泥、矿渣、粉煤灰和砂等。根据所采用的主要原料不同，蒸发加气混凝土砌块也相应有水泥-矿渣-砂；水泥-石灰-砂；水泥-石灰-粉煤灰三种，蒸压加气混凝土砌块见

图 7-8 蒸压加气混凝土砌块

图 7-8。

按《蒸压加气混凝土砌块》（GB/T 11968—2006）的规定，砌块的规格尺寸（见表 7-17）。砌块按尺寸偏差与外观质量、干密度、抗压强度和抗冻性分为优等品（A）和合格品（B）两个等级。

按砌块抗压强度分 A1.0、A2.0、A2.5、A3.5、A5.0、A7.5、A10 七个强度等级（见表 7-18）。按体积密度分 B03、B04、B05、B06、B07、B08 六个级别（见表 7-19）。

表 7-17　蒸压加气混凝土砌块的规格尺寸　　　　　　单位：mm

长度(L)	宽度 B									高度 H			
600	100	120	125	150	180	200	240	250	300	200	240	250	300

注：如需要其他规格，可由供需双方协商解决。

表 7-18　蒸压加气混凝土砌块的抗压强度

强度等级	立方体抗压强度/MPa		强度等级	立方体抗压强度/MPa	
	平均值，不小于	单块最小值，不小于		平均值，不小于	单块最小值，不小于
A1.0	1.0	0.8	A5.0	5.0	4.0
A2.0	2.0	1.6	A7.5	7.5	6.0
A2.5	2.5	2.0	A10.0	10.0	8.0
A3.5	3.5	2.8			

表 7-19　蒸压加气混凝土砌块的干体积密度　　　　　　单位：kg/m³

干密度级别		B03	B04	B05	B06	B07	B08
干密度	优等品（A），≤	300	400	500	600	700	800
	合格品（B），≤	325	425	525	625	725	825

砌块具有轻质、保温隔热、隔声、耐火、可加工性能好等特点。蒸压加气混凝土砌块的表观密度小，一般仅为黏土砖的 1/3，作为墙体材料，可使建筑物自重减轻 2/5～1/2，从而降低造价；其热导率为 0.14～0.28W/(m·K)，仅为黏土砖热导率的 1/5，普通混凝土的 1/9，用作墙体可降低建筑物的采暖、制冷等使用能耗。

蒸压加气混凝土砌块可用于一般建筑物的墙体，可作多层建筑的承重墙和非承重外墙及内隔墙，也可用于屋面保温。加气混凝土砌块不得用于建筑物基础和处于浸水、高湿和有化学侵蚀的环境（如强酸、强碱或高浓度二氧化碳）中，也不能用于承重制品表面温度高于 80℃的建筑部位。蒸压加气混凝土砌块是应用广泛的墙体材料。

六、石膏空心砌块（gypsum hollow block）

石膏空心砌块是以建筑石膏为主要原料，经加水搅拌、浇筑成型和干燥而制成的。在生产中根据性能要求可加入轻集料、纤维增强材料、发泡剂等辅助材料。有时也可用部分高强石膏代替建筑石膏。

按《石膏砌块》(JC/T 698—2011)的规定，石膏空心砌块现有规格为：666mm×500mm×

（60、80、90、100、110、120）mm。结构示意图见图7-9，孔洞率不小于43%，其实物见图7-10。其性能指标见表7-20。

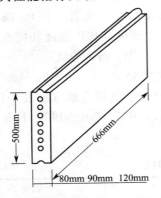

图 7-9　石膏空心砌块结构示意图

图 7-10　石膏空心砌块实物图

表 7-20　石膏砌块的规格、尺寸偏差、外观质量及其他性能要求

项　目		指　标
规格与尺寸 误差/mm	长度 666	±3
	宽度 500	±2
	厚度 60、80、90、100、110、120	±1.5
平整度/mm，不大于		1.0
断裂荷载/kN，不小于		1.5
防潮砌块软化系数，不低于		0.6
外观质量	缺角	同一砌块不得多于1处，缺角尺寸应小于30mm×30mm
	板面断裂	非贯穿裂纹不得多于1条，裂纹长度小于30mm，宽度小于1mm
	油污	不允许
	气孔	直径5~10mm，不多于2处；>10mm，不允许

石膏空心砌块重量轻、吸声、绝热，具有一定的耐火性，并可钉可锯，适用于高层建筑、框架轻板结构、室内分隔等。

第三节　墙用板材

与砖和砌块相比，墙用板材的明显优势是便于工业化生产，自重轻、安装快、施工效率高，同时可提高建筑物的抗震性能，增加建筑物的使用面积，节省生产和使用能耗，是近几十年发展起来的一种很有前途的墙体材料。墙用板材品种很多，大体上可分为以下三类。

1. 薄板材

这类墙用板材主要以薄板和龙骨组成墙体。通常以墙体轻钢龙骨或石膏龙骨为骨架，以矿棉、岩棉、玻璃棉、泡沫塑料等作为保温、吸声填充层，外覆以新型薄板。目前，薄板品种很多，用量最大的是纸面石膏板，其次有各种石棉水泥板、纤维增强硅酸钙板等。此外，水泥木屑板、水泥刨花板、稻壳板、蔗渣板、竹篾胶合板等也可作为墙用薄板。这类墙体的最大特点是重量轻、高强度、应用形式灵活、施工方便。

2. 墙用条板

墙用条板主要有加气混凝土条板及轻质空心隔墙板，如增强石膏空心条板、菱镁圆孔隔墙板等。由于条板尺寸比砌块大，甚至还可拼装成大板，故施工简便、迅速，是目前我国常用的一种墙用板材。

3. 新型复合墙板

目前我国已用于建筑的复合墙体材料主要有钢丝网泡沫塑料墙板（又称泰柏板）、混凝土岩棉复合板、超轻隔热夹心板等。复合墙板具有较好的保温、隔热、防水、隔声和承重等多种功能。

一、石膏板（plasterboard）

石膏板在我国轻质墙板的使用中占有很大比重，石膏板有纸面石膏板、无面纸纤维石膏板、石膏空心条板、装饰石膏板等多种。

1. 纸面石膏板

纸面石膏板有普通纸面石膏板（P）、耐水纸面石膏板（S）和耐火纸面石膏板（H）三种。

普通纸面石膏板是以建筑石膏为主要原料，加入适量纤维类增强材料以及少量外加剂，经加水搅拌成料浆，浇注在行进中的纸面上，成型后再覆以上层面纸，再经固化、切割、烘干、切边而成。普通纸面石膏板所用的纤维类增强材料有玻璃纤维、纸浆等。外加剂一般起增粘、增稠及调凝作用，可选用聚乙烯醇、纤维素等，起发泡作用则可选用磺化醚等。所用的护面纸必须有一定强度，且与石膏芯板能粘接牢固。若在板芯配料中加入防水、防潮外加剂，并用耐水护面纸，即可制成耐水纸面石膏板；若在配料中加入适量轻集料、无机耐火纤维增强材料构成耐火芯材，即成耐火纸面石膏板。

纸面石膏板规格如下。

长度：1800mm，2100mm，2400mm，2700mm，3000mm，3300mm，3600mm；

宽度：900mm，1200mm；

厚度：9.5mm，12mm，15mm，18mm，21mm，25mm。

按《纸面石膏板》（GB/T 9775—2008）的规定，纸面石膏板的性能指标应满足表 7-21 的要求。

表 7-21　纸面石膏板的性能指标

板材厚度 /mm	单位面积质量 /(kg/m³)	断裂荷载/N,不低于		吸水率	表面吸水量	遇火稳定性
		纵向	横向			
9.5	9.5	360	140	不大于 10.0%（仅适用于耐水纸面石膏板）	不大于 160g/m²（仅适用于耐水纸面石膏板）	不小于 20min（仅适用于耐水纸面石膏板）
12.0	12.0	500	180			
15.0	15.0	650	220			
18.0	18.0	800	270			
21.0	21.0	950	320			
25.0	25.0	1100	370			

纸面石膏板与其他石膏制品一样具有重量轻（表观密度为 800～1000kg/m³）、表面平整、易加工装配、施工简便等特点。此外，还具有调湿、隔声（12mm 厚的板，隔声量为 28dB，若与矿棉等组成复合板，隔声量可达 48dB）、隔热［热导率低，一般为 0.19～0.209W/（m·

K)]、防火等多种功能。

普通纸面石膏板可用于一般工程的内隔墙、墙体复面板、天花板和预制石膏板复合隔墙板。在厨房、厕所以及空气相对湿度经常大于 70% 的潮湿环境中使用时，必须采取相应的防潮措施。

耐水纸面石膏板可用于相对湿度大于 75% 的浴室、厕所、盥洗室等潮湿环境下的吊顶和隔墙，如表面再做防水处理，效果更好。

耐火纸面石膏板主要用于对防火有较高要求的房屋建筑中。

纸面石膏板可与石膏龙骨或轻钢龙骨共同组成隔墙。这类墙体可大幅度减少建筑物自重，增加建筑的使用面积，提高建筑物中房间布局的灵活性，提高抗震性，缩短施工周期等。

2. 纤维石膏板

纤维石膏板是以石膏为主要原料，以木质刨花、玻璃纤维或纸筋等为增强材料，经铺浆、脱水、成型、烘干等加工而成。按板材结构分，有单层纤维石膏板（又称均质板）和三层纤维石膏板；按用途分为复合板、轻质板（体积密度为 $450 \sim 700 kg/m^3$）和结构板（体积密度为 $1100 \sim 1200 kg/m^3$）等不同类型。规格尺寸：长度为 $1200 \sim 3000 mm$；宽度为 $600 \sim 1220 mm$；厚度为 10mm、12mm。热导率为 $0.18 \sim 0.19 W/(m \cdot K)$，隔声指数为 $36 \sim 40 dB$。

与纸面石膏板相比，纤维石膏板具有以下优点：纤维石膏板强度高；易于安装，板体密实，不易损坏，可开槽、可锯、可钉性好；螺钉拔出力强；密度高，隔声较好；无纸面，耐火性能好，表面不会燃烧；充分利用废纸资源。纤维石膏板也存在表观密度较大，板上划线较难，表面不够光滑，价格较高，投资较大等不足。

纤维石膏板一般用于非承重内隔墙、天棚吊顶、内墙贴面等。

3. 石膏空心条板

石膏空心条板是以石膏或化学石膏为主要材料，加入少量增强纤维，并以水泥、石灰、粉煤灰等为辅胶结料，经浇筑成型、脱水烘干制成。石膏空心板的特点为表面平整光滑、洁白，板面不用抹灰，只在板与板之间用石膏浆抹平，并可在其上喷刷或粘贴各种饰面材料，而且防滑性能好，质量轻，可切割、锯、钉，空心部位还可预埋电线和管件，安装墙体时可以不用龙骨，施工简单。

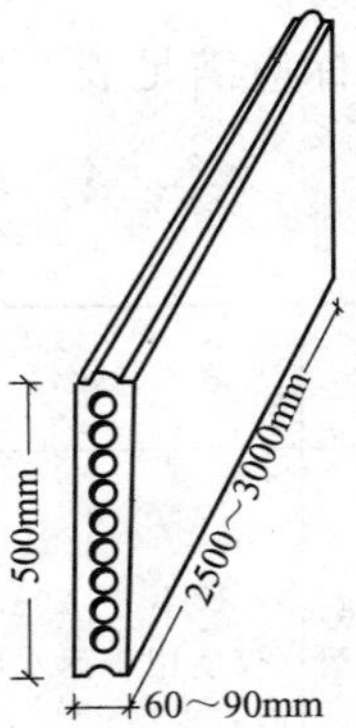

图 7-11 石膏空心条板示意图

其规格尺寸为：长度 $2500 \sim 3000 mm$；宽度 $500 \sim 600 mm$；厚度 $60 \sim 90 mm$。一般有 7 孔或 9 孔的条形板材，如图 7-11 所示。体积密度为 $600 \sim 900 kg/m^3$，抗折强度为 $2 \sim 3 MPa$，热导率为 $0.20 W/(m \cdot K)$，隔声指数 $\geqslant 30 dB$，耐火限为 $1 \sim 2.5 h$。适用于高层建筑、框架轻板建筑及其他各类建筑的非承重内隔墙。

4. 石膏刨花板

石膏刨花板是以建筑石膏为胶结材料，木质刨花为增强材料，外加适量的缓凝剂和水，采用半干法生产工艺，在受压状态下完成石膏与木质材料的固结而制成的板材。

石膏刨花板可分为素板和表面装饰板。素板，即未经装饰的石膏刨花板，体积密度一般为 $1100 \sim 1300 kg/m^3$；规格尺寸为 $(2400 \sim 3050) mm \times 1220 mm \times (8 \sim 28) mm$。表面装饰板主要包括微薄木饰面石膏刨花板、三聚氰胺饰面石膏刨花板、PVC 薄膜饰面石膏刨花板等。

石膏刨花板轻质、高强并具有一定的保温性能，可钉、可锯，装饰加工性能好，不含挥发性刺激物，属绿色环保型新型建筑材料。其重量轻，抗冲击力强，整体性好，具有良好的抗震能力。由于石膏刨花板的上述特点，因此适于用作公用建筑与住宅建筑的隔墙、吊顶以及复合墙体基材等。用作墙体材料，适合用于纸面石膏板的配套龙骨，对石膏刨花板也同样适用。表面装饰板被广泛应用于天花板、隔墙板和内墙装修。

二、纤维水泥板（fiber reinforced cement plate）

纤维水泥板是以温石棉、短切中碱玻璃纤维或抗碱玻璃纤维为增强材料，低碱度硫铝酸盐水泥为胶结料，经制浆、抄取或流浆法成坯制坯、蒸汽养护等工序制成的。其中掺石棉纤维的称为 TK 板，不掺石棉纤维的称为 NTK 板。常见规格：长度为 1200～2800mm，宽度为 800～1200mm，厚度为 4mm、5mm 和 6mm。

纤维水泥板具有强度高（加压板抗折强度为 15MPa；抗冲击强度 $\geqslant 0.25J/cm^2$）、防火（6mm 板双面复合墙耐火极限为 47min）、防潮、不易变形和可锯、可钻、可钉、可表面装饰等优点。

纤维水泥板适用于各类建筑物，特别是高层建筑有防火、防潮要求的隔墙，也可用作吊顶板和墙裙板。体积密度不低于 1700kg/m³ 左右，吸水率不大于 20％且表面经涂覆处理的纤维水泥加压板可用作建筑物非承重外墙外侧与内侧的面板。

三、GRC 空心轻质墙板（glass fiber reinforced cement hollow lightweight wallboard）

GRC 空心轻质墙板是以低碱水泥为胶结料、抗碱玻璃纤维网格布为增强材料、膨胀珍珠岩为集料（也可用炉渣、粉煤灰等），并配以起泡剂和防水剂等，经配料、搅拌、浇筑、成型、养护而成的。

GRC 空心轻质墙板一般规格：长度为 2500～3500mm，宽度为 600mm，厚度为 60mm、70mm、80mm、90mm、120mm。板的外形与石膏空心条板相似。

GRC 空心轻质墙板具有重量轻（60mm 厚板为 35kg/m²）、强度高（抗折荷载，60mm 厚的板大于 1300N；120mm 厚的板大于 3000N）、隔热 [热导率 $\leqslant 0.2W/(m \cdot K)$]、隔声（隔声指数为 34～40dB）、不燃（耐火极限＞2h）以及加工方便等优点。

图 7-12 空心轻质墙板

GRC 空心轻质墙板主要用于工业和民用建筑的内隔墙。空心轻质墙板见图 7-12。

四、预应力混凝土空心墙板（prestressing concrete hollow wallboard）

预应力混凝土空心墙板是以高强度低松弛预应力钢绞线、早强水泥及砂、石为原料，经张拉、搅拌、挤压、养护、放张、切割而成。使用时按要求可配以泡沫聚苯乙烯保温层、外饰面层和防水层等。

预应力空心墙板规格：长度为 2100～6600mm，宽度为 500～1200mm，高度为 120mm、180mm。其外饰面层可做成彩色水刷石、剁斧石、喷砂、釉面砖等多种式样。

预应力空心墙板可用于承重或非承重外墙、内墙板、楼板、屋面板、雨罩和阳台板等。

五、钢丝网夹芯板（wire mesh-foam coreboard）

钢丝网夹芯板是以钢丝制成不同的三维空间结构以承受荷载，选用发泡聚苯乙烯或半硬质岩棉板或玻纤板为保温芯材而制成的一类轻型复合板材。如泰柏板、GY 板、舒乐合板、三维板、3D板、万力板等。板的名称不同，但板的基本结构相似。板的综合性能与钢丝直径、网格尺寸及焊接强度、横穿钢丝的焊点数量和焊接强度、夹芯板的材质、密度和厚度以及水泥砂浆的厚度等均有密切关系。

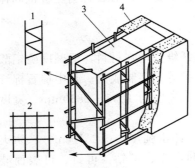

图 7-13　钢丝网聚苯乙烯夹芯板
1—钢丝桁条；2—平连接网；
3—聚苯乙烯条；4—水泥砂浆

下面以泰柏板为例。泰柏板即钢丝网聚苯乙烯夹芯板，是以钢丝桁条排列组成的，桁条之间装有断面为 50mm×57mm 的聚苯乙烯作保温隔声材料，然后将钢丝桁条和条状轻质材料压至所要求的墙板宽度，再在墙体两个表面上用钢丝横向焊接于钢丝桁条上，使墙体构成一个牢固的钢丝网笼，并用水泥砂浆抹面或喷涂，其构造见图 7-13。

钢丝网聚苯乙烯夹芯板按桁条间距分为两种，普通型间距为 50.8mm，轻型间距为 20.3mm。墙板的标准规格为 122mm×2440mm，未抹砂浆厚度为 76mm，抹砂浆后厚度为 102mm。

钢丝网聚苯乙烯夹芯板重量轻（两面抹水泥砂浆后重量约 90kg/m^3），绝热隔声性能好（热阻为 0.64m^2·K/W，隔声指数为 45dB），加工方便，施工速度快，主要用于宾馆、办公楼等的内隔墙，在一定条件下，也可以作为承重的内墙和外墙。

这类板的特点是耐久性好、施工速度较快、易于异形造型。

六、其他轻型夹芯板

轻型复合板除上述的钢丝网水泥夹芯板外，还有用各种高强度轻质薄板为外层、轻质绝热材料为芯材而组成的复合板。外层板材可用彩色镀锌钢板、铝合金板、不锈钢板、高压水泥板、木质装饰板、塑料装饰板及其他无机材料、有机材料合成的板材，轻质绝热芯材可用阻燃型发泡聚苯乙烯、发泡聚氨酯、岩棉和玻璃棉等。

此种板的最大特点是重量轻、隔热，具有良好的防潮性能和较高的抗弯、抗剪强度。并且安装灵活快捷，可多次拆装重复使用，故广泛用于厂房、仓库和净化车间、办公楼、商场等，还可用于加层、组合式活动房、室内隔断、天棚、冷库等。

本 章 小 结

1. 砌墙砖

（1）砌墙砖按孔洞率的大小分为实心砖、多孔砖和空心砖。按制造工艺分为烧结砖、蒸养（压）砖和免烧（蒸）砖。按原料分为黏土砖、页岩砖、灰砂砖、粉煤灰砖、煤矸石砖、煤渣砖等。

（2）烧结砖根据其孔洞率大小分别有烧结普通砖、烧结多孔砖和烧结空心砖三种。

2. 墙用砌块

砌块分为粉煤灰砌块、蒸压砌块、混凝土小型空心砌块、轻集料混凝土小型空心砌块。各类型砌块按抗压强度划分为若干强度等级，按尺寸偏差、外观质量分为优等品、一等品、合格品三个质量等级。

3. 墙用板材

分为水泥类墙用板材、石膏类墙用板材、植物纤维类墙用板材、复合墙板等。应对技术要求和应用有所了解。

各种墙用板材类别、尺寸规格、强度等级、密度等级、质量等级见表 7-22。

表 7-22 各种墙用板材类别、尺寸规格、强度等级、密度等级及质量等级

名 称	种 类	尺寸规格/mm	强度等级	密度等级	质量等级
烧结普通砖	烧结普通黏土砖(N) 烧结粉煤灰烧结砖(F) 煤矸石砖(M) 烧结页岩砖(Y)	240×225×53	MU30 MU25 MU20 MU15 MU10	优等品(A) 一等品(B) 合格品(C)	
烧结多孔砖	孔洞率≥25%	M:190×190×190 P:240×115×90	MU30 MU25 MU20 MU15 MU10	优等品 一等品 合格品	
烧结空心砖	孔洞率≥40%	长度:290,240,190 宽度:240,190,180, 175,140,115 高度:90	MU10.0 MU7.5 MU5.0 MU3.0 MU2.5		800 级 900 级 1000 级 1100 级
蒸养(压)砖	蒸压灰砂砖	230×115×53	MU25 MU20 MU15 MU10	优等品 一等品 合格品	
	蒸压(养)粉煤灰砖 煤渣砖		MU25 MU20 MU15 MU10		
墙用砌块	粉煤灰砌块	长:1180,880,580,430 高:380 宽:240,200,190,180	MU10 MU15		
	加气混凝土砌块	长:600 高:200,250,300 宽:100,125,150, 200,230,300 或者 120,180,240	A1.0 A2.0 A2.5 A3.0 A5.0 A7.5 A10	优等品 一等品 合格品	B03 B04 B05 B07 B08
	混凝土小型 空心砌块	390×190×190	MU3.5 MU5.0 MU7.5 MU10 MU15 MU20		
	轻集料混凝土砌块、 轻集料混凝土小型砌块		MU1.5 MU2.5 MU3.5 MU5.0 MU7.5 MU10.0		500 级 600 级 700 级 800 级 900 级 1000 级 1200 级 1400 级

续表

名　称	种　类	尺寸规格/mm	强度等级	密度等级	质量等级
墙体板材	水泥类墙用板材	可用作公共建筑及居住建筑的内隔墙和外墙,可用作单层或多层工业厂房的外墙			
	石膏类墙用板材	可作公共与民用建筑中的隔墙、吊顶、地板、防火门等,还可用来代替木材制作家具			
	植物纤维类墙用板材	用于建筑物的内隔墙外墙的内衬、门板、风景屏风、屋面板、活动房等,经表面防水或装饰处理后可用于各种环境的装饰			

思　考　题

1. 墙体材料的发展趋势如何?

2. 烧结普通砖、烧结多孔砖和烧结空心砖各自的强度等级、质量等级是如何划分的? 各自的规格尺寸是多少? 主要适用范围是什么?

3. 什么是蒸压灰砂砖、蒸压粉煤灰砖? 它们的主要用途是什么?

4. 加气混凝土砌块的规格、等级各有哪些? 用途有哪些?

5. 什么是普通混凝土小型空心砌块? 什么是轻集料混凝土小型空心砌块? 它们各有什么用途?

6. 墙用板材的种类有哪些? 各自的特点是什么?

第八章 建筑功能材料

功能材料主要起保温隔热、防水密封、采光、吸声等改进建筑物功能的作用。功能材料的出现和发展，是现代建筑有别于旧式传统建筑的特点之一。它大大改善了建筑物的功能，使之具备更加优异的技术经济效果和更适合于人们的生活要求。

第一节 防 水 材 料

防水材料（waterproof materials）是指用于满足建筑物或构筑物防漏、防渗、防潮功能的材料。依据防水材料的外观形态，防水材料可分为防水卷材、防水涂料、防水密封材料、刚性防水材料和堵漏止水材料等系列。通过学习应掌握防水材料的性能特点及应用。

建筑防水材料的分类如图 8-1 所示。

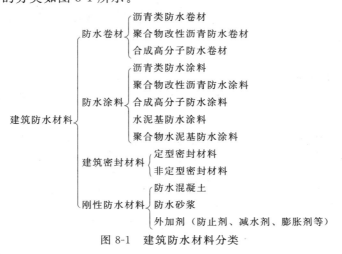

图 8-1 建筑防水材料分类

一、防水卷材

防水卷材（waterproofing roll-roofing）是以原纸、纤维毡、纤维布、金属箔、塑料膜、纺织物等材料中的一种或多种复合材料为胎基，浸涂沥青、高聚物改性沥青制成的或以合成高分子材料为基料加入助剂、填充剂，经多种工艺加工而成的长条片状、成卷供应的防水产品。防水卷材被广泛应用于屋面、地下或水中建筑物及构筑物的防水，是建筑工程中应用最多的防水材料之一。

常用的防水卷材主要包括沥青防水卷材、高聚物改性沥青防水卷材、合成高分子防水卷材三大系列，此外还有柔性聚合物水泥卷材、金属卷材等。防水卷材的分类如图 8-2 所示。

防水卷材应具有以下基本性能：在水的作用和水浸湿后基本性能不变，在水的压力下不穿透；在高温下不流淌、不起泡、不滑动，在低温下不脆裂；具有一定的机械强度和延伸性、抗断裂性；在承受建筑结构式允许范围内荷载应力和变形条件下不断裂；具有一定的柔韧性，特别是在低温下的柔韧性，以便施工；与大气作用有一定的稳定性（即抗老化性），并能抗化学介质侵蚀和微生物腐蚀。

防水卷材的施工可分为两大类：一类为热施工法，包括热玛琦脂粘接法、热熔法、热风焊接法等；另一类是冷施工法，包括冷粘接法、自粘法、机械固定法等。

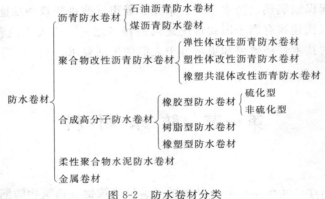

图 8-2　防水卷材分类

1. 沥青防水卷材

沥青防水卷材（asphalt waterproofing roll-roofing）俗称沥青油毡，是以原纸、纤维织物、纤维毡、塑料膜等材料为胎基，以石油沥青、煤沥青、页岩沥青或非高聚物改性沥青为基料，以滑石粉、板岩粉、碳酸钙等为填充料进行浸涂或辊压，并在其表面撒布粉状、片状、粒状矿物质材料或合成高分子薄膜、金属膜等材料制成的可卷曲的片状类防水材料。

（1）沥青防水卷材的分类

根据卷材选用的胎基材料，沥青防水卷材分为沥青纸胎防水卷材、沥青玻璃布胎防水卷材、沥青玻璃纤维毡胎防水卷材、沥青石棉布胎防水卷材、沥青麻布胎防水卷材和沥青聚乙烯胎防水卷材。

根据卷材选用的隔离材料（表面材料、撒布材料），沥青防水卷材可分为矿质材料覆面沥青防水卷材、合成高分子薄膜覆面沥青防水卷材、金属膜覆面沥青防水卷材。矿质覆面材料可用滑石粉、石灰石粉、云母屑、天然砂粒和彩色砂粒等，合成高分子薄膜覆面材料主要是聚乙烯膜，金属膜覆面材料有铝箔等。

根据沥青防水卷材的施工工艺可分为热铺沥青防水卷材、热熔沥青防水卷材、冷贴沥青防水卷材等。

根据沥青卷材的特性可分为普通沥青防水卷材和特种沥青防水卷材，特种沥青防水卷材包括耐低温沥青防水卷材、耐腐蚀沥青防水卷材、带楞防水卷材、带孔防水卷材、划线防水卷材、阻燃防水卷材等。

（2）石油沥青纸胎、玻璃纤维毡胎、铝箔面油毡防水卷材

石油沥青纸胎防水卷材包括石油沥青纸胎油纸和油毡。油纸是采用低软化点沥青浸渍原

纸而成的无涂盖层的纸胎防水卷材。油毡是采用低软化点石油沥青浸渍原纸，然后用高软化点石油沥青涂盖油纸两面，再涂盖或撒布隔离材料而成的防水卷材。

油毡和油纸均按其所用原纸每平方米质量（g/m²）划分标号。石油沥青油毡分为200、350、500三个标号，油纸分为200、350两个标号。200号油毡适用于简易防水、临时性建筑防水、建筑防潮及包装等；350号和500号粉毡适用于屋面、地下、水利等工程的多层防水；片毡用于单层防水；油纸适用于建筑防潮和物品包装，也可用于多层防水层的下层。这种卷材由于纸胎抗拉能力低，易腐烂，耐久性差，极易造成建筑物防水层渗漏，现已基本上淘汰。

石油沥青玻璃纤维毡胎防水卷材（简称玻纤胎油毡）按其油毡上表面材料分为膜面、粉面和砂面三个品种；按每10m²标称质量分为15、25、35三个标号。15号玻纤胎油毡适用于一般工业与民用建筑的多层防水，并可用于包扎管道（热管道除外）作防腐层；25号和35号玻纤胎油毡适用于屋面、地下、水利等工程的多层防水，其中35号玻纤胎油毡可采用热熔法施工作多层（或单层）防水。玻纤胎油毡尤其适用于形状复杂（如阴阳角部位等）的防水面施工。

铝箔面油毡按每10m²的标称质量分为30和40两个标号。30号铝箔面油毡适用于外露屋面多层卷材防水工程的面层。40号铝箔面油毡既适用于外露屋面的单层防水，也适用于外露屋面多层卷材防水工程的面层。

2. 聚合物改性沥青防水卷材

聚合物改性沥青防水卷材（high polymer modified asphalt waterproofing roll roofing）是以玻纤毡、聚酯毡、聚酯无纺布等为胎基，以掺量不少于10%的合成高分子聚合物改性沥青或氧化沥青为浸涂材料制成的防水卷材。聚合物改性沥青防水卷材简称改性沥青防水卷材，俗称改性沥青油毡。

石油沥青中常用的改性材料包括天然橡胶、氯丁橡胶、丁苯橡胶、丁基橡胶、乙丙橡胶、再生胶、SBS、APP、APO、APAO、IPP等高分子材料。与传统沥青防水卷材相比，高聚物改性沥青防水卷材具有高温不流淌、低温不脆裂、拉伸强度高、延伸率大、耐老化性能好、抗腐蚀性强等特点，是新型防水材料中应用最广泛的一类材料。聚合物改性沥青防水卷材根据改性材料的种类可分为弹性体聚合物改性沥青防水卷材、塑性体聚合物改性沥青防水卷材、橡塑共混体聚合物改性沥青防水卷材三大类。根据卷材有无胎体材料可分为有胎防水卷材和无胎防水卷材。

（1）SBS改性沥青防水卷材

弹性体（SBS）改性沥青防水卷材是以苯乙烯-丁二烯-苯乙烯（SBS）热塑性弹性体改性沥青做浸渍和涂盖材料，以聚酯毡或玻纤毡、玻纤增强聚酯毡为胎基，上表面覆以聚乙烯膜或细砂、矿物片（粒）料等作隔离材料所制成的可以卷曲的片状防水材料。

根据所采用的胎体材料和表面材料，SBS卷材类型及品种见表8-1。其质量满足《弹性体改性沥青防水卷材》（GB 18242—2008）质量要求，见表8-2。

表8-1　改性沥青防水卷材品种

类　型	品　种
按胎基不同分类	聚酯胎(PY)、玻纤胎(G)、玻纤增强聚酯毡(PYG)
按表面隔离材料分类	按上表面隔离材料分为聚乙烯膜(PE)、细砂(S)、矿物粒料(M) 按下表面隔离材料为细砂(S)（细砂粒径不超过0.6mm的矿物颗粒）、聚乙烯膜(PE)
按物理力学性能分类	Ⅰ型和Ⅱ型

表 8-2 弹性体改性沥青防水卷材物理力学性能表

检 测 项 目		指 标				
		I		II		
		PY	G	PY	G	PYG
可溶物含量/(g/m²),≥	3mm	2100				—
	4mm	2900				—
	5mm	3500				
	试验现象	—	胎基不燃	—	胎基不燃	—
耐热性	℃	90		105		
	mm,≤	2				
	试验现象	无流淌、滴落				
低温柔性/℃		—20		—25		
不透水性/30min		0.3MPa	0.2MPa	0.3MPa		
拉力	最大峰拉力/(N/50mm),≥	500	350	800	500	900
	次高峰拉力/(N/50mm),≥	—	—	—	—	800
	试验现象	拉伸过程中,试件中部无沥青涂盖层开裂或与胎基分裂现象				
延伸率	最大峰时延伸率/%,≥	30		40		—
	次高峰时延伸率/%,≥	—		—		15
浸水后质量增加/%,≤	PE,S	1.0				
	M	2.0				
热老化	拉力保持率/%,≥	90				
	最大峰时延伸率保持率/%,≥	80				
	低温柔性/℃	—15		—20		
		无裂缝				
	尺寸变化率/%,≤	0.7	—	0.7		0.3
	质量损失/%,≤	1.0				
渗油性/张数,≤		2				
接缝剥离强度/(N/mm),≥		1.5				
钉杆撕裂强①/N,≥		—				300
矿物粒料黏附性②/g,≤		2.0				
卷材下表面沥青涂盖层厚度③/mm,≥		1.0				
人工气候加速老化	外观	无滑动、流淌、滴落				
	拉力保持率/%,≥	80				
	低温柔性/℃	—15		—20		
		无裂缝				

① 仅适用于单层机械固定施工方式卷材。

② 仅适用于矿物粒料表面的卷材。

③ 仅适用于热熔施工的卷材。

　　该防水卷材在常温下有弹性,高温下有热塑性,低温柔性好,耐热、耐水、耐腐蚀、耐疲劳、耐老化,拉伸强度高,伸长率大,特别适宜于严寒地区使用,也可用于高温地区。可采用热熔施工,也可采用冷粘接施工。

　　(2)APP 改性沥青防水卷材

　　APP 改性沥青防水卷材,属塑性沥青防水卷材,系采用聚酯毡或玻纤毡为胎基,浸涂

APP 改性沥青，上表面撒布矿物粒、片料或覆盖聚乙烯膜，下表面撒布细砂或覆盖聚乙烯膜所制成的可卷曲片状防水材料。

按可溶物含量和物理性能分为Ⅰ型和Ⅱ型。其质量满足《塑性体改性沥青防水卷材》（GB 18243—2008）质量要求（见表 8-3）。

表 8-3　塑性体改性沥青防水卷材物理力学性能

胎　基		PY		G	
型　号		Ⅰ	Ⅱ	Ⅰ	Ⅱ
可溶物含量(g/m²)，≥	2mm	—		1300	
	3mm	2100			
	4mm	2900			
不透水性	压力/MPa，≥	0.3		0.2	0.3
	保持时间/min，≥	30			
耐热度/℃		110	130	110	130
		无滑动、流淌、滴落			
拉力/(N/50mm)，≥	纵向	450	800	350	500
	横向			250	300
最大拉力时延伸率/%，≥	纵向	25	40	—	
	横向				
低温柔度/℃		−5	−15	−5	−15
		无裂纹			
撕裂强度/N，≥	纵向	250	350	250	350
	横向			170	200
人工气候加速老化	外观	1 级			
		无滑动、流淌、滴落			
	拉力保持率/%，≥ 纵向	80			
	低温柔度/℃	3	−10	3	−10
		无裂纹			

该防水卷材具有拉伸强度高、伸长率大、老化期长、耐高低温性能好等优点，特别是耐紫外线的能力比其他改性沥青防水卷材都强。APP 防水卷材的施工可采用冷黏施工、热熔施工。该产品主要用于工业与民用建筑的屋面及地下防水工程，以及道路、桥梁等建筑的防水，尤其适用于高温或有强烈太阳辐照地区的建筑物防水。

（3）聚合物改性沥青聚乙烯胎防水卷材

聚合物改性沥青聚乙烯胎防水卷材是以高密度聚乙烯膜为胎体，以 APP、SBS 等聚合物改性沥青为涂盖材料，以聚乙烯膜或铝箔为上表面覆盖材料，采用挤压成型工艺加工制作的防水材料。该防水卷材具有良好的防水、防腐、耐化学品作用的性能，适用于工业与民用建筑的防水工程；上表面为聚乙烯膜的卷材适用于非外露防水工程；上表面为铝箔的卷材适用于外露防水工程。

（4）丁苯橡胶改性氧化沥青聚乙烯胎防水卷材（SBR modified oxygen asphalt water-proofingroll-roofing）

丁苯橡胶（SBR）改性氧化沥青聚乙烯胎防水卷材是以高密度聚乙烯膜为胎基，以丁苯橡胶和塑性树脂改性氧化沥青为涂盖材料，以聚乙烯膜或铝箔为上表面覆盖材料，采用挤压成型工艺加工而成的防水卷材。该防水卷材具有良好的耐水、耐化学及微生物腐蚀性和延展性，适用于工业和民用建筑的防水工程；上表面覆盖铝箔的防水卷材适用于外露防水工程；上表面覆盖聚乙烯膜的防水卷材适用于非外露防水工程。

其他聚合物改性沥青防水卷材还有聚合物改性沥青复合胎柔性防水卷材、自粘接聚合物改性沥青防水卷材、再生橡胶改性沥青防水卷材、铝箔塑胶改性沥青防水卷材等。

3. 合成高分子防水卷材

合成高分子防水卷材（synthetic polymeric waterproofing roll-roofing）是以合成橡胶、合成树脂或两者的共混体为基料，加入适量化学助剂和填充料等，经塑炼、压延或挤出成型、硫化、定型、包装等工序加工制成的防水卷材。合成高分子防水卷材具有拉伸强度高、断裂伸长率大、耐热性好、低温柔性好、耐腐蚀、耐老化、可冷施工等优越性，是近年发展起来的优良防水卷材。

我国目前开发的合成高分子防水卷材有橡胶系、树脂系、橡塑共混系三大系列，如图 8-3 所示。

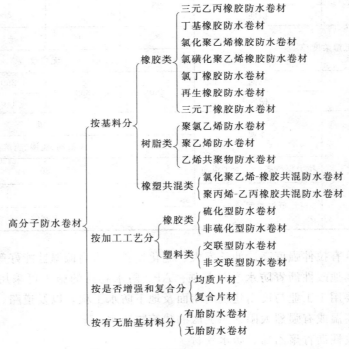

图 8-3　合成高分子防水卷材分类

二、防水涂料

建筑防水涂料简称防水涂料（waterproof coating），为稠状液体，涂刷在建筑物表面，经溶剂或水分的挥发或两种组分的化学反应形成一层连续薄层，使建筑物表面与水隔绝，并能抵抗一定的水压力，从而起到防水、防潮和密封作用。

1. 防水涂料的组成

防水涂料通常由基料、填料、分散介质、助剂等组分组成。

① 基料　基料又称为成膜物质，其作用是在固化过程中起成膜和粘接填料的作用。

② 填料　填料的主要作用是增加涂膜厚度、减少收缩、提高稳定性、降低成本等，也被称为次要成膜物质。

③ 分散介质　分散介质的主要作用是溶解或稀释基料，也被称为稀释剂。分散介质使涂料在施工过程中具有一定的流动性；施工结束后，大部分分散介质蒸发或挥发，仅有一小部分被基层吸收。

④ 助剂　助剂的作用是改善涂料或涂膜的性能。通常有乳化剂、增塑剂、增稠剂、稳定剂等。

2. 防水涂料的分类

由于防水涂料品种繁多，应用部位广泛，其分类方法没有统一标准，各种分类方法经常相互交叉使用。

防水涂料按其成膜物质可分为沥青类、高聚物改性沥青类（也称橡胶沥青类）、合成高分子类（还可再分为合成树脂类和合成橡胶类）、无机类、聚合物水泥类五大类。

根据组分的不同可分为单组分防水涂料和双组分防水涂料两类。

根据涂料使用的分散介质种类和成膜过程可分为溶剂型、水乳型和反应型三类。防水涂料的性能特点见表8-4。

表8-4　溶剂型、水乳型和反应型防水涂料的性能特点

项　目	溶剂型防水涂料	水乳型防水涂料	反应型防水涂料
成膜机理	通过溶剂的挥发、高分子材料的分子链接触、搭结等过程成膜	通过水分子的蒸发、乳胶颗粒靠近、接触、变形等过程成膜	通过预聚体与固化剂发生化学反应成膜
干燥速率	干燥快、涂膜薄而致密	干燥较慢，一次成膜的致密性较低	可一次形成致密较厚的涂膜，几乎无收缩
贮存稳定性	贮存稳定性较好，应密封贮存	贮存期一般不宜超过半年	各组分应分开密封存放
安全性	易燃、易爆、有毒、生产、运输和使用过程中应注意安全使用，注意防火	无毒、不燃，生产使用比较安全	有异味，生产、运输使用过程中应注意防火
施工情况	施工时应通风良好，保证人身安全	施工较安全，操作简单，可在较为潮湿的平层上施工，施工温度不宜低于5℃	施工时需现场按照规定配方进行配料，搅拌均匀，以保证施工质量

防水涂料按其防水原理分为两大类：一类为涂膜型，一类为憎水型。

涂膜型防水涂料是通过形成完整连续的涂膜来阻挡水的透过或水分子的渗透达到防水的目的。固体高分子涂膜的分子与分子间总存在一些间隙，其大小约几个纳米，按理说单个的水分子完全可以通过。但由于水分子间的氢键缔合作用形成较大的水分子团，阻止了水分子团从高分子涂膜的分子间间隙通过，这就是防水涂料涂膜具有防水功能的主要原因。

憎水型防水涂料是依靠聚合物本身的憎水特性，使水分子与涂膜间不相容，从根本上解决水分子的透过问题，如聚硅氧烷（也称有机硅聚合物）防水涂料。

3. 常用的防水涂料

（1）沥青类防水涂料

（2）高聚物改性沥青防水涂料

（3）合成高分子防水涂料

聚氨酯防水涂料物理力学性能应符合表8-5、表8-6的要求。

表8-5 单组分聚氨酯防水涂料物理力学性能

项 目	I	II		项 目	I	II
拉伸强度/MPa，≥	1.9	2.45	热处理	拉伸强度保持率/%	80～150	
断裂伸长率/%，≥	550	450		断裂伸长率/%，≥	500	400
撕裂强度/(N/mm)，≥	12	14		低温弯折性/℃，≤	−35	
低温弯折性/℃，≤	−40		碱处理	拉伸强度保持率/%	60～150	
不透水性(0.3MPa,30min)	不透水			断裂伸长率/%，≥	500	400
固体含量/%，≥	80			低温弯折性/℃，≤	−35	
表干时间/h，≤	12		酸处理	拉伸强度保持率/%	80～150	
实干时间/h，≤	24			断裂伸长率/%，≥	500	400
加热伸缩率/% ≤	1.0			低温弯折性/℃，≤	−35	
加热伸缩率/% ≥	−4.0		人工气候老化②	拉伸强度保持率/%	80～150	
潮湿基面粘接强度①(MPa)，≥	0.5			断裂伸长率/%，≥	500	400
老化 加热老化	无裂纹及变形			低温弯折性/℃，≤	−35	
老化 人工气候老化②	无裂纹及变形					

① 仅用于地下工程潮湿基面时要求。

② 仅用于外露使用的产品。本表摘自GB/T 19250—2013。

表8-6 多组分聚氨酯防水涂料物理力学性能

项 目	I	II		项 目	I	II
拉伸强度/MPa，≥	1.9	2.45	热处理	拉伸强度保持率/%	80～150	
断裂伸长率/%，≥	450	450		断裂伸长率/%，≥	400	
撕裂强度/(N/mm)，≥	12	14		低温弯折性/℃，≤	−30	
低温弯折性/℃，≤	−35		碱处理	拉伸强度保持率/%	60～150	
不透水性(0.3MPa,30min)	不透水			断裂伸长率/%，≥	400	
固体含量/%，≥	92			低温弯折性/℃，≤	−30	
表干时间/h，≤	8		酸处理	拉伸强度保持率/%	80～150	
实干时间/h，≤	24			断裂伸长率/%，≥	400	
加热伸缩率/% ≤	1.0			低温弯折性/℃，≤	−30	
加热伸缩率/% ≥	−4.0		人工气候老化②	拉伸强度保持率/%	80～150	
潮湿基面粘接强度①/MPa，≥	0.5			断裂伸长率/%，≥	400	
老化 加热老化	无裂纹及变形			低温弯折性/℃，≤	−30	
老化 人工气候老化②	无裂纹及变形					

① 仅用于地下工程潮湿基面时要求。

② 仅用于外露使用的产品。本表摘自GB/T 19250—2013。

三、建筑密封材料

建筑密封材料（construction sealing material）一般填充于建筑物各种接缝、裂缝、变形缝、门窗框、管道接头或其他结构的连接处，起水密、气密作用的材料。建筑防水密封材料应具有良好的粘接性、弹性、耐老化性和温度适应性，能长期经受其黏附构件的伸缩与振动。

常用的建筑密封材料分为定型和不定型两大类，如图8-4所示。定形密封材料是具有特定形状和尺寸的密封衬垫材料，包括密封条、密封垫、密封带、止水带、遇水膨胀橡胶等，适用于涵洞、地下室、管道密封、建筑物构筑物变形缝等的防水、止水、密封。不定型密封材料俗称密封膏或嵌缝膏，是溶剂型、乳液型、化学反应型等黏稠状密封材料，将其嵌填于结构缝等，具有良好的黏附性、弹性、耐老化性和温度适应性，在建筑防水工程中应用广泛。

1. 改性沥青密封膏

改性沥青密封膏（modified asphalt sealant）是以石油沥青为基料配以适当的合成高分

子聚合物进行改性，并加入填充料和其他化学助剂配制而成的膏体密封材料。常用的品种包括沥青废橡胶防水油膏、桐油废橡胶沥青防水油膏、SBS 沥青弹性密封膏、聚氯乙烯建筑密封油膏等。

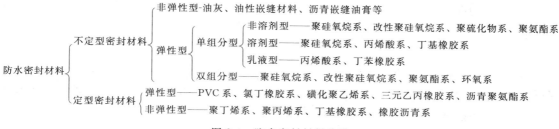

图 8-4　防水密封材料分类

改性沥青密封油膏材料适用于工业与民用建筑各种屋面板缝、分格缝、孔洞、管口、防水卷材收头等部位的嵌填密封以及地下室、水池等密封部位的防水防渗。

2. 合成高分子密封膏

合成高分子密封膏（synthetic polymeric sealant）是以合成高分子材料为主体，加入适量的化学助剂、填充料和着色剂等加工而成的膏状密封材料。因其具有优异的高弹性、耐候性、粘接性、耐疲劳性等，越来越得到广泛应用。常用的合成高分子密封膏包括有机硅橡胶密封膏、聚氨酯密封膏、聚硫密封膏、聚丙烯酸酯类密封膏、氯磺化聚乙烯建筑密封膏、建筑聚硅氧烷密封膏等。

防水材料除以上介绍的防水卷材、防水涂料及建筑密封胶柔性防水材料外，还有防水砂浆和防水混凝土刚性防水材料。刚性防水材料分类如图 8-5 所示，其性能特点应用已在第四章、第五章介绍。

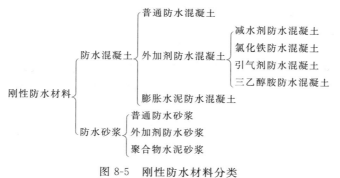

图 8-5　刚性防水材料分类

第二节　建　筑　塑　料

一、塑料的组成

塑料（plastic）的主要成分为合成树脂，次要成分是各种添加剂，如填充剂、增塑剂、稳定剂、固化剂、润滑剂等。加添加剂是为了改善塑料成型加工性、提高制品使用性、降低成本以及利于环保等目的。添加剂的种类及掺量以及添加量的多少完全取决于对塑料制品的性能要求和所选用的合成树脂的性能。

1. 合成树脂 （synthetic resin）

合成树脂是塑料的主要成分，约占塑料的 40%～100%，它在塑料中起粘接组分的作用，所以也称为粘料。虽然添加剂有时能大幅度地改变塑料的某些性能，但合成树脂仍是塑料基本性能的决定性因素。

2. 填充剂 （filler）

填充剂又称填料，是塑料的另一重要组分，约占塑料质量的 20%～50%。加入填料不仅可以降低塑料的成本（填料比树脂价廉），还可以改善塑料的性能。例如玻璃纤维可以提高塑料的机械强度；石棉可增加塑料的耐热性等。

3. 增塑剂 （plasticizer）

增塑剂是能够增加树脂的塑性，改善加工性，赋予制品柔韧性的一种添加剂。增塑剂的作用是削弱聚合物分子间的作用力，因而降低软化温度和熔融温度，减小熔体黏度，增加其流动性，从而改善聚合物的加工性和制品的柔韧性。

4. 稳定剂 （stabilizing agent）

稳定剂包括热稳定剂和光稳定剂两类。热稳定剂是指以改善聚合物热稳定性为目的而添加的助剂。聚氯乙烯的热稳定性问题最为突出，因为聚氯乙烯在 160～200℃ 的温度下加工时，会发生剧烈分解，使制品变色，物理力学性能恶化。常用的热稳定剂有硬脂酸盐、铅化合物以及环氧化合物等。

光稳定剂是指能够抑制或削弱光的降解作用、提高材料的耐光照性能的物质。常用的有炭黑、二氧化钛、氧化锌、水杨酸酯类等。

5. 润滑剂 （lubricant）

为防止塑料在成型过程中黏附在其他设备上，所加入的少量物质称为润滑剂。常用的有硬脂酸及其盐类、有机硅等。

6. 固化剂 （solidifying agent）

固化剂又称硬化剂或交联剂，是一类受热释放游离基来活化高分子链，使它们发生化学反应，由线型结构转变为体型结构的一种添加剂。其主要作用是在聚合物分子链之间产生横跨链，使大分子交联。

塑料添加剂除上述几种外，还有发泡剂、抗静电剂、阻燃剂、着色剂等。

二、塑料的分类

常用塑料有按受热时的变化特点以及按功能和用途两种分类方法。

1. 按受热时的变化特点分

按塑料受热时的变化特点，塑料分为热塑性塑料和热固性塑料。

（1）热塑性塑料

以热塑性树脂为基材，添加增强材料或添加剂所得的塑料称为热塑性塑料（thermoplastic plastic）。热塑性塑料的特点是受热时软化或熔融，冷却后硬化，再加热时又可软化，冷却后又硬化，这一过程可反复多次进行，而树脂的化学结构基本不变。其优点是加工成型简便，有较高的力学性能。缺点是耐热性、刚性较差。常用的热塑性塑料有聚乙烯、聚氯乙烯、聚丙烯、聚苯乙烯、聚甲醛、聚碳酸酯、聚酰胺、ABS 塑料等。

（2）热固性塑料

热固性塑料（thermosetting plastic）的特点是受热时软化或熔融，可塑造成型，随着进一步加热，硬化成不熔的塑料制品。该过程不能反复进行。常用的热固性塑料有酚醛树脂、环氧树脂、不饱和聚酯、有机硅塑料等。

2. 按功能和用途分

按塑料的功能和用途，塑料分为通用塑料、工程塑料和特种塑料。

（1）通用塑料

通用塑料是指产量大、价格低、应用范围广的塑料。这类塑料主要包括六大品种，即聚乙烯、聚氯乙烯、聚丙烯、聚苯乙烯、酚醛和氨基塑料，其产量占全部塑料的四分之三以上。

（2）工程塑料

工程塑料是指机械强度高，刚性较大，可以代替钢铁和有色金属制备机械零件和工程结构的塑料。这类塑料除具有较高强度外，还具有很好的耐腐蚀性、耐磨性、自润滑性及尺寸稳定性等特点，主要包括聚酰胺、ABS、聚碳酸酯塑料等。

（3）特种塑料

特种塑料是指耐热或具有特殊性能和特殊用途的塑料，其产量少、价格高，主要包括有机硅、环氧树脂、不饱和聚酯、有机玻璃、聚酰亚胺、有机氟塑料等。

随着高分子材料的发展，塑料可采用各种措施来改性和增强，而制成各种新品种塑料。这样通用塑料、工程塑料和特种塑料之间的界限也就很难划分了。

三、塑料的主要性能

塑料与金属和水泥混凝土相比，其性能差别很大，不同品种塑料之间性能也各有差异，其主要性能如下。

（1）密度小，比强度高

塑料的密度一般为 $0.8\sim2.2g/cm^3$，与木材的密度相近，约为钢的 $1/8\sim1/4$，铝的 $1/2$，混凝土的 $1/3\sim2/3$。塑料的比强度接近甚至超过钢材，是普通混凝土的 $5\sim15$ 倍，是一种很好的轻质高强材料。

（2）可加工性好，装饰性强

塑料可以采用多种方法加工成型，制成薄膜、薄板、管材、异型材等各种产品；并且便于切割、粘接和"焊接"加工。塑料易于着色，可制成各种鲜艳的颜色；也可以进行印刷、电镀、印花和压花等加工，使得塑料具有丰富的装饰效果。

（3）耐化学腐蚀性好，耐水性强

大多数塑料对酸、碱、盐等的耐腐蚀性比金属材料和部分无机材料强，特别适合作化工厂的门窗、地面、墙壁等；热塑性塑料可被某些有机溶剂所溶解，热固性塑料则不能被溶解，仅可能出现一定的溶胀。塑料对环境水也有很好的抗腐蚀能力，吸水率较低，可广泛用于防水和防潮工程。

（4）隔热性能好，电绝缘性能优良

塑料的导热性很小，热导率一般只有 $0.024\sim0.69W/(m\cdot K)$，是金属的 $1/100$。特别是泡沫塑料的导热性最小，与空气相当，常用于隔热保温工程。塑料具有良好的电绝缘性能，是良好的绝缘材料。

（5）弹性模量低，受力变形大

塑料的弹性模量低，是钢的 $1/20\sim1/10$。且在室温下，塑料在受荷载后就有明显的蠕变现象。因此，塑料在受力时的变形较大，并具有较好的吸振、隔声性能。

（6）耐热性差，受热变形大

　　塑料的耐热性一般不高，在高温下承受荷载时往往软化变形，甚至分解、变质。普通的热塑性塑料的热变形温度为 60～120℃，只有少量品种能在 200℃ 左右长期使用。塑料的热膨胀系数较大，是传统材料的 3～4 倍。因而，温度形变大，容易因为热应力的累积而导致材料破坏。

　　（7）老化性

　　在阳光、氧、热等条件作用下，塑料中聚合物的组成和结构发生变化，致使塑料性质恶化，这种现象称为老化。塑料存在老化问题，但通过适当的配方和加工，并在使用中采取一定措施，塑料制品的使用寿命完全可以和其他材料媲美，有的甚至能高于传统材料。

　　（8）可燃性

　　塑料大多可燃，不仅如此，而且在燃烧时会产生大量有毒的烟雾，这是它作为工程材料使用的一大弱点。塑料的可燃性受其中聚合物的影响，目前正在研究制取低烧灼性的塑料。

四、常用的建筑塑料制品

　　塑料在建筑的各个领域均有广泛的应用，见表 8-7。它既可用作防水、隔热保温、隔声和装饰材料等功能材料，也可制成玻璃纤维或碳纤维增强塑料，用作结构材料。塑料可以加工成塑料壁纸、塑料地板、塑料地毯、塑料门窗和塑料管道等在建筑中应用。其中塑料管材、塑料门窗已为我国重点推广使用的产品。

表 8-7　塑料在建筑方面的应用

建筑类别	主要塑料制品	主 要 材 料
装饰材料	塑料地砖、卷材	聚氯乙烯
	塑料地毯	聚丙烯、聚丙烯腈、尼龙
	塑料壁纸	聚氯乙烯
	装饰层压板	酚醛树脂、三聚氰胺-甲醛树脂
	塑料墙面砖	聚苯乙烯、聚氯乙烯、聚丙烯
装修塑料	塑料门	聚氯乙烯、聚氨酯
	塑料窗	聚氯乙烯、聚氨酯
	百叶窗	聚氯乙烯
	装修线材	聚氯乙烯、聚苯乙烯、聚乙烯
	塑料灯具、小五金	聚氯乙烯、丙烯酸类塑料、酚醛树脂
	塑料隔板	聚氯乙烯、玻璃钢、聚氨酯
水暖工程塑料	给排水管材、管件	聚氯乙烯、聚丙烯、聚乙烯、ABS
	煤气管	聚氯乙烯、玻璃钢、聚丙烯
	浴缸、水箱、洗池	玻璃钢、聚乙烯、丙烯酸类塑料、聚乙烯
防水工程塑料	防水卷材	聚氯乙烯、聚乙烯、橡胶
	嵌缝材料	聚氯乙烯、丙烯酸类塑料、聚氨酯、硅橡胶
隔热塑料	泡沫塑料	聚氨酯、酚醛树脂、聚氯乙烯、聚苯乙烯、脲醛树脂
混凝土工程塑料	塑料模板	聚氯乙烯、玻璃钢、聚丙烯
	聚合物混凝土塑料	聚苯乙烯、丙烯酸类塑料、不饱和树脂、环氧树脂
墙体、屋面材料	护墙板	聚氯乙烯、玻璃钢、聚氨酯、聚苯乙烯、丙烯酸类塑料
	屋面天窗板	玻璃钢、聚氯乙烯、聚甲基丙烯酸甲酯
塑料建筑	充气建筑	聚氯乙烯、橡胶
	全塑建筑	聚氯乙烯、玻璃钢
	盒子卫生间、厨房	玻璃钢、聚氯乙烯

　　1. 塑料门窗

　　塑料门窗是继木、钢、铝门窗之后的门窗第四代产品。与传统的木、钢、铝门窗相比，塑料门窗具有节能、节材、保护环境的功效。由于塑料门窗型材本身导热性差和多腔结构，因此具有显著的节能效果，而且它的生产能耗比钢、铝低得多，又因为塑料门窗的应用可节省大量的木、钢、铝材料，有利于环保。此外塑料门窗的可加工性强，可满足门窗各种功能的要求，且具有良好的化学稳定性，能提高抗各种腐蚀能力，故在国内外都受到大力的推广。

目前世界上已开发出三种材质的塑料门窗，即聚氯乙烯（PVC）塑料门窗、玻璃纤维增强不饱和聚酯（GUP）塑料门窗和聚氨基甲酸酯（PUR）硬质泡沫塑料门窗。其中聚氯乙烯塑料门窗所占比例最大约90％。

塑料门窗按材料分类，可分为全塑窗和复合PVC窗。全塑窗是目前塑料门窗中用量最大的一类，主要采用的是改性聚氯乙烯树脂即硬聚氯乙烯（UPVC）型材。全塑窗框是由UPVC中空型材组装而成，有白色、深棕色、双色、仿木纹等品种。全塑窗框具有隔热、隔声、气密性好、耐腐蚀等特点。复合PVC窗框有两种，一种是塑料窗框内部嵌入金属型材增强，构成PVC包覆金属的复合窗框，又称塑钢门窗；另一种里面为大多用低发泡的PVC，外表为铝的复合窗框，这种窗框保温性好。

2. 塑料管材

1936年德国首先应用PVC管输送水、酸及排放污水，使金属管材一统天下的局面受到了严重的挑战。历史的实践证明，塑料管与传统的金属管相比，具有重量轻、能耗低、耐腐蚀、不生锈、不结垢、施工方便和供水效率高等优点，加之用户对此类产品的认识的不断深入，已被人们公认为是目前建筑塑料中重要的品种之一，被大量用于建筑工程中。

塑料管材的品种较多，它的分类通常以生产管材所用的主要高分子材料的种类来区分，常用的塑料管材有硬质聚氯乙烯（UPVC）管、聚乙烯（PE）管、聚丙烯（PP）管、ABS（丙烯腈-丁二烯-苯乙烯共聚物）管、聚丁烯（PB）管、玻璃钢（FRP）管以及复合塑料管等。其中，硬质聚氯乙烯管是国内外使用最普遍的一种塑料管，约占全部塑料管材的80％。

第三节　胶　黏　剂

胶黏剂（bonding adhesive）又称黏合剂或黏结剂，是一种能将两种材料紧密地结合在一起的物质。借助胶黏剂将各种物件连接起来的技术称为胶接（粘接、黏合）技术。由于现代建筑工程中采用了许多装饰材料和特种功能材料，而所有这些材料的安装施工都涉及它们与基体材料的粘接问题，除此之外，一些建筑裂缝和破损的修补等也常用到胶黏剂，因此胶黏剂已成为建筑材料的一个重要组成部分。

一、胶黏剂的基本组成

胶黏剂一般是以聚合物为基本组分的多组分体系。除基本组分聚合物（即粘料）外，根据其功能和用途的不同，尚包含如固化剂、填料、增韧剂、稀释剂、防老剂等添加剂。

（1）粘料（adhesive）

粘料是胶黏剂的基本组分，或称基料，它使胶黏剂具有黏附特性，对胶黏剂的粘接性能起着决定性的作用。粘料一般是由一种高分子化合物或几种高分子化合物混合而成，通常为合成橡胶或合成树脂。常用的合成橡胶有氯丁橡胶、丁腈橡胶、丁苯橡胶、聚硫橡胶；合成树脂有环氧树脂、酚醛树脂、脲醛树脂、过氯乙烯树脂、有机硅树脂、聚氨酯树脂、聚酯树脂、聚醋酸乙烯酯树脂、聚酰亚胺树脂、聚乙烯醇缩醛树脂等。其中用于胶接结构受力部位的胶黏剂是以热固性树脂为主；用于非受力部位和变形较大部位的胶黏剂是以热塑性树脂和橡胶为主。

（2）固化剂（solidifying agent）

固化剂又称硬化剂，它能使线型分子形成网状或体型结构，从而使胶黏剂固化。常用的固化剂有胺类、酸酐类、高分子类和硫黄类等。在选择固化剂时，应按粘料的特性及对固化后胶膜性能（如硬度、韧性和耐热等）的要求来选择。

（3）填料（filler）

加入填料可改善胶黏剂的性能，如它可以增加胶黏剂的弹性模量，降低线膨胀系数，减少固化收缩率，增加电导率、黏度、抗冲击性；提高使用温度、耐磨性、胶结强度；改善胶黏剂耐水、耐介质性和耐老化性等。但会增加胶黏剂的密度，增大黏度，而不利于涂布施工，容易造成气孔等缺陷。

填料可分为有机填料和无机填料两类。有机填料可降低树脂的脆性、减小密度，但一般吸湿性提高、耐热性降低；无机填料主要是矿物填料，它可以改善耐热性、减小收缩等，但密度和脆性一般也提高。常用填料有石英粉、滑石粉，以及各种金属、非金属氧化物粉，在建筑工程中水泥也是广泛应用的填料。

（4）增韧剂（plasticizer）

树脂固化后一般较脆，加入增韧剂后可提高冲击韧性，改善胶黏剂的流动性、耐寒性与耐震性，但会降低弹性模量、抗蠕变性、耐热性。增韧剂有两类，一类叫活性增韧剂，它参与固化反应，并进入固化后形成的大分子结构中。另一类叫非活性增韧剂，它不参与固化反应，与粘料有良好的相容性，如邻苯二甲酸二丁酯等。

（5）稀释剂（thinner）

为了改善工艺性（降低黏度）和延长使用期，常加入稀释剂。稀释剂有活性与非活性之分，前者参加固化反应，并成为交联结构中的一部分，既可降低胶黏剂的黏度，又克服了因溶剂挥发不彻底而使胶结性能下降的缺点，但一般对人体有害。后者不参与固化反应，只起稀释作用。常用稀释剂有环氧丙烷、丙酮等。

（6）偶联剂（coupling agent）

偶联剂的分子一般都含有两部分性质不同的基团。一部分基团经水解后能与无机物的表面很好地亲和；另一部分基团能与有机树脂结合，从而使两种不同性质的材料"偶联"起来。将偶联剂掺入胶黏剂中，或用其处理被粘物表面，都能提高胶接强度和改善其水稳定性。常用的偶联剂有硅烷偶联剂。

此外，还有防老剂、促进剂等。

二、胶黏剂的分类

胶黏剂品种繁多，按主要原料的性质可分为无机胶黏剂与有机胶黏剂两大类。无机胶黏剂有磷酸盐类、硼酸盐类、硅酸盐类等。有机胶黏剂又可分为天然胶黏剂和合成胶黏剂。天然胶黏剂常用于胶黏纸浆、木材、皮革等，但来源少、性能不完善，逐渐趋向淘汰。合成胶黏剂发展快、品种多、性能优良。其中，树脂型胶黏剂的粘接强度高，硬度高，耐温、耐介质性能好，但质脆，韧性较差。橡胶型胶黏剂有良好的胶黏性和柔韧性，抗震性能好，但强度和耐热性较低；混合型胶黏剂的性能介于二者之间。

按胶黏剂的主要用途可分为通用胶、结构胶和特种胶。结构胶具有较高的强度和一定的耐温性，用于受力构件的胶结，如酚醛-缩醛胶、环氧-丁腈胶等。通用胶有一定的粘接强度，但不能承受较大的负荷和温度，可用于非受力金属部件的胶结和本体强度不高的非金属材料的胶结，如 α-氰基丙烯酸胶黏剂、聚氨酯胶黏剂等。特种胶不仅具有一定的胶结强度，而且还有导电、导磁、耐高温、耐超低温等特性。例如，酚醛导电胶、环氧树脂点焊接、超低温聚氨酯胶等。

按胶黏剂的固化工艺特点可分为化学反应固化胶黏剂（如环氧树脂胶、酚醛-丁腈胶）、热塑性树脂溶液胶（聚氯乙烯溶液胶、聚碳酸酯溶液胶等）、热熔胶（聚乙烯热熔胶、聚酰胺热溶胶等）、压敏胶（如聚异丁烯压敏胶等）。

三、胶结机理

产生胶接的过程可分为两个阶段。

第一阶段，液态胶黏剂向被粘物表面扩散，逐渐润湿被粘物表面并渗入表面微孔中，取代并解吸被粘物表面吸附的气体，使被粘物表面间的点接触变为与胶黏剂之间的面接触。施加压力和提高温度，有利于此过程的进行。

第二阶段，产生吸附作用形成次价键或主价键，胶黏剂本身经物理或化学的变化由液体变为固体，使胶结作用固定下来。

当然，这两个阶段是不能截然分开的。

四、常用的胶黏剂

1. **热固性树脂胶黏剂**

（1）环氧树脂胶黏剂

凡是含有两个或两个以上环氧基团的高分子化合物统称为环氧树脂。环氧树脂胶黏剂是以环氧树脂为主要成分，添加适量固化剂、增韧剂、填料、稀释剂等配制而成的。环氧树脂未固化时是线型热塑性树脂，由于结构中含有羟基、环氧基等极性的活性基，故它可与多种类型的固化剂反应生成网状体型结构高聚物，对金属、木材、玻璃、硬塑料和混凝土都有很高的黏附力，故有"万能胶"之称。固化时无副产物析出，所以体积收缩率低；固化后的树脂耐化学性好、电气性能优良、加工操作工艺简单，所以得到广泛的应用。

（2）聚甲基丙烯酸酯胶和 α-氰基丙烯酸酯胶

① 聚甲基丙烯酸酯胶黏剂　它是将聚甲基丙烯酸酯（有机玻璃）溶于二氯乙烯、甲酸等有机溶剂中制得的，溶剂不同，黏度也不同。它用于粘接塑料，特别是有机玻璃。这种胶的耐温度性低，只能在 $50\sim60℃$ 温度下工作。

② α-氰基丙烯酸酯胶　它是单组分常温快速固化胶，又称瞬干胶，其主要成分是 α-氰基丙烯酸酯。目前，国内生产的 502 胶就是由 α-氰基丙烯酸酯和少量稳定剂——对苯二酚、二氧化硫、增塑剂邻苯二甲酸二辛酯等配制而成的。

α-氰基丙烯酸酯分子中含有氰基和羧基，在弱碱性催化剂或水分作用下，极易打开双键而聚合成高分子聚合物。由于空气中总有一定水分，当胶黏剂涂刷到被胶结物表面后几分钟即初步固化，24h 可达到较高的温度，因此有使用方便、固化迅速等优点。502 胶可黏合多种材料，如金属、塑料、木材、橡胶、玻璃、陶瓷等，并具有较好的胶结强度。502 胶的合成工艺复杂，价格较高，耐热性差，使用温度低于 70℃，脆性大，不宜用在有较大或强烈振动的部位。此外，它还不耐水、酸、碱和某些溶剂。

2. 热塑性合成树脂胶黏剂

（1）聚醋酸乙烯乳液胶黏剂

聚醋酸乙烯乳液胶黏剂是由醋酸乙烯单体聚合而成的一种水溶性乳白色黏稠液体（简称白乳胶）。它是土木工程中用量较大的一种非结构型胶黏剂。可用于胶结各种纤维结构材料，如木材、纤维制品、纸制品等多孔性材料；也可用于胶结水泥混凝土、皮革等其他材料。由于聚醋酸乙烯乳液胶黏剂可溶于水且具有热塑性，当遇水或温度升高时，其内聚力会明显下降而使粘接力减小，使其在潮湿环境中容易开胶，表现出耐水性、抗蠕变能力和耐热性较差。因此，它不适用于潮湿环境的工程，也不适合于高温环境（通常用于 40℃ 以下的环境）。此外，它也不适于低温环境（一般不能低于 5℃），因为胶黏剂涂刷后，胶层中残留的水分在负温下会产生较大的内应力而使胶层破坏。

（2）聚乙烯醇缩醛（PVFO）胶黏剂

它是由聚乙烯醇和甲醛为主要原料，在酸催化剂环境中缩聚而成的聚合物，由其配制而成的胶黏剂常称为 107 胶。

聚乙烯醇缩醛胶黏剂在水中的溶解度很高，其成本低，施工方便；它通常具有较好的粘接强度和较好的抗老化能力，可用于粘贴塑料壁纸、墙布、瓷砖等。在水泥砂浆中掺入少量的 107 胶后，可提高砂浆的粘接性、抗冻性、抗渗性、耐磨性和强度，并减少砂浆的收缩。通过改变其配比与生产工艺，可制成挥发性甲醛较少的 108 胶，以减少其对环境的污染。

3. 合成橡胶胶黏剂

（1）氯丁橡胶胶黏剂（CR）

氯丁橡胶胶黏剂是目前橡胶胶黏剂中广泛应用的溶液型胶。它是由氯丁橡胶、氧化镁、防老剂、抗氧剂及填料等混炼后溶于溶剂而成的。这种胶黏剂对水、油、弱酸、弱碱、脂肪烃和醇类都有良好的抵抗性，可在 -50～+80℃，具有较高的初粘力和内聚强度。但有徐变性，易老化。多用于结构粘接或不同材料的粘接。为改善性能可掺入油溶性酚醛树脂，配成氯丁醛胶。它可在室温下固化，适于粘接包括钢、铝、铜、陶瓷、水泥制品、塑料和硬质纤维板等多种金属和非金属材料。工程上常用在水泥砂浆墙面或地面上的粘贴塑料或橡胶制品。

（2）丁腈橡胶胶黏剂（NBR）

丁腈橡胶是丁二烯和丙烯腈的共聚产物。丁腈橡胶胶黏剂主要用于橡胶制品，以及橡胶与金属、织物、木材的粘接。它最大特点是耐油性能好，抗剥离强度高，接头对脂肪烃和非氧化性酸有良好的抵抗性，加上橡胶的高弹性，所以更适于柔软的或热膨胀系数相差悬殊的材料之间的粘接，如黏合聚氯乙烯板材、聚氯乙烯泡沫塑料等。为获得更大的强度和弹性，可将丁腈橡胶与其他树脂混合。

五、胶黏剂的选用原则

胶黏剂的品种很多，性能差异很大，选用时一般要考虑以下因素。

（1）被胶接材料

不同的材料，如金属、塑料、橡胶等，由于其本身分子结构，极性大小不同，在很大程度上会影响胶结强度。因此，要根据不同的材料，选用不同的胶黏剂。

（2）受力条件

受力构件的胶结应选用强度高、韧性好的胶黏剂。若用于工艺定位而受力不大时，则可选用通用型胶黏剂。

（3）工作温度

一般而言，橡胶型胶黏剂只能在−60～+80℃下工作；以双酚 A 环氧树脂为粘料的胶黏剂工作温度在−50～+18℃之间。冷热交变是胶黏剂最苛刻的使用条件之一，特别是当被胶结材料性能差别很大时，对胶结强度的影响更显著，为了消除不同材料在冷热交变时由于线膨胀系数不同产生的内应力，应选用韧性较好的胶黏剂。

（4）其他

胶黏剂今后将向着减少污染、节约能源、提高技术经济效益方向发展。主要发展无毒无溶剂胶，包括水性胶和热熔胶及反应型胶；选用低毒溶剂和高固含量；压敏胶也向乳液型和热熔型方面发展。

第四节　绝　热　材　料

在建筑工程中，习惯上把用于控制室内热量外流的材料称为保温材料，把防止热量进入室内的材料叫做隔热材料，保温、隔热材料统称为绝热材料（thermal insulating materials）。

一、绝热材料的绝热机理

1. 热量传递方式

热量的传递有三种方式，即导热、对流及热辐射。导热是指由于物体各部分直接接触的物质质点（分子、原子、自由电子）做热运动而引起的热能传递过程。对流是指较热的液体或气体因遇热膨胀而密度减小从而上升，冷的液体或气体由此补充过来，从而形成分子的循环流动，造成热量从高温的地方通过分子的相对位移传向低温的地方。热辐射是一种靠电磁波来传递能量的过程。

2. 热量传递过程

在每一个实际的传热过程中，往往都同时存在着两种或三种传热方式。例如，通过实体结构本身的传热过程，主要是靠导热，但一般建筑材料内部都会存在些孔隙，在孔隙内除存在气体的导热外，同时还有对流和热辐射。

绝大多数建筑材料的热导率介于 $0.029～3.49W/(m \cdot K)$ 之间（几种典型材料的热工性质见第一章表 1-1），λ 值越小说明该材料越不易导热，建筑中，一般把 λ 值小于 $0.23W/(m \cdot K)$ 的材料叫做绝热材料。应当指出，即使用同一种材料，其热导率也并不是常数，它与材料的湿度和温度等因素有关。

3. 绝热材料的绝热作用机理

（1）微孔型

多孔型绝热材料起绝热作用的机理可由图 8-6 来说明，当热量 Q 从高温面向低温面传递时，在未碰到气孔之前，传递过程为固相中的导热，在碰到气孔后，传热线路可分为两条：一条路线仍然是通过固相传递，但其传热方向发生变化，总的传热路线大大增加，从而使传递速率减缓。另一条路线是通过气孔内气体的传热，其中包括高温固体表面气体的辐射与对流传热、气体自身的对流传热、气体的导热、热气体对低温固体表面的辐射及对流传热、热固体表面和冷固体表面之间的辐射传热。由于在常温下对流和辐射传热在总的传热中所占比例很小，故以气孔中气体的导热为主。但由于空气的热导率仅为 $0.029W/(m \cdot K)$，远远小于固体的热导率，故热量通过气孔传递的阻力较大，从而传热速率大大减缓。

图 8-6　多孔材料传热过程

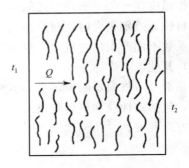

图 8-7　纤维材料传热过程

（2）纤维型

纤维型绝热材料的绝热机理基本上和通过多空材料的情况相似。传热方向和纤维方向垂直时，由于纤维可对空气的对流起有效的阻止作用，因此绝热性能比传热方向和纤维方向平行时好（见图 8-7）。

（3）反射型

当外来的热辐射能量 I_0 投射到物体上时，通常会将其中一部分能量 I_B 反射掉，另一部分 I_A 被吸收（一般建筑材料都不能穿透热射线，故透射部分忽略不计）。根据能量守恒原理，则

$$I_A + I_B = I_0 \quad 即 \quad \frac{I_A}{I_0} + \frac{I_B}{I_0} = 1$$

式中，比值 I_A/I_0 说明材料对热辐射的吸收性能，用吸收率"A"表示；比值 I_B/I_0 说明材料的反射性能，用反射率"B"表示，即

$$A + B = 1$$

由此可以看出，凡是反射能力强的材料，吸收热辐射的能力就小，反之，如果吸收能力强，则其反射率就越小。故利用某些材料对热辐射的反射作用（如铝箔的反射率为 0.95），在需要绝热的部位表面贴上这种材料，可以将绝大部分外来热辐射（如太阳光）反射掉，从而起到绝热的作用。

二、绝热材料的性能

1. 热导率

材料的热导率大小、组成与结构、孔隙率、孔隙特征、温度、湿度、热流方向有关。

材料的热导率受自身物质的化学组成和分子结构的影响。化学组成和分子结构比较简单的物质比结构复杂的物质有较大的热导率。

由于固体物质的热导率比空气的热导率大得多，故一般来说，材料的孔隙率越大，其热导率越小。材料的热导率不仅与孔隙率有关，而且还与孔隙的大小、分布、形状及连通状况有关。当孔隙率相同时，含封闭孔多的材料的热导率就要小于含开口孔多的材料。

温度升高时，材料固体分子的热运动增强，同时材料孔隙中空气的导热和孔壁间的辐射作用也有所增加，因此，材料的热导率是随温度的升高而增大的。

水的热导率为 $0.60W/(m \cdot K)$，冰的热导率约为 $2.20W/(m \cdot K)$，都远远大于空气的热导率，因此，一旦材料受潮吸水，其热导率会增大，若吸收的水分结冰，其热导率增加更多，绝热性能急剧降低。

对于纤维状材料，热流方向与纤维排列方向垂直时的热导率要小于热流方向与纤维排列方向平行时的热导率。

2. 温度稳定性

材料在受热作用下保持其原有性能不变的性质，称为绝热材料的温度稳定性。通常用其不致丧失绝热能力的极限温度来表示。

3. 吸湿性

一般其吸湿性越大，对绝热效果越不利。

4. 强度

由于绝热材料含有大量孔隙，故其强度一般不大，因此不宜将绝热材料用于承重部位。对于某些纤维材料，常用材料达到某一变形时的承载能力作为其强度代表值。

选用绝热材料时，热导率不宜大于 $0.23W/(m \cdot K)$，体积密度不宜大于 $600kg/m^3$。块状材料的抗压强度不低于 $0.3MPa$，绝热材料的温度稳定性应高于实际使用时的。另外，由于大多数绝热材料都具有一定的吸水、吸湿能力，故在实际使用时，需在其表层加防水层或隔气层。

三、常用绝热材料

1. 硅藻土（diatomite）

硅藻土是一种被称为硅藻的水生植物的残骸。其孔隙率为 $50\% \sim 80\%$，热导率 $\lambda = 0.060W/(m \cdot K)$，最高使用温度约为 $900℃$。硅藻土常用作填充料，或用其制作硅藻土砖等。

2. 膨胀蛭石（expanded vermiculite）

蛭石是一种复杂的镁、铁含水铝硅酸盐矿物，由云母类矿物经风化而成，具有层状结构。其体积密度为 $87 \sim 900kg/m^3$，热导率 λ 为 $0.046 \sim 0.07W/(m \cdot K)$，最高使用温度为 $1000 \sim 1100℃$。膨胀蛭石除可直接用于填充材料外，还可用胶结材（如水泥、水玻璃等）将膨胀蛭石胶结在一起制成膨胀蛭石制品。

3. 膨胀珍珠岩（expanded pearlite）

珍珠岩由地下喷出的熔岩在地表水中急冷而成。其堆积密度为 $40 \sim 500kg/m^3$，热导率 λ 为 $0.047 \sim 0.070W/(m \cdot K)$，最高使用温度可达 $800℃$，最低使用温度为 $-200℃$。膨胀珍珠岩除可用作填充材料外，还可与水泥、水玻璃、沥青、黏土等结合制成膨胀珍珠岩绝热制品。

水泥膨胀珍珠岩制品体积密度为 $250 \sim 450kg/m^3$；热导率：$20℃$ 时约为 $0.053 \sim 0.087W/(m \cdot K)$，$400℃$ 时为 $0.081 \sim 0.12W/(m \cdot K)$；抗压强度约 $0.5 \sim 1.7MPa$，最高使用温度 $\leqslant 600℃$。

水玻璃膨胀珍珠岩制品其体积密度为 $200 \sim 360kg/m^3$，热导率：$20℃$ 时为 $0.055 \sim 0.093W/(m \cdot K)$；$400℃$ 时为 $0.082 \sim 0.13 W/(m \cdot K)$，抗压强度为 $0.6 \sim 0.7MPa$，最高使用温度为 $600 \sim 650℃$。

4. 发泡黏土（frothed clay）

将一定矿物组成的黏土（或页岩）加热到一定温度会产生一定数量的高温液相，同时会产生一定数量的气体，由于气体受热膨胀，使其体积增大数倍，冷却后即得到发泡黏土（或发泡页岩）轻质集料。其体积密度约为 $350kg/m^3$，热导率为 $0.105W/(m \cdot K)$，可用作填充材料和混凝土轻集料。

5. 轻质混凝土（lightweight concrete）

轻质混凝土包括轻集料混凝土和多孔混凝土。

轻集料混凝土由于采用的轻集料有多种，如黏土陶粒、膨胀珍珠岩等，采用的胶结材也有多种，如普通硅酸盐水泥、矾土水泥、水玻璃等，从而使其性能和应用范围变化很大。以水玻璃为胶结材料，以陶粒为粗集料，以蛭石砂为细集料的轻集料混凝土，其体积密度约为 $1100kg/m^3$，热导率为 $0.222W/(m \cdot K)$。

多孔混凝土主要有泡沫混凝土和加气混凝土。泡沫混凝土的体积密度约为 $300 \sim 500kg/m^3$，热导率约为 $0.082 \sim 0.186W/(m \cdot K)$；加气混凝土的体积密度约为 $400 \sim 700kg/m^3$，热导率约为 $0.093 \sim 0.164W/(m \cdot K)$。

6. 微孔硅酸钙（tiny bore calcium silicate board）

微孔硅酸钙是以石英砂、普通硅石或高活性的硅藻土以及石灰为原料经过水热合成的绝热材料。其主要水化产物为托贝莫来石或硬硅钙石。以托贝莫来石为主要水化产物的微孔硅酸钙，其体积密度约为 $200kg/m^3$，热导率约为 $0.047W/(m \cdot K)$，最高使用温度约为 $650℃$；以硬硅钙石为主要水化产物的微孔硅酸钙，其体积密度约为 $230kg/m^3$，热导率约为 $0.056W/(m \cdot K)$，最高使用温度约为 $1000℃$。

7. 岩棉及矿渣棉（rock wool and slag wool）

岩棉和矿渣棉统称矿物棉，由熔融的岩石经喷吹制成的称为岩棉，由熔融矿渣经喷吹制成的称为矿渣棉。将矿棉与有机胶结剂结合可以制成矿棉板、毡、筒等制品。其体积密度约为 $45 \sim 150kg/m^3$，热导率约为 $0.049 \sim 0.044W/(m \cdot K)$，最高使用温度为 $600℃$。

8. 玻璃棉（glass wool）

将玻璃熔化后从流口流出的同时，用压缩空气喷吹形成乱向玻璃纤维，也称玻璃棉。其纤维直径约 $20\mu m$，体积密度为 $10 \sim 120kg/m^3$，热导率为 $0.035 \sim 0.041W/(m \cdot K)$，最高使用温度：采用普通有碱玻璃为 $350℃$，采用无碱玻璃时为 $600℃$。玻璃棉除可用于围护结构及管道绝热外，还可用于低温保冷工程。

9. 陶瓷纤维（ceramic fibre）

陶瓷纤维采用氧化硅、氧化铝为原料，经高温熔融、喷吹制成。其纤维直径为 $2 \sim 4\mu m$，体积密度约为 $140 \sim 190kg/m^3$，热导率为 $0.044 \sim 0.049 W/(m \cdot K)$，最高使用温度为 $1100 \sim 1350℃$。陶瓷纤维可制成毡、毯、纸、绳等制品，用于高温绝热。还可将陶瓷纤维用于高温下的吸声材料。

10. 泡沫玻璃（cellular glass）

用玻璃粉和发泡剂配成的混合料经煅烧而得到的多孔材料称为泡沫玻璃。气相在泡沫玻璃中占总体积的 $80\% \sim 95\%$，而玻璃只占总体积的 $5\% \sim 20\%$。泡沫玻璃的体积密度为 $150 \sim 600kg/m^3$，热导率为 $0.058 \sim 0.128W/(m \cdot K)$，抗压强度为 $0.8 \sim 15MPa$，最高使用温度为 $300 \sim 400℃$（采用普通玻璃）、$800 \sim 1000℃$（采用无碱玻璃）。泡沫玻璃可用来砌筑墙体，也可用于冷藏设备的保温，或用作漂浮、过滤材料。

11. 吸热玻璃（endothermic glass）

在普通的玻璃中加入氧化亚铁等能吸热的着色剂或在玻璃表面喷涂氧化锡可制成吸热玻

璃。这种玻璃与相同厚度的普通玻璃相比，其热阻挡率可提高 2.5 倍。吸热玻璃可呈灰色、茶色、蓝色、绿色等颜色。吸热玻璃广泛应用于建筑工程的门窗或幕墙，还可以作为原片加工成钢化玻璃、夹层玻璃或中空玻璃。

12. 热反射玻璃（heat-echoed glass）

在平板玻璃表面采用一定方法涂敷金属或金属氧化膜，可制得热反射玻璃。该玻璃的热反射率可达 40%，从而可起绝热作用。热反射玻璃多用于门、窗、橱窗上，近年来广泛用作高层建筑的幕墙玻璃。

13. 中空玻璃（bosom hollow glass）

中空玻璃是由两层或两层以上平板玻璃或钢化玻璃、吸热玻璃及热反射玻璃，以高强度气密性的密封材料将玻璃周边加以密封，而玻璃之间一般留有 10～30mm 的空间并充入干燥空气而制成的。如中间空气层厚度为 10mm 的中空玻璃，其热导率为 $0.100W/(m \cdot K)$，而普通玻璃的热导率为 $0.756W/(m \cdot K)$。中空玻璃保温、绝热，节能性好，隔声性能优良，并能有效地防止结露，非常适合在住宅建筑中使用。

14. 窗用绝热薄膜（thermal insulating film used for window）

窗用绝热薄膜是以聚酯薄膜经紫外线吸收剂处理后，在真空中蒸镀金属粒子沉积层，然后与有色透明塑料薄膜压制而成。该薄膜的阳光反射率最高可达 80%，可见光的透过率可下降 70%～80%。可用于房屋的门、窗，汽车车窗等。

15. 泡沫塑料（foamed plastic）

（1）聚氨基甲酸酯泡沫塑料

其体积密度为 $30～65kg/m^3$，热导率为 $0.035～0.042W/(m \cdot K)$，最高使用温度为120℃，最低使用温度为 −60℃。可用于屋面、墙面绝热，还可用于吸声、浮力、包装及衬垫材料。

（2）聚苯乙烯泡沫塑料

其体积密度约为 $20～50kg/m^3$，热导率约为 $0.038～0.47W/(m \cdot K)$，最高使用温度为70℃。聚苯乙烯泡沫塑料的特点是强度较高，吸水性较小，但其自身可以燃烧，需加入阻燃材料。可用于屋面、墙面绝热，也可与其他材料制成夹芯板材使用。同样也可用于包装减震材料。

（3）聚氯乙烯泡沫塑料

其体积密度约为 $12～72kg/m^3$，热导率约 $0.045～0.031W/(m \cdot K)$，最高使用温度为70℃。聚氯乙烯泡沫塑料遇火自行灭火，故该泡沫塑料可用于安全要求较高的设备保温上。又由于其低温性能良好，故可将其用于低温保冷方面。

16. 碳化软木板（carbonized soft board）

碳化软木板是以一种软木橡树的外皮为原料，经适当破碎后再在模型中成型，在 300℃左右热处理而成。其体积密度为 $105～437kg/m^3$，热导率约为 $0.044～0.079W/(m \cdot K)$，最高使用温度为 130℃，由于其低温下长期使用不会引起性能的显著变化，故常用作保冷材料。

17. 纤维板（fiber board）

木质纤维或稻草等草质纤维经物理化学处理后，加入水泥、石膏等胶结剂，再经过滤、压碾而成。其体积密度为 $210～1150kg/m^3$，热导率为 $0.058～0.307W/(m \cdot K)$。可用于墙壁、地板、顶棚等，也可用于包装箱、冷藏库等。

18. 蜂窝板 (honeycomb board)

蜂窝板是由两块较薄的面板，牢固地粘接一层较厚的蜂窝状芯材而成的板材，亦称蜂窝夹层结构。蜂窝板具有强度质量比大、导热性低和抗震性好等多种特性。

第五节　吸声、隔声材料

一、吸声材料概述

声音起源于物体的振动，如说话时声带的振动（声带和鼓皮称为声源）。声源的振动迫使邻近的空气跟着振动而形成声波，并在空气介质中向四周传播。

声音在传播过程中，一部分由于声能随着距离的增大而扩散，另一部分则因空气分子的吸收而减弱。当声波遇到材料表面时，被吸收声能（E）与入射声能（E_0）之比，称为吸声系数 α，即

$$\alpha = \frac{E}{E_0} \times 100\%$$

假如入射声能的 55% 被吸收，其余 45% 被反射，则材料的吸声系数就等于 0.55。当入射声能 100% 被吸收，而无反射时，吸声系数等于 1。当门窗开启时，吸声系数相当于 1。只有悬挂的空间吸声体，由于有效吸声面积大于计算面积可获得吸声系数大于 1 的情况。

材料的收声系数与声波的方向、声波的频率及材料中的气孔有关。为了全面反映材料的吸声特性，通常取 125Hz、250Hz、500Hz、1000Hz、2000Hz、4000Hz 六个频率的平均吸声系数表示材料的吸声性能。凡六个频率的平均吸声系数大于 0.2 的材料，可称为吸声材料（sound absorbing materials）。材料的吸声系数越高，吸声效果越好。在音乐厅、影剧院、大会堂、播音室等内部的墙面、地面、顶棚等部位适当采用吸声材料，能改善声波在室内传播的质量，保持良好的音响效果。

为达到较好的吸声效果，材料的气孔应是开放的，且应相互连通，气孔越多，吸声性能越好。大多数吸声材料强度较低，因此应设置在护壁台以上，以免撞坏。吸声材料易于吸湿，安装时应考虑到胀缩的影响。此外还应考虑防火、防腐、防蛀等问题。

二、吸声材料的类型及其结构形式

1. 多孔性吸声材料

（1）吸声机理

多孔性吸声材料具有大量内外连通的微孔和连续的气泡，通气性良好。当声波入射到材料表面时，声波很快地顺着微孔进入材料内部，引起孔隙内的空气振动，由于摩擦，空气黏滞阻力和材料内部的热传导作用，使相当一部分声能转化为热能而被吸收。多孔材料吸声的先决条件是声波易于进入微孔，不仅在材料内部，在材料表面上也应当是多孔的。多孔性吸声材料是比较常用的一种吸声材料，它具有良好的中高频吸声性能。

（2）影响材料吸声性能的主要因素

影响材料吸声性能的主要因素有材料体积密度和构造、材料厚度、材料背后空气层、材料表面特征等。

多孔材料体积密度增加，意味着微孔减少，能使低频吸声效果有所提高，但高频吸声性能却下降。材料孔隙率高、孔隙细小，吸声性能较好，孔隙过大，效果较差。

多孔材料的低频吸声系数，一般随着厚度的增加而提高，但厚度对高频影响不显著。材料的厚度增加到一定程度后，吸声效果的变化就不明显。所以为提高材料吸声性能而无限制地增加厚度是不适宜的。

大部分吸声材料都是周边固定在龙骨上，安装在离墙面5～15mm处。材料背后空气层的作用相当于增加了材料的厚度，吸声性能一般随空气层厚度增加而提高。当材料离墙面的安装距离（即空气层厚度）等于1/4波长的奇数倍时，可获得最大的吸声系数。根据这个原理，借调整材料背后空气层厚度的办法，可达到提高吸声效果的目的。

吸声材料表面的孔洞和开口孔隙对吸声是有利的。当材料吸湿或表面喷涂油漆、孔口充水或堵塞，会大大降低吸声材料的吸声效果。

（3）多孔吸声材料与绝热材料的异同

多孔吸声材料与绝热材料的相同点在于都是多孔性材料，但在材料孔隙特征要求上有着很大差别。绝热材料要求具有封闭的互不连通的气孔，这种气孔越多则保温绝热效果越好；吸声材料则要求具有开放和互相连通的气孔，这种气孔越多，则其吸声性能越好。

2. 薄板振动吸声结构

薄板振动吸声结构的特点是具有低频吸声特性，同时还有助于声波的扩散。建筑中常用的产品有胶合板、薄木板、硬质纤维板、石膏板、石棉水泥板或金属板等，把它们固定在墙或顶棚的龙骨上，并在背后留有空层，即成薄板振动吸声结构。

薄板振动吸声结构是在声波作用下发生振动，板振动时由于板内部和龙骨间出现摩擦损耗，使声能转变为机械振动，而起吸声作用。由于低频声波比高频声波容易使薄板产生振动，所以具有低频吸声特性。建筑中常用的薄板振动吸声结构的共振频率约在80～300Hz之间，在此共振频率附近吸声系数最大，约为0.2～0.5，而在其他频率附近的吸声系数就较低。

3. 共振吸声结构

共振吸声结构具有封闭的空腔和较小的开口，很像个瓶子。当瓶腔内空气受到外力激荡，会按一定的频率振动，这就是共振吸声器。每个单独的共振器都有一个共振频率，在其共振频率附近，由于颈部空气分子在声波的作用下像活塞一样进行往复运动，因摩擦而消耗声能。若在腔口蒙一层细布或疏松的棉絮，可以加宽和提高共振率范围的吸声量。为了获得较宽频带的吸声性能，常采用组合共振吸声结构或穿孔板组合共振吸声结构。

4. 穿孔板组合共振吸声结构

穿孔板组合共振吸声结构具有适合中频的吸声特性。其吸声结构与单独的共振吸声器相似，可看作是多个单独共振器并联而成。这种吸声结构在建筑中使用比较普遍，是将穿孔的胶合板、硬质纤维板、石膏板等板材固定在龙骨上，并在背后设置空气层而构成。穿孔板厚度、穿孔率、孔径、孔距、背后空气层厚度以及是否填充多孔吸声材料等，都直接影响吸声结构的吸声性能。

5. 柔性吸声材料

柔性吸声材料是具有密闭气孔和一定弹性的材料，如聚氯乙烯泡沫塑料，虽多孔，但因具有密闭气孔，声波引起的空气振动不易直接传递至材料内部，只能相应地产生振动，在振动过程中由于克服材料内部的摩擦而消耗了声能，引起声波衰减。这种材料的吸声特性是在一定的频率范围内出现一个或多个吸收频率。

6. 悬挂空间吸声体

　　悬挂于空间的吸声体，由于声波与吸声材料的两个或两个以上的表面接触，增加了有效的吸声面积，产生边缘效应，加上声波的衍射作用，大大提高了实际的吸声效果。空间吸声体有平板形、球形、圆锥形、棱锥形等多种形式。实际使用时，可根据不同的使用地点和要求，设计形式悬挂在顶棚下。

　　7. 帘幕吸声体

　　帘幕吸声体是用具有通气性能的纺织品安装在离墙面或窗洞一定距离处，背后设置空气层而构成的，具有中、高频吸声特性，其吸声效果与材料种类和褶皱有关。帘幕吸声体安装、拆卸方便，兼具装饰作用。

　　常用吸声结构的构造图例及材料构成见表 8-8。常用吸声材料的吸声系数见表 8-9。

表 8-8　常用吸声结构的构造图例及材料构成

类别	多孔吸声材料	薄板振动吸声结构	共振吸声结构	穿孔板组合吸声结构	特殊吸声结构
构造图例	(a)	(b)	(c)	(d)	(e)
举例	玻璃棉 矿棉 木丝板 半穿孔纤维板	胶合板 硬质纤维板 石棉水泥板 石膏板	共振吸声器	穿孔胶合板 穿孔铝板 微穿孔板	空间吸声体帘幕体

表 8-9　常用吸声材料的吸声系数

材料	厚度/cm	各种频率下的吸声系数						装置情况
		125	250	500	1000	2000	4000	
(1)无机材料								
石膏板(有花纹)	—	0.03	0.05	0.06	0.09	0.04	0.06	贴实
水泥蛭石板	4.0	—	0.14	0.46	0.78	0.50	0.60	贴实
石膏砂浆(掺水泥、玻璃纤维)	2.2	0.24	0.12	0.09	0.30	0.32	0.83	墙面粉刷
水泥膨胀珍珠岩板	5	0.16	0.46	0.64	0.48	0.56	0.56	贴实
水泥砂浆	1.7	0.21	0.16	0.25	0.40	0.42	0.48	
砖(清水墙面)	—	0.02	0.03	0.04	0.04	0.05	0.05	
(2)木质材料								
软木板	2.5	0.05	0.11	0.25	0.63	0.70	0.70	贴实
木丝板	3.0	0.10	0.36	0.62	0.53	0.71	0.90	钉在桩骨上，后留10cm空气层
三夹板	0.3	0.21	0.73	0.21	0.19	0.08	0.12	钉在桩骨上，后留5cm空气层
穿孔五夹板	0.5	0.01	0.25	0.55	0.30	0.16	0.19	钉在桩骨上，后留5cm空气层
木质纤维板	1.1	0.06	0.15	0.28	0.30	0.33	0.31	钉在桩骨上，后留5cm空气层
(3)泡沫材料								
泡沫玻璃	4.4	0.11	0.32	0.52	0.44	0.52	0.33	贴实
脲醛泡沫塑料	5.0	0.22	0.29	0.40	0.68	0.95	0.94	贴实
泡沫水泥(外面粉刷)	2.0	0.18	0.05	0.22	0.48	0.22	0.32	紧靠墙面
吸声蜂窝板	—	0.27	0.12	0.42	0.86	0.48	0.30	贴实
(4)纤维材料								
矿棉板	3.13	0.10	0.21	0.60	0.95	0.85	0.72	贴实
玻璃棉	5.0	0.06	0.08	0.18	0.44	0.72	0.82	贴实
酚醛玻璃纤维板	8.0	0.25	0.55	0.80	0.92	0.98	0.95	贴实
工业毛毡	3.0	0.10	0.28	0.55	0.60	0.60	0.56	紧靠墙面

三、隔声材料

建筑上将主要起隔绝声音作用的材料称为隔声材料（sound insulatig matorial）。隔声材料主要用于外墙、门窗、隔墙、隔断等。

隔绝的声音按其传播途径可分为空气声（由于空气的振动）和固体声（由于固体撞击或振动）两种。对空气声，墙或板传声的大小主要取决于其单位面积质量，质量越大越不易振动，则隔声效果越好。因此，应选择密实沉重的材料作为隔声材料，如混凝土、黏土砖、钢板等。如果采用轻质材料或薄壁材料，需辅以多孔吸声材料或采用夹层结构，如夹层玻璃就是一种很好的隔声材料。对固体声，最有效的措施是采用不连续的结构处理，即在墙壁和承重梁之间、房屋的框架和墙板之间加弹性衬垫，如毛毡、软木、橡皮等。

可见，隔声材料与吸声材料要求是不一样的，因此，不能简单地把吸声材料作为隔声材料来使用。

第六节 防 火 材 料

一、防火材料分类

目前，我国防火材料已达近千个品种，有金属类、纺织品类、木制品类、陶瓷类、涂料类、塑料类等十多个大类，常用建筑防火材料见表8-10。本节将着重介绍防火板材、防火涂料、防火门窗及其他防火制品。

表8-10 常用建筑防火材料

类型	主要品种
防火板材	纤维增强水泥平板、GRC板、泰柏板、三维板、GY板、WJ型防火装饰板、难燃铝塑装饰板、矿物棉防火吸声板、滞燃性胶合板
防火涂料	TN-LG钢结构防火隔热涂料、TN-LB钢结构膨胀防火涂料，B60-2木结构防火涂料，TN-106预应力混凝土防火涂料，SJ-I型高温防火隔热涂料、A60-KG型快干氨膨胀防火涂料、G60-3型膨胀过氯乙烯防火涂料
防火门窗	木质硬质分户门、木质防火门、防火木门
传统防火材料	混凝土制品、陶瓷制品、石材
其他	防火玻璃、塑料地板、门窗

二、常用防火材料

1. 防火板材

（1）纤维增强水泥平板（TK板）

纤维增强水泥平板（TK板）是以低碱水泥、中碱玻璃纤维和短石棉为原料，在圆网抄取机上抄取成坯、蒸养硬化而成的薄型建筑平板。由于成坯后经油压机加压，故板材密实，表面光滑。其特点是重量轻，抗弯抗冲击强度高，不燃、耐水、不易变形，并且可锯、钻、刨、钉，故便于加工安装，适用于工业与民用建筑的内隔墙、复合外墙和顶棚等。

纤维增强水泥平板（TK板）按抗弯强度分为三种：100号（抗弯强度＞10.0MPa）、

150 号（抗弯强度＞15.0MPa）、200 号（抗弯强度＞20.0MPa）。

相同类型的产品还有 GRC 墙板，这是一种以水泥砂浆为基材，玻璃纤维为增强材料的无机复合材料，除保持水泥制品不燃、耐压等固有特点外，还弥补了水泥或混凝土制品自重大、抗拉强度低、耐冲击性能差等不足。

GRC 板包括墙板和天花板两类，墙板规格有 1200mm×1200mm、2400mm×900mm、2700mm×600mm，厚度分别为 10mm、12mm、15mm、20mm 数种；天花板包括 600mm×600mm、1200mm×1200mm、2400mm×1200mm，厚度为 8mm 和 8～10mm 数种。

（2）钢丝网夹芯复合板

钢丝网夹芯复合板是一种以焊接钢丝笼为构架，充填阻燃保温芯材，面层经喷涂或抹水泥砂浆而成的轻质板材。根据所用芯材的不同，该板材可分为钢丝网泡沫塑料夹芯板和钢丝网岩棉夹芯板，前者俗称泰柏板，后者又称 GY 芯板。

这类板材的主要特点是轻质、高强、保温、防火、隔声性能好、防腐蚀，适用于高层框架结构建筑的围护墙和内隔墙，大跨度轻型屋面、建筑加层、低层建筑和旧房改造的内外墙以及楼面、屋面、保温墙、吊顶等。

目前我国钢丝网泡沫塑料夹芯板的规格有 2140mm×1220mm、2440mm×1220mm、2740mm×1220mm，也有的为 2100mm×1220mm、2400×1220mm、2700mm×1220mm，厚度分别为 50mm、54mm、57mm；三维板芯材厚度为 26mm。钢丝网岩棉夹芯板的规格为长度在 3000mm 以内，宽为 1200mm、900mm，芯材厚度分别为 40mm、50mm、60mm。

（3）WJ 型防火装饰板

WJ 型防火装饰板是一种不燃玻璃钢建筑装饰板材。该产品是用玻璃纤维增强无机材料制作，具有遇火不燃、不爆、不变形、无烟、无毒、耐腐蚀、耐油、耐水、较高强度、品种多、安装简便、造价低等特点。

WJ 型防火装饰板包括三种型号的产品：WJ-A、WJ-B、WJ-C。前两种板的长度分别为 1000～2000mm 和 600～1200mm，宽为 400～800mm；后者板长 1000～2000mm，宽 800mm，厚度 2～6mm。这些板均可锯割。

不同型号的 WJ 型板的应用范围不同。WJ-A 型板适宜于做电缆防火隔板、电缆贯穿孔洞防火封堵、野外简易房、高层建筑、计算机房、宾馆、影剧院、油田区域间防火分隔等建筑物中的防火墙板等。WJ-B 型适用于电缆防火隔板、建筑物中的不燃吊平顶等。WJ-C 型适用于电缆防火隔板、轮船、火车、飞机、高层建筑、计算机房、宾馆等的防火装饰及用作不燃家具的板材。

（4）SJB2 无机防火天花板

SJB2 无机防火天花板是以膨胀蛭石为主要原料，配以耐高温无机胶黏剂和其他防火组分，在一定工艺条件下压制而成的防火板材。该板材防火性能明显超过其他品种的防火板，且无毒、耐潮、隔声、防虫蛀、可锯、加工容易，适用于旅馆饭店、办公楼、影剧院、体育场馆、医院等建筑物吊顶的防火装饰保护。

相同类型的其他无机防火装饰材料还有以膨胀珍珠岩为主要组分的建筑装饰吸声板等。这类无机防火天花板另一特点是可按普通天花板及装饰板施工方法进行。

（5）难燃铝塑建筑装饰板

难燃铝塑建筑装饰板是以聚乙烯、聚丙烯或聚氯乙烯树脂为主要原料，配以高铝质填料，同时添加发泡剂、交联剂、活化剂、防老剂等助剂加工制成的一种新型建筑材料。

这类板材具有难燃、重量轻、吸声、保温、耐水、防蛀等特点，并具有图案新颖、美观大方、施工方便等优点。其性能优于一般钙塑泡沫装饰板。

性能相同的类似产品还有阻燃性钙塑泡沫装饰吸声板，它是以上述树脂为主要原料，选用轻质碳酸钙为主要填料，同时添加阻燃剂和其他助剂制成的一类发泡塑料装饰板材。

难燃铝塑、钙塑建筑装饰板广泛应用于礼堂、影剧院、人防工程、商场、医院、空调车间、重要机房、船舱等吊顶及墙面吸声板。

（6）矿物棉防火板

矿物棉防火板是指以岩矿棉或玻璃棉为基本材料，经加工制成的一类优质防火吸声板材。该产品除具有体积密度小、保温、吸声等特点外，还具有耐高温、不燃、无毒无味、不霉等优点，是较理想的室内防火装饰材料，可广泛应用于建筑物顶棚、墙壁的内部装修，尤其用于播音室、录音棚、影剧院等，可以控制室内的混响时间，改善室内音质。用于宾馆、体育馆、医院及其他民用建筑要求安静的场所，可以降低噪声，调节室温，改善环境。

目前主要品种有压花板、植砂板、素板、喷涂板、印花板和主体板等。规格有 300mm×600mm、600mm×600mm、600mm×1200mm，厚度有 9mm、12mm、15mm、18mm 等多种。

（7）滞燃性胶合板

胶合板是一种使用非常普遍的建筑材料，但其易燃性使其在现代建筑中的应用受到很大限制。近年来，对胶合板防火性能的要求越来越高，但完全防火的木质胶合板是没有的。因为木材本身具有可燃性，故所谓"防火"实质上是阻燃。该类板材在火灾发生时能起到滞燃和自熄的效果，而其他物理力学性能和外观质量均符合国家对 E 类胶合板的标准要求，其加工性能与普通胶合板相同，无论是锯、刮均不受影响。表面经涂饰后，其漆膜的附着力可达 98% 以上。这类胶合板与金属接触不会加速金属在大气中的腐蚀速率。由于采用的阻燃剂无毒、无嗅、无污染，故使用滞燃型胶合板不会对周围环境带来任何不良影响。

滞燃性胶合板按其阻燃性能分为 A、B 两个等级，主要产品规格有 2135mm×915mm×3.5mm、2135mm×915mm×6mm 等数种。

2. 防火涂料

（1）TN-LG 钢结构防火涂料

TN-LG 钢结构防火涂料，是以改性无机高温黏合剂配以膨胀蛭石、膨胀珍珠岩等吸热、隔热及增强材料和化学助剂合成的一种钢结构防火涂料，适用于各类建筑中承重钢结构的防火保护，也可用于防火墙。

有 TN-LG 涂料喷涂在钢结构表面，形成一层防火隔热层，可使钢结构在火灾中受到隔热保护，其强度不会在火灾的高温下急剧下降而导致建筑物垮塌。该产品防火保温隔热性能好、粘接强度高、耐水性好、可在低温下施工、不腐蚀钢筋、涂层弹性好，当用一般钝器撞击时，涂层只凹陷，不会开裂或整块脱落而失去防火功能。

（2）TN-LB 钢结构膨胀防火涂料

TN-LB 钢结构膨胀防火涂料为水溶性有机与无机相结合的乳胶膨胀防火材料，由于涂层遇火能迅速膨胀，形成较厚实的防火隔热层，可使钢结构在火灾中受到隔热保护，其强度不会在火灾的高温下急剧下降而导致建筑物的损伤。

该涂料涂层薄，物理化学性能和防火性能好，装饰效果突出，因此适合于建筑物中裸露的钢屋架的防火保护。

这种材料在喷、刷涂之前，应对钢构件表面进行彻底的除锈处理，并涂防锈漆两道。涂料使用之前用木棒稍加搅拌即可，不得随便加水稀释以防影响附着力，如感觉太黏稠时加少许自来水。涂料不得与其他油漆或涂料混装混用，以免破坏其性能。该涂料宜在气温 5～35 ℃、相对湿度小于 90% 的环境条件下施工。

（3）B60-2 木结构防火涂料

B60-2 木结构防火涂料以水作溶剂，具有不燃不爆、无毒无污染、施工方便、干燥快的优点，防火阻燃性能突出，其颜色多样，涂层可砂磨打光，具有良好的装饰效果，且耐候、耐油、耐水，其综合性能属目前同类产品之首。

该涂料在可燃基材上使用，涂覆量不得少于 $600g/m^2$，确保以上用量，耐燃时间可达 20～30min 及以上。施工方法同一般水性建筑装饰涂料，刷涂、喷涂、滚涂均可。施工环境要求温度高于 10 ℃，相对湿度低于 90%。

（4）TN-106 预应力混凝土防火涂料

该防火涂料是以无机、有机复合物作胶黏剂，配以珍珠岩、硅酸铝纤维等多种原材料，用水作溶剂，经机械混凝土搅拌而成。

TN-106 防火涂料具有体积密度小、热导率小、防火隔热性能突出，耐老化性能好等特点，且原材料来源丰富，易于生产、施工方便。

我国目前生产的预应力混凝土楼板耐火极限为 0.5h，在实际建筑物火灾中，该类楼板在 0.5h 左右即可断裂。而在预应力混凝土楼板配筋的一面涂 5mm 厚的 TN-106 涂料，则楼板的耐火极限可达 2h，从而延长了救火时间。该类涂料的防火性能应满足国家标准 GB 9978 的规定。此外，这类防火涂料不含石棉等有害物质，防火、装饰效果好，可代替顶棚装饰材料。

（5）SJ-I 型高温防火隔热涂料 SJ-I 型高温防火隔热涂料是以无机隔热材料为主要成分的一种新型高温防火隔热涂料，该涂料防火隔热性能优良、强度高、耐潮耐老化、能经受较长时间的高温火焰冲击。

SJ-I 型高温防火隔热涂料主要用于各种建筑物钢筋混凝土面上，可防止高温的火焰对钢筋混凝土结构的破坏，以提高结构耐火性能。这类材料具有突出的耐高温特性，特别适用烃类着火所引起的高温火灾环境，如油库、车库等。

3. 防火门窗及其他防火制品

（1）防火门窗

ISO 国际标准将防火门窗分为三个等级，其耐火极限分别为 1.2h、0.9h 和 0.6h。按材质分为彩色门窗、冷轧钢板门、不锈钢门、木质门以及塑料门。从结构上分，有单扇门、双扇门、带防火复合玻璃门、通道门、楼梯间门、户门和室门。不同类型防火门窗的品种、规格和性能特点如表 8-11 所示。

表 8-11　不同类型防火门窗的品种、规格和性能指标

品种	规格/mm	技术性能	指标
木质硬板分户门	按模数制 也可特制	静曲强度/MPa 抗拉强度/MPa 容积量/(g/cm³) 氧指数/IO 耐火极限	≥18.0 0.8 0.7～0.8 ≥36 0.6
木质防火门	900×(2100,2400,2700) 1000×(2100,2400,2700)	型号 MFMA MFMB MFMC	耐火极限/h ≥1.2 ≥0.9 ≥0.6

续表

品种	规格/mm	技术性能	指标
钢质防火门		热阻 $R/(m^2 \cdot K/W)$ 隔声指数/dB	0.480 22
钢质防火窗	按模数制	型号 GFCA GFCB	耐火极限/h 1.2 0.9
阻燃塑料门	$700-900\times(2400,700,$ $800),900\times2000$	抗拉强度/MPa 抗压强度/MPa 抗弯强度/MPa 线胀系数/(1/℃) 燃烧性	>36.75 >63.7 67.62 $<7\times10^{-3}$ 自熄

防火门窗主要用于高层建筑的防火分区、楼梯间和电梯门，也可安装于油库、机房、宾馆、饭店、医院、图书馆、办公楼、影剧院及单元门、民用高层住房等。

（2）防火玻璃

防火玻璃是日益发展的功能性玻璃大家族中新的一员。这类防火材料除了可用作采光材料外，其防火性能优良，是高层建筑及在一些重要建筑防火部位广泛使用的一类新型防火材料。目前我国建筑防火玻璃的主要品种有复合防火玻璃、透明防火玻璃、泡沫玻璃等。

复合防火玻璃是由两层或两层以上的平板玻璃间夹含透明阻燃材料胶合层制成的一种夹层玻璃。它具有优良的防火隔热性能，有一定的抗冲击性，存放稳定性好，适用环境温度范围广，可按用户提出的规格和要求加工。

复合防火玻璃是一系列产品，包括普通复合防火玻璃（FBP）、磨砂或磨花型（FBM）、有色型（FBS）、压花型（FBY）等多个品种。该类玻璃适用于高级宾馆、饭店、影剧院等公共建筑和高层建筑的室内防火门、窗和防火隔墙。

透明防火玻璃也是新开发出的防火产品，它是用防火胶黏剂把数层平板玻璃组合粘接而成的透明玻璃。其表面平整光滑，性能稳定，质量可靠，具有良好的透光性和抗冲击强度，有良好的防火、隔热性能，适用温度范围宽，价格便宜。

（3）防火墙面、地面装饰材料

① 防火墙纸　防火墙纸是用 $100\sim200g/m^2$ 的石棉纸为基材，并在 PVC 涂塑材料中掺有阻燃剂，从而使墙纸具有一定的防火阻燃性能，主要用于有防火要求的建筑室内墙面、顶棚的装饰。类似产品还有玻璃纤维印花贴墙布，它是以中碱玻璃纤维布为基材，表面涂以阻燃耐磨树脂，印上花纹图案而成的一种防火墙面装饰材料，除具有防火、抗老化、耐潮性强等特点外，还具有色彩鲜艳，花色多，可用水洗等特点。

② 阻燃塑料地板　阻燃塑料地板是以聚氯乙烯、氯乙烯、醋酸乙烯、聚乙烯等树脂为主要原料，添加含阻燃剂在内的各种助剂而制成的地面装饰材料。这类材料按外形分有块材和卷材两类；按材质分有硬质、半硬质和软质多种。该产品具有普通塑料地板的许多优点，同时阻燃性能好，自熄性好，主要用于建筑物内地面和楼面的铺设。

③ 阻燃织物　阻燃织物主要包括阻燃化学纤维地毯及永久性阻燃装饰面料等。阻燃化纤地毯是以尼龙纤维、聚丙烯纤维、聚丙烯脂纤维等化学纤维为原料，经机织等工艺加工制成面层，再以背衬进行复合处理等工艺制成的。这类产品除具有一般化纤产品的特点外，其阻燃性优良，适用于宾馆、招待所、住宅等建筑。

本 章 小 结

1. 防水材料

（1）建筑防水材料可分为防水卷材、防水涂料、防水密封材料、刚性防水材料和堵漏止水材料等系列。

（2）常用的防水卷材主要包括沥青防水卷材、高聚物改性沥青防水卷材、合成高分子防水卷材三大系列，此外还有柔性聚合物水泥卷材、金属卷材等。

（3）防水涂料通常由基料、填料、分散介质、助剂等组分组成。

（4）常用防水涂料对照见表 8-12。

表 8-12　常用防水涂料

种类对比	定义	优缺点	适用范围
乳化沥青	以水为分散介质，借助于乳化剂的作用使沥青微颗粒（<10μm）均匀分散于水中形成的水乳型防水涂料	成本最低的沥青基防水涂料	
石灰乳化沥青防水涂料	以石油沥青为基料，以石灰膏为分散剂，以石棉绒为填料经机械强力搅拌分散而成的一种灰褐色膏体厚质防水涂料	可直接在潮湿基层上涂刷施工，施工简便，价格低廉；这种涂层具有一定的防水、抗渗能力。涂层柔性较差，延伸率较小，容易因基层的变形或开裂而失去防水效果；其耐低温性也较差	适用于各种防潮层、地下或地上结构的防水基层处理、潮湿环境中的辅助防水及刚性防水的增效措施等
膨润土乳化沥青防水涂料	以优质石油沥青为基料，以膨润土为分散剂，经机械拌制成的水乳性厚质防水涂料	其涂膜不易拉裂，耐热性好，自重轻，在大坡度屋面施工不流淌，可在潮湿基底上涂布，耐久性好。	民用建筑或工业厂房复杂屋面、青灰屋面及平整的保温层面层、地下工程、卫生间的防水、防潮，也可用于屋顶钢筋、板面和油毡表面作保护涂料

（5）建筑密封材料一般填充于建筑物各种接缝、裂缝、变形缝、门窗框、管道接头或其他结构的连接处，是起水密、气密作用的材料。

（6）常用的合成高分子密封膏包括有机硅橡胶密封膏、聚氨酯密封膏、聚硫密封膏、聚丙烯酸酯类密封膏、氯磺化聚乙烯建筑密封膏、建筑硅酮密封膏等。

2. 建筑塑料

（1）塑料的主要成分为合成树脂，次要成分是各种添加剂，如填充剂、增塑剂、稳定剂、固化剂、润滑剂等。

（2）按塑料受热时的变化特点，塑料分为热塑性塑料和热固性塑料；按塑料的功能和用途，塑料分为通用塑料、工程塑料和特种塑料。

（3）塑料的主要性能：①密度小，比强度高；②可加工性好，装饰性强；③耐化学腐蚀性好，耐水性强；④隔热性能好，电绝缘性能优良；⑤弹性模量低，受力变形大；⑥耐热性差，受热变形大；⑦老化性；⑧可燃性。

3. 胶黏剂

胶黏剂按主要原料的性质可分为无机胶黏剂与有机胶黏剂两类;按主要用途可分为通用胶、结构胶和特种胶。

常用的胶黏剂:①热固性树脂胶黏剂;②热塑性合成树脂胶黏剂;③合成橡胶胶黏剂。

4. 绝热材料

(1)材料的热导率大小与其组成与结构、孔隙率、孔隙特征、温度、湿度、热流方向有关。

(2)常用绝热材料有硅藻土、膨胀蛭石、膨胀珍珠岩、发泡黏土、轻质混凝土、微孔硅酸钙、岩棉及矿渣棉、玻璃棉、陶瓷纤维、泡沫玻璃、吸热玻璃、热反射玻璃、中空玻璃、窗用绝热薄膜、泡沫塑料、纤维板、蜂窝板等。

(3)绝热材料要求具有封闭的互不连通的气孔,这种气孔越多则保温绝热效果越好;吸声材料则要求具有开放和互相连通的气孔,这种气孔越多,则其吸声性能越好。

5. 吸声隔声材料

影响材料吸声性能的主要因素有材料体积密度和构造、材料厚度、材料背后空气层、材料表面特征等。

6. 防火材料

常用防火材料的特点及适用范围见表 8-13。

表 8-13 常用防火材料的特点及适用范围

	名称	特点	适用范围
防火板材	纤维增强水泥平板(TK板)	重量轻,抗弯抗冲击强度高,不燃、耐水、不易变形,并且可锯、钻、刨、钉,故便于加工安装	适用于工业与民用建筑的内隔墙、复合外墙和顶棚等
	钢丝网夹芯复合板	轻质、高强、保温、防火、隔声好、防腐蚀	适用于高层框架结构建筑的围护墙和内隔墙,大跨度轻型屋面、建筑加层、低层建筑和旧房改造的内外墙以及楼面、屋面、保温墙、吊顶等
	WJ型防火装饰板	遇火不燃、不爆、不变形、无烟、无毒、耐腐蚀、耐油、耐水、较高强度、品种多、安装简便、造价低	不同型号的 WJ 型板的应用范围不同
	SJB2无机防火天花板	该板材防火性能明显超过其他品种的防火板,且无毒、耐潮、隔声、防虫蛀、可锯、加工容易	适用于旅馆饭店、办公楼、影剧院、体育场馆、医院等建筑物吊顶的防火装饰保护
	难燃铝塑建筑装饰板	难燃、重量轻、吸声、保温、耐水、防蛀、图案新颖、美观大方、施工方便。其性能优于一般钙塑泡沫装饰板	广泛应用于礼堂、影剧院、人防工程、商场、医院、空调车间、重要机房、船舱等吊顶及墙面吸声板
	矿物棉防火板	体积密度小、保温、吸声、耐高温、不燃、无毒无味、不霉	广泛应用于建筑物顶棚、墙壁的内部装修,尤其用于播音室、录音棚、影剧院等
	滞燃性胶合板	滞燃,无论是锯、刮均不受影响,表面经涂饰后,其漆膜的附着力可达 98% 以上。这类胶合板与金属接触不会加速金属在大气中的腐蚀速率	使用滞燃型胶合板不会对周围环境带来任何不良影响

续表

名称		特点	适用范围
防火涂料	TN-LG 钢结构防火涂料	防火保温隔热性能好、粘接强度高、耐水性好、可在低温下施工、不腐蚀钢筋、涂层弹性好,当用一般钝器撞击时,涂层只凹陷,不会开裂或整块脱落而失去防火功能	适用于各类建筑中承重钢结构的防火保护,也可用于防火墙
	TN-LB 钢结构膨胀防火涂料	涂层薄,物理化学性能和防火性能好,装饰效果突出	适合于建筑物中裸露的钢屋架的防火保护
	B60-2 木结构防火涂料	不燃不爆、无毒无污染、施工方便、干燥快,防火阻燃性能突出,其颜色多样,涂层可砂磨打光,具有良好的装饰效果,且耐候、耐油、耐水	其综合性能属目前同类产品之首
	TN-106 预应力混凝土防火涂料	体积密度小、热导率小、防火隔热性能突出,耐老化性能好	
	SJ-I 型高温防火隔热涂料	防火隔热性能优良、强度高、耐潮耐老化、能经受较长时间高温火焰冲击	主要用于各种建筑物钢筋混凝土面上,特别适用烃类着火所引起的高温火灾环境,如油库、车库等
防火门窗及其他防火制品	防火门窗	兼有门窗建筑功能、防火功能于一身	防火门窗主要用于高层建筑的防火分区、楼梯间和电梯门,也可安装于油库、机房、宾馆、饭店、医院、图书馆、办公楼、影剧院及单元门、民用高层住房等
	防火玻璃	除了可用作采光材料外,其防火性能优良	是高层建筑及一些重要建筑防火部位广泛使用的新型防火材料
	防火墙面、地面装饰材料	除具有防火、抗老化、耐潮性强等特点外,还具有色彩鲜艳,花色多,可水洗等特点	主要用于有防火要求的建筑室内墙面、顶棚的装饰

思 考 题

1. 什么是防水卷材? 防水卷材主要有哪几个系列? 防水卷材应具备哪些基本性能?
2. 石油沥青防水卷材的胎体材料主要有哪几种? 石油沥青纸胎防水卷材的标号如何划分?
3. 与传统石油沥青防水卷材相比,高分子聚合物改性沥青防水卷材有何特点?
4. 塑料的主要组成有哪些? 其作用如何?
5. 热塑性塑料和热固性塑料的主要不同点有哪些?
6. 胶黏剂的主要组成有哪些? 其作用如何?
7. 试举出三种建筑上常用的胶黏剂,并说明它们的用途。
8. 防水涂料的主要组成有哪些? 各有何作用?
9. 防水涂料按其成膜机理分为哪几类? 各有何特点?
10. 防水涂料有哪些技术性能要求?
11. 何谓绝热材料? 建筑上使用绝热材料有何意义?
12. 绝热材料为什么总是轻质的? 使用时为什么一定要防潮?
13. 试述含水量对绝热材料性能的影响。

14. 何谓吸声材料？材料的吸声性能用什么指标表示？

15. 影响绝热材料绝热性能的因素有哪些？

16. 吸声材料与绝热材料在结构上的区别是什么？为什么？

17. 影响多孔吸声材料吸声效果的因素有哪些？

18. 为什么不能简单地将一些吸声材料作为隔声材料来用？

19. 工程上对防火材料有何要求？

第九章 装饰材料

建筑装饰材料是指用于建筑物表面（如墙面、柱面、地面及顶棚等）起装饰作用的材料，也称装饰材料或饰面材料。一般是在建筑主体工程（结构工程和管线安装等）完成后，最后铺设、粘贴或涂刷在建筑物表面。

装饰材料的使用目的除了对建筑物起装饰美化作用，满足人们的美感需求外，通常还起着保护建筑物主体结构和改善建筑物使用功能的作用，是房屋建筑中不可缺少的一类材料。

本章主要介绍装饰材料的基本特征及选用原则，简要介绍装饰石材、建筑陶瓷、建筑玻璃、建筑塑料、建筑涂料等的品种、性能和应用。通过学习，主要掌握装饰材料的基本特征及选用原则，了解常用的各种装饰材料的性能和应用。

第一节 装饰材料的基本特征与选用

一、装饰材料的基本特征

1. 装饰材料的装饰特征

装饰特征是指任何一种材料本身所固有的，当其用于装饰时能对装饰效果产生影响的一些属性。材料在这方面的特征常用光泽、底色、纹样、质地、质感等描述。

（1）颜色

材料的颜色实质上是材料对光谱的反射，并非是材料本身固有的。它主要与光线的光谱组成有关，还与观看者的眼睛对光谱的敏感性有关。材料颜色选择合适、组合协调能创造出更加美好的工作、居住环境，因此，颜色对于建筑物的装饰效果就显得极为重要。

（2）底色

材料的底色指材料本身所固有的颜色。当某种材料经配色处理后，从内到外均匀地带有了某种色彩亦可视为材料的底色。从实际工作角度而言，应注意两点：一是改变材料的底色是较难的，且代价较高。故当需要改变某种材料色彩时，应尽可能去改变其表面颜色；二是当用具有半透明特征的材料进行表面着色时，被覆盖材料的底色会对表面颜色产生影响。

（3）光泽

当外部光线照射到物体表面上时，由于不同物体表面特征的差异，致使反射光线在空间有不同的分布，从而决定了人对物体表面的知觉，这种属性就称为材料的光泽。它是材料表面的一种特性，对于物体形象的清晰度起着决定性的作用。根据材料表面的光泽可将材料表面划分为镜面、光面、亚光面和无光面。在评定材料的外观时，其重要性仅次于颜色。

（4）透明性

材料的透明性也是与光线有关的一种性质。既能透光又能透视的物体，称为透明体；只能透光而不能透视的物体，称为半透明体；既不能透光又不能透视的物体，称为不透明体。如普通门窗玻璃大多是透明的，磨砂玻璃和压花玻璃是半透明的，釉面砖则是不透明的。

（5）质地

质地是指材料表面的粗糙程度。不同类型的材料，其表面的粗糙度不同；而同一类型不同品种的材料，表面粗糙程度亦不相同。例如：石材和玻璃的粗糙程度不同，而抛光石板和粗磨石板的粗糙度的质地亦不相同。

（6）质感

对一定材料而言，质感是材料质地的感觉。质感不仅取决于饰面材料的性质，而且取决于施工方法。材料品种不同则其质感不同，同种材料不同的施工方法，也会产生不同的质地感觉。如对石材表面进行斩凿、刻划、打磨等不同的处理，可使天然石材在其自然材质本身的基础上平添一分由加工技法、工具、匠心独运的人工纹理所带来的趣味。从这个角度讲，无论何种材料，无论材料本身的装饰条件如何，在对材料质感的要求中，都应十分重视人工处理方法的影响。

2. 装饰材料的视感特征

视感特征指人们单独观察一种材料或在一定环境条件下考察某种材料时，材料通过视觉作用对人们的心理感受所产生影响的一些属性。它包括以下几种作用。

（1）心理联想作用

与色彩相似，材料亦可能在人们的心理产生反映，同时引发人们各种各样的联想。如：光滑、细腻的材料表面常给人一种冷漠、傲然的心理感觉，但也有优雅、精致的情感基调；金属的质感使人产生坚硬、沉重的感觉，而毛皮、丝织品使人感到柔软、轻盈、温暖；石材使人感到稳重、坚实、雄厚、富有力度。在建筑设计和施工中，必须正确把握材料的性格特征，使材料的性格与整个建筑的装饰基调相吻合。

（2）面积距离效应

在对材料的装饰效果考虑过程中，必须考虑到当人和材料表面距离不同、材料的面积大小不同时，同一种材料的视觉效果会产生不同的改变。

（3）传统定式效应

在室内设计和施工过程中，应尊重那些已成为传统定式的习惯性形式、做法和规律。

二、装饰材料的选用

装饰材料的选用应结合建筑物的特点、环境条件、装饰性三个方面来考虑，并要求材料能长期保持其特征，此外还要求材料具有多功能性，以满足使用中的各种要求。

选用装饰材料时，主要考虑的是装饰效果，颜色、光泽、透明性等应与环境相协调。除此以外，材料还应具有某些物理、化学和力学方面的基本性能，如一定的强度、耐水性和耐腐蚀性等，以提高建筑物的耐久性，降低维修费用。

对于室外装饰材料，即外墙装饰材料，应兼顾建筑物的美观和对建筑物的保护作用。外墙除需要承担荷载外，主要是根据生产、生活需要作为围护结构，达到遮挡风雨、保温隔热、隔声防水等目的。因所处环境较复杂，直接受到风吹、日晒、雨淋、冻害的袭击，以及空气中腐蚀气体和微生物的作用，故应选用能耐大气侵蚀、不易褪色、不易玷污、不泛霜的材料。

对于室内装饰材料，要妥善处理装饰效果和使用安全的矛盾。优先选用环保型材料和不燃烧或难燃烧等消防安全型材料，尽量避免选用在使用过程中会挥发有毒成分和在燃烧时会产生大量浓烟或有毒气体的材料，努力创造一个美观、整洁、安全、适用的生活和工作环境。

第二节　常用装饰材料

建筑上应用的装饰材料品种齐全、种类繁多，而且新品种不断出现，质量也不断提高。目前，国内外常用装饰材料包括以下各种。

一、装饰石材

1. 天然石材（natural stones）

天然石材是指从天然岩体中开采出来的毛料经加工而成的板状或块状的饰面材料。用于建筑装饰的石材主要有大理石板和花岗岩板两大类。通常以其磨光加工后所显示的花色、特征及石材产地来命名。饰面板材一般有正方形及矩形两种，常用规格为厚度20mm，宽150～915mm，长300～1220mm，也可加工成8～12mm厚的薄板及异型板材。

（1）大理石板材

大理石板材是用大理石荒料（即由矿山开采出来的具有规则形状的天然大理石块）经锯切、研磨、抛光等加工而成的板材。

大理石的主要矿物组成是方解石和一些杂质，如氧化铁、二氧化硅、云母、石墨、蛇纹石等杂质，使大理石呈现出红、黄、黑、绿、灰、褐等多种色彩组成的花纹，色彩斑斓，磨光后极为美丽典雅。纯净的大理石为白色，洁白如玉，晶莹生辉，故称汉白玉。纯白和纯黑的大理石属名贵品种，是重要建筑物的高级装饰材料。

天然大理石板材虽为高级饰面材料，但由于其主要化学成分为$CaCO_3$，如长期用于室外，会受到酸雨以及空气中酸性氧化物遇水形成的酸类侵蚀，生成易溶于水的石膏，使其失去表面光泽，变得粗糙多孔，甚至出现斑点等现象，从而降低装饰效果。因此，除少数质地纯正、杂质少、比较稳定耐久的品种如汉白玉、艾叶青等大理石可用于外墙饰面，一般大理石不宜用于室外装饰。

（2）花岗岩板材

花岗岩板材是将花岗岩经锯片、磨光、修边等加工而成的板材。常根据其在建筑物中使用部位的不同，加工成剁斧板、机刨板、粗磨板、磨光板。

花岗岩板材的颜色取决于所含长石、云母及暗色矿物的种类和数量，常呈灰色、黄色、蔷薇色、淡红色及黑色等，质感丰富，磨光后色彩斑斓、华丽庄重，且材质坚硬、化学稳定性好、抗压强度高和耐久性很好，使用年限可长达 500～1000 年之久。但因花岗岩中含大量石英，石英在 573℃和 870℃的高温下均会发生晶态转变，产生体积膨胀，故火灾时花岗岩会产生严重开裂破坏。

花岗岩是公认的高级建筑装饰材料，但由于其开采运输困难、修琢加工及铺贴施工耗工费时，因此造价较高，一般只用于重要的大型建筑中。花岗岩剁斧板多用于室外地面、台阶、基座等处；机刨板材一般用于地面、台阶、基座、踏步、檐口等处；粗磨板材常用于墙面、柱面、台阶、基座、纪念碑、墓碑等处；磨光板材因其具有色彩绚丽的花纹和光泽，故多用于室内外墙面、地面、柱面等的装饰，以及用作旱冰场地面、纪念碑、奠碑等。

大理石板材与花岗岩板材的性能对比见表 9-1。

表 9-1 大理石板材与花岗岩板材的性能对比

性能＼品种	大理石板材	花岗岩板材
矿物组成	方解石、白云石	长石、石英、云母
花纹特点	云状、片状、枝条形花纹	繁星状、斑点状花纹
体积密度	2600～2700kg/m³	2600～2800kg/m³
装饰特点	磨光后质感细腻、平滑，雕刻后亦具有阴柔之美	磨光板材色泽质地注重大方，非磨光板材质感厚重，庄严，雕刻后具有阳刚之气
抗压强度	70～140MPa	120～250MPa
莫氏硬度	硬度较小，3～4	硬度大
耐磨性能	耐磨性差，故磨光等加工容易	耐磨性好，故加工困难
耐火性能	耐火性好	耐火性差
化学性能	耐酸性差，耐碱性较好	化学稳定性好，有较强的耐酸性
耐风化性	差	好
使用年限	比花岗岩寿命短	使用寿命可达 200 年以上
放射性物质	与具体组成有关	与具体组成有关，放射性物质多于大理石

2. 人造石材（man-made stones）

人造石材是以天然石材碎料、石英砂、石渣等为集料，树脂或水泥等为胶结料，经拌和、成型、聚合或养护后，打磨、抛光、切割而成的。

人造石材具有天然石材的质感，但重量轻、强度高、耐腐蚀、耐污染、可锯切、钻孔、施工方便。适用于墙面、门套或柱面装饰，也可用作工厂、学校等的工作台面及各种卫生洁具，还可以加工成浮雕、工艺品等。与天然石材相比，人造石材是一种比较经济的饰面材料。

根据人造石材使用的胶结材料可将其分为以下四类。

（1）树脂型人造石材

这种人造石材一般以不饱和树脂为胶结料，石英砂、大理石碎粒或粉等无机材料为集料，经搅拌混合、浇筑、固化、脱模、烘干、抛光等工序制成。不饱和树脂的黏度低，易于成型，且可以在常温下固化。产品光泽好、基色浅，可调制成各种鲜亮的颜色。

（2）水泥型人造石材

以各种水泥为胶结料，与砂和大理石或花岗岩碎粒等集料经配料、搅拌、成型、养护、磨光、抛光等工序制成。水泥胶结剂除硅酸盐水泥外，也有用铝酸盐水泥。如果采用铝酸盐水泥和表面光洁的模板，则制成的人造石材表面有较高的光泽度。这是由于铝酸盐水泥水化后生成大量的氢氧化铝凝胶，这些水化产物与光滑的模板相接触，形成致密结构而具有光泽。

这类人造石材的耐腐蚀性较差，且表面容易出现微小龟裂和泛霜，不宜用作卫生洁具，也不宜用于外墙装饰。

（3）复合型人造石材

这类人造石材所用的胶结料中，既有有机聚合物树脂，又有无机水泥，其制作工艺可以采用浸渍法，即将无机材料（如水泥砂浆）成型的坯体浸渍在有机单体中，然后使单体聚合。对于板材，基层一般用性能稳定的水泥砂浆，面层用树脂和大理石碎粒或粉末调制的浆体制成。

（4）烧结型人造石材

烧结型人造石材的生产工艺类似于陶瓷，是把高岭土、石英、斜长石等混合配料，制成泥浆，成型后经 1000℃ 左右的高温焙烧而成。

以上种类的人造石材中，目前使用最广泛的是以不饱和聚酯树脂为胶结料而生产的树脂型人造石材。根据生产时所加颜料不同，采用的天然石料的种类、粒度和纯度不同，以及制作的工艺方法不同，则所制成的人造石材的花纹、图案、颜色和质感也就不同，通常制成仿天然大理石、天然花岗岩和天然玛瑙石的花纹和图案，分别称为人造大理石、人造花岗岩和人造玛瑙。

二、建筑陶瓷

凡以黏土、长石、石英为基本原料，经配料、制坯、干燥、焙烧而制成的成品，称为陶瓷制品。用于建筑工程中的陶瓷制品，则称为建筑陶瓷（construction ceramic）。

1. 陶瓷的分类

陶瓷制品按其致密程度分为陶质、瓷质和炻质三大类。

（1）陶质制品

陶质制品为多孔结构，通常吸水率较大，断面粗糙无光，敲击声粗哑，有无釉和施釉两种制品。根据其原料土杂质含量的不同，又可分为粗陶和精陶两种。粗陶不施釉，建筑上常用的烧结黏土砖、瓦就是最普通的粗陶制品。精陶一般施有釉，建筑饰面用的釉面砖以及卫生陶瓷和彩陶等均属此类。

（2）瓷质制品

瓷质制品结构致密，吸水率小，有一定透明性，表面通常施有釉。根据其原料土的化学成分与制作工艺的不同，又分为粗瓷和细瓷两种。瓷质制品多为日用餐具、电瓷及美术用品、地面砖等。

（3）炻质制品

炻质制品是介于陶质和瓷质之间的一类陶瓷制品，也称半瓷。其构造比陶质致密，一般吸水率较小，但又不如瓷质制品那么洁白，其坯体多带有颜色，且无半透明性。按其坯体的细密程度不同，又分为粗炻器和细炻器两种。建筑饰面用的外墙面砖、地砖和陶瓷锦砖等均属炻器。

2. 常用建筑陶瓷制品

建筑陶瓷包括釉面砖、墙地砖、锦砖、建筑琉璃制品等。广泛用作建筑物内外墙、地面和屋面的装饰和保护，已成为极为重要的装饰材料。

（1）釉面砖

釉面砖又称内墙砖，属于精陶类制品。它是以黏土、石英、长石、助熔剂、颜料以及其他矿物原料，经破碎、研磨、筛分、配料等工序加工成含一定水分的生料，再经模具压制成型、烘干、素烧、施釉和釉烧而成，或坯体施釉一次烧成。这里所谓的釉，是指附着于陶瓷坯体表面的连续玻璃质层，具有与玻璃相类似的某些物理化学性质。

釉面砖具有色泽柔和典雅、美观耐用、朴实大方、防火耐酸、易清洁等特点，主要用作建筑物内部墙面，如厨房、卫生间、浴室、墙裙等的装饰和保护。

（2）墙地砖

其生产工艺类似于釉面砖，或不施釉一次烧成无釉墙地砖。产品包括外墙砖和地砖两类。属于炻质和瓷质制品。

墙地砖具有强度高、耐磨、化学性能稳定、不燃、吸水率低、易清洁、经久不裂等优点。对于铺地砖还有耐磨性要求，并根据耐化学腐蚀性分为 AA、A、B、C、D 五个等级。

（3）陶瓷锦砖

俗称马赛克，是以优质瓷土为主要原料，经压制烧成的片状小瓷砖，表面一般不上釉。通常将不同颜色和形状的小块瓷片铺贴在牛皮纸上形成色彩丰富、图案繁多的装饰砖，成联使用。

陶瓷锦砖具有耐磨、耐火、吸水率小、抗压强度高、易清洗以及色泽稳定等特点。广泛适用于建筑物门厅、走廊、卫生间、厨房、化验室等内墙和地面，并可作建筑物的外墙饰面与保护。

施工时，可以将不同花纹、色彩和形状的小瓷片拼成多种美丽的图案。

（4）陶瓷劈离砖

陶瓷劈离砖又称劈裂砖、劈开砖和双层砖，是以黏土为主要原料，经配料、真空挤压成型、烘干、焙烧、劈离（将一块双联砖分为两块砖）等工序制成的。产品具有均匀的粗糙表面、古朴高雅的风格、良好的耐久性，广泛用于地面和外墙装饰。

（5）卫生陶瓷

卫生陶瓷为用于浴室、盥洗室、厕所等处的卫生洁具，如洗面器、坐便器、水槽等。卫生陶瓷多用耐火黏土或难熔黏土经配料制浆、灌浆成型、上釉焙烧而成。卫生陶瓷结构形式多样，颜色分为白色和彩色，表面光洁、不透水、易于清洗，并耐化学腐蚀。

（6）建筑琉璃制品

建筑琉璃制品是我国陶瓷宝库中的古老珍品之一，是用难熔黏土制坯，经干燥、上釉后焙烧而成的。颜色有绿、黄、蓝、青等。品种可分为三类：瓦类（板瓦、滴水瓦、筒瓦、沟头）、脊类和饰件类（吻、博古、兽）。

琉璃制品色彩绚丽、造型古朴、质坚耐久，所装饰的建筑物富有我国传统的民族特色。主要用于具有民族特色的宫殿式房屋和园林中的亭、台、楼阁等。

三、装饰和装修中的木材

木材作为建筑室内装修与装饰材料是木材应用的一个主要方面。它能给人以自然美的享受，还能使室内空间产生温暖与亲切感。室内常用的木装修和木装饰有以下几方面。

1. 条木地板

条木地板是室内使用最普遍的木质地面，它是由龙骨、水平撑和地板三部分组成的。地板有单层和双层两种，双层地板中的下层为毛板，面层为硬木条板，硬木条板多选用水曲柳、柞木、枫木、柚木、榆木等硬质树材；单层条木板常选用松、杉等软质树材。条板宽度一般不大于 120mm，板厚为 20~30mm，材质要求采用不易腐朽和变形开裂的优质板材。

条木地板自重轻、弹性好，脚感舒适，并且导热性小，故冬暖夏凉，且易于清洁。条木地板被公认为是优良的室内地面装饰材料，它适用于办公室、会议室、会客室、休息室、宾馆客房、幼儿园及仪器室等场所。

2. 拼花木地板

拼花木地板是较高级的室内地面装修材料，分双层和单层两种，前者面层均为拼花硬木板层，双层板下层为毛板层。面层拼花板材多选用水曲柳、柞木、核桃木、榆木、槐木等质地优良、不易腐朽开裂的硬木树材。拼花小木条的尺寸一般为长 250~300mm，宽 40~60mm，板厚 20~25cm，木条一般均带有企口。双层拼花木地板固定方法是将面层小板条用暗钉钉在毛板上，单层拼花木地板可采用适宜的粘接材料，将硬木面板条直接粘贴于混凝土基层上。

拼花木地板纹理美观，耐磨性好，且拼花小木板一般均经过远红外线法干燥，含水率恒定（约 12%），因而变形小，易保持地面平整、光滑而不翘曲变形。

拼花木地板分高、中、低三个档次，高档产品适合于三星级以上中、高级宾馆，大型会场、会议室等室内地面装饰；中档产品适用于办公室、疗养院、体育馆、酒吧等地面装饰；低档产品适用于各种民用住宅地面的铺装。

3. 护壁板

护壁板又称木台度，在铺设拼花地板的房间内，往往采用木台度，以使室内空间的材料格调一致，给人一种整体景观和谐的感受。护壁板可采用木板、企口条板、胶合板等装修，设计和施工时可采取嵌条、拼缝、嵌装等手法进行构图，以达到装饰墙壁的目的。

4. 木花格

木花格即为用木板和枋木制作成具有若干个分格的木架，这些分格的尺寸或形状一般都各不相同。木花格宜选用硬木或杉木树材制作，并要求材质木节少、木色好，无虫蛀和腐朽等缺陷。木花格具有加工制作简便、饰件轻巧纤细、表面纹理清晰等特点。木花格多用作建筑物室内的花窗、隔断等。

5. 旋切微薄木

旋切微薄木是以色木、桦木或多瘤的树根为原料，经水煮软化后，旋切成厚 0.1mm 左右的薄片，再用胶黏剂粘贴在坚韧的纸上（即纸依托），制成卷材，或者采用柚木、水曲柳等树材，通过精密旋切，制得厚度为 0.2~0.5mm 的微薄木，再采用先进的胶黏工艺和胶黏剂，粘贴在胶合板基材上，制成微薄木贴面板。

6. 木装饰线条

木装饰线条简称木线条。木线条种类繁多，主要有楼梯扶手、压边线、墙腰线、天花角线、弯线、挂镜线等。木线条都是采用木质较好的树材加工而成。

木材的综合利用就是将木材加工过程中的边角、碎料、刨花、木屑、锯末等，经过再加工处理，制成各种人造板材，有效提高木材的利用率。

7. 胶合板（plywood）

胶合板（即层压板），是将原木沿年轮方向旋转切成薄片，经干燥处理后上胶，将数张薄片按纤维方向垂直叠放，再经热压而制成。通常以奇数层组合，并以层数取名，一般为3～13层，最多可达15层，厚度为2.5～30mm，宽度为215～1220mm，长度为95～2440mm。针叶树材和阔叶树材均可制作胶合板。工程中常用的是三合板和五合板。

胶合板与普通木板相比具有许多优点：如消除了木材的各向异性，热导率小，绝热性好，无明显的纤维饱和点，平衡含水率和吸湿性比木材低，木材的疵病被剔除，板面质量好等。

胶合板分类方法很多，按板的结构可分为胶合板、夹芯胶合板和复合胶合板；按用途可分为特种胶合板和普通胶合板。普通胶合板又分为Ⅰ、Ⅱ、Ⅲ、Ⅳ四类。各类胶合板的主要特性与适用范围见表9-2。

表9-2 普通胶合板的分类、特性及适用范围

种类	分类	名称	胶种	特性	适用范围
普通胶合板	Ⅰ类	耐气候胶合板	酚醛树脂胶或其他性能相当的胶	耐久、耐煮沸或蒸馏处理、耐干热，抗菌	室内、外工程
	Ⅱ类	耐水胶合板	脲醛树脂胶或其他性能相当的胶	耐冷水浸泡及短时间热水浸泡，抗菌，但不耐煮沸	室内、外工程
	Ⅲ类	耐潮胶合板	血胶、低树脂含量的脲醛树脂或其他性能相当的胶	耐短期冷水浸泡	室内工程（一般常态下使用）
	Ⅳ类	不耐潮胶合板	豆胶或其他性能相当的胶	有一定的胶合强度，但不耐潮	室内工程（一般常态下使用）

胶合板广泛用于室内隔墙板、天花板、护壁板、顶棚板及各种家具、室内装修等。

8. 胶合夹芯板（plywood sandwich board）

胶合夹芯板有实心板和空心板两种。实心板是由干燥的短木条用树脂胶拼镶成芯，两面用胶合板加压加热粘接制成的。空心板内部则由厚纸蜂窝结构填充，表面用胶合板加压加热制成。

胶合夹芯板面宽，尺寸稳定，重量轻且构造均匀，多用作门板、壁板和家具。

9. 纤维板（fiber board）

纤维板是将树皮、刨花、树枝等废料，经破碎、浸泡、研磨成木浆，加入胶黏剂或利用木材自身的胶黏物质，再经热压成型、干燥处理等工序而制成的板材。

纤维板木材利用率高达90%以上，且材质均匀，各向强度一致，弯曲强度大，不易胀缩和翘曲开裂。

纤维板按其体积密度分为三种：硬质纤维板（体积密度不小于800kg/m³）、中硬纤维板（体积密度为400～800kg/m³）、软质纤维板（体积密度小于400kg/m³）。硬质纤维板广泛用于替代木板作室内墙壁、地板、家具和装修材料等。软质纤维板体积密度小，孔隙率大，常用作绝热、吸声材料。

纤维板吸水后会导致沿板厚方向膨胀，强度下降，且板面发生变形翘曲。因此，纤维板若用于湿度较大的环境中，应做防潮处理。

10. 刨花板、木丝板、木屑板（shaving board，woodwool board and xylolite board）

刨花板、木丝板和木屑板是利用木材加工中的废料刨花、木丝、木屑等经干燥、拌和胶结料，经热压而制成的板材。所用胶结料有：豆胶、血胶等动植物胶；酚醛树脂、脲醛树脂等合成树脂以及水泥、菱苦土等无机胶凝材料。

刨花板按制造方法可分成平压刨花板和挤压刨花板（实心挤压刨花板和空心挤压刨花板）两类。

刨花板、木丝板和木屑板这类板材体积密度较小，强度较低，主要用作绝热和吸声材料。其中热压树脂刨花板和木屑板，其表面可粘贴熟料贴面或胶合板作饰面层，使其强度增加，具有装饰性，可用作吊顶、隔墙和家具等。

11. 复合板（composite board）

复合板主要有复合地板和复合木板两种。

（1）复合地板

复合地板是一种多层叠压木地板，板材 80％为木质。这种地板通常是由面层、芯板和背层三部分组成，其中面层又由数层叠压而成，每层都有其不同的特色和功能。叠压面层是由特别加工处理的木纹纸与透明的密胺树脂经高温、高压压合而成；芯板是用木纤维、木屑或其他木质粒状材料（均为木材加工的边角料）等与有机物混合经加压而成的高密度板材；底层为聚合物叠压的纸质层。

复合地板规格一般为 1200mm×200mm 的条板，板厚 8mm 左右，其具有表面光滑美观、坚实耐磨、不变形和干裂、不沾污及褪色、不需打蜡、耐久性较好、易清洁和铺设方便等优点。因板材较薄，故铺设在室内原有地面上时，不需对门作任何改动。复合地板适用于客厅、起居室、卧室等地面铺装。

（2）复合木板

复合木板又称木工板，由三层胶粘压而成。其上、下面层为胶合板，芯板是由木材加工后剩下的短小木料经再加工制得的木条。

复合木板一般厚为 20mm，长 2000mm，宽 1000mm，幅面大，表面平整，使用方便。复合木板可代替实木板使用，常用作建筑室内隔墙、橱柜等的装修。

最后，需要说明的是木材是传统的建筑材料，在古代建筑和现代建筑中都得到了广泛应用。在结构上，木材主要用于构架和屋顶，如梁、柱、桁檩、橼、斗拱等。我国许多古建筑物均为木结构，它们在建筑技术和艺术上均有很高的水平，并具独特的风格。

木材由于加工制作方便，故广泛用于房屋的门窗、地板、天花板、扶手、栏杆、桐栅等。另外，木材在建筑工程中还常用作脚手架、混凝土模板及木桩等。

四、建筑玻璃

玻璃是用石英砂、纯碱、长石和石灰石等原料于 1550～1600℃高温下烧至熔融，成型后急冷而制成的固体材料。

1. 普通玻璃的技术性质

① 透明性好　普通清洁玻璃的透光率达 82％以上。

② 热稳定性差　玻璃受急冷、急热时易破裂。

③ 脆性大　玻璃为典型的脆性材料，在冲击力作用下易破碎。

④ 化学稳定性好　其抗盐和酸侵蚀的能力强。

⑤ 体积密度较大　其体积密度为 $2450\sim2550\text{kg/m}^3$。

⑥ 热导率较大　其热导率为 0.75W/(m·K)。

2. 建筑玻璃制品（construction glass products）

（1）普通平板玻璃

普通平板玻璃是由浮法或引上法熔制，经热处理消除或减小其内部应力至允许值而成的。平板玻璃是建筑玻璃中用量最大的一种，厚度为 $2\sim12\text{mm}$，其中以 3mm 厚的使用量最大。

平板玻璃的产量以标准箱计。以厚度为 2mm 的平板玻璃，每 10m^2 为一标准箱。对于其他厚度规格的平板玻璃，均需要进行标准箱换算。

普通平板玻璃大部分作为窗玻璃直接用于房屋建筑和维修，还有一部分加工成钢化、夹层、镀膜、中空等玻璃，少量用作工艺玻璃。

（2）安全玻璃

安全玻璃是指具有良好安全性能的玻璃。主要特性是力学强度较高，抗冲击能力较好。被击碎时，碎块不会飞溅伤人，并兼有防火的功能，主要有以下品种。

① 钢化玻璃　钢化玻璃是平板玻璃经物理强化方法或化学强化方法处理后所得的玻璃制品，它具有比普通玻璃高得多的机械强度和热稳定性、抗震性能和弹性亦极好，也称强化玻璃。

物理强化方法也称淬火法，它是将玻璃加热到接近玻璃软化温度（$600\sim650℃$）后迅速冷却的方法；化学法也称离子交换法，它是将待处理的玻璃浸入钾盐溶液中，使玻璃表面的钠离子扩散到溶液中，而溶液中的钾离子则填充进玻璃表面钠离子的位置。上述两种强化处理方法都可以使玻璃表面产生一个预压的应力，这个表面预压应力使玻璃的机械强度和抗冲击性能大大提高。一旦受损，整块玻璃呈现网状裂纹，破碎后，碎片小且无尖锐棱角，不易伤人。钢化玻璃在建筑上主要用作高层建筑的门窗、隔墙与幕墙。

② 夹层玻璃　夹层玻璃是两片或多片平板玻璃之间嵌夹透明塑料薄片，经加热、加压、黏合而成的复合玻璃制品。

夹层玻璃的原片可以采用普通平板玻璃、钢化玻璃、吸热玻璃或热反射玻璃等，常用的塑料胶片为聚乙烯酸缩丁醛。

夹层玻璃抗冲击性和抗穿透性好，玻璃破碎时，不会成为分离的碎片，只有辐射状的裂纹和少量玻璃碎屑，碎片仍粘贴在膜片上，不致伤人。

夹层玻璃在建筑上主要用于有特殊安全要求的门窗、隔墙、工业厂房的天窗和某些水下工程。

③ 夹丝玻璃　夹丝玻璃是将预先编织好的钢丝网压入已软化的红热玻璃中而制成的。其抗折强度高、防火性能好，破碎时即使有许多裂缝，其碎片仍能附着在钢丝上，不致四处飞溅而伤人。夹丝玻璃主要用于厂房天窗，各种采光屋顶和防火门窗等。

（3）保温绝热玻璃

保温绝热玻璃既具有特殊的保温绝热功能，又具有良好的装饰效果，包括吸热玻璃、热反射玻璃、中空玻璃等。除用于一般门窗外，常作为幕墙玻璃。普通平板玻璃对太阳光中红外线的透过率高，易引起温室效应，使室内空调能耗增大，一般不宜用于幕墙玻璃。

（4）防紫外线玻璃

防紫外线玻璃是指能阻止或吸收紫外线的玻璃。主要用于要求避免紫外线照射的建筑和装置，如文物保管处、图书馆仓库、展览室的门窗、橱柜，各种色泽艳丽的织物陈列橱窗，载人卫星、航天器的观察窗口等。

（5）釉面玻璃

釉面玻璃是以普通平板玻璃、压延玻璃、磨光玻璃或玻璃砖为基体，在其表面涂敷一层彩色易熔性色釉，在熔炉中加热至釉料熔融，使釉层与玻璃牢固结合在一起，再经退火或钢化等热处理制成具有美丽色彩或图案的装饰材料。

釉面具有良好的化学稳定性、热反射性，它不透明，永不褪色和脱落，可用于餐厅、宾馆的室内饰面层，一般建筑物门厅和楼梯间的饰面层，尤其适用于建筑物和构筑物立面的外饰面层，具有良好的装饰效果。

（6）水晶玻璃

水晶玻璃又称石英玻璃，是采用玻璃珠在耐火材料模具中制得的一种高级艺术玻璃，表面晶亮，宛如水晶。玻璃珠是以二氧化硅和其他添加剂为主要原料，经配料后用火焰烧熔结晶而制成，其表面光滑，机械强度高，化学稳定性和耐大气腐蚀性较好，除白色以外，还可制成各种浅淡的彩色制品，具有良好的装饰效果。水晶玻璃饰面板适用于各种建筑物的内墙饰面、地坪面层、建筑物外墙立面或室内制作壁画等。

（7）矿渣微晶玻璃

矿渣微晶玻璃是一种玻璃晶体饰面装饰材料，玻璃中的矿渣微晶与热处理后的未结晶玻璃混合起来，乌黑发亮，具有深奥莫测的装饰魅力。矿渣微晶玻璃板饰面强度高，化学稳定性好，多作为室内立面装饰处理，美观高雅。

（8）微晶玻璃

微晶玻璃是在高温下使结晶从玻璃中析出而成的材料，由结晶相和部分玻璃相组成，尽管抛光板的表面光洁度远高于石材，但是光线不论由任何角度射入，经由结晶微妙的漫反射方式，均可形成自然柔和的质感，毫无光污染。

（9）压花玻璃

压花玻璃是将熔融的玻璃液在快冷时通过带图案花纹的辊轴滚压而成的制品，又称花纹玻璃或滚花玻璃。具有透光不透视的特点，这是由于其表面凹凸不平，当光线通过时即产生漫反射，使物像模糊不清。另外，压花玻璃因其表面有各种图案花纹，所以具有一定的艺术装饰效果。压花玻璃多用于办公室、会议室、浴室、卫生间以及公共场所分离的门窗和隔断处。使用时应注意的是：如果花纹面安装在外侧，不仅很容易积灰弄脏，而且沾上水后，就能透视。因此，安装时应将花纹安装在内侧。

（10）磨砂玻璃

磨砂玻璃又称毛玻璃，它是将平板玻璃的表面经机械喷砂、手工研磨或氢氟酸溶蚀等方法处理成均匀毛面。其特点是透光不透视，且光线不刺眼，用于需透光而不透视的卫生间、浴室、办公室的门窗及隔断等处，还可用作黑板。

（11）玻璃空心砖

玻璃空心砖一般是由两块压铸成的凹形玻璃，经熔接或胶接成整块的空心砖。一般在内、外表面压铸各种花纹。砖内腔可为空气，也可填充玻璃棉等。砖形有方形、圆形等。玻璃空心砖有其独特而卓越的性能，其透光性可在较大范围内变化，能改善室内采光深度和均匀性；其保温隔热、隔声性能好、密封性强、耐火、耐水、抗震、机械强度高、化学稳定性好，使用寿命长，因此可用于砌筑透光屋面、墙壁，非承重结构外墙、内墙、门厅、通道及浴室等隔断，特别适用于宾馆、展览厅馆、体育场馆等既要求艺术装饰，又要防太阳眩光、控制透光，提高采光深度的高级建筑。砌筑方法基本与普通砖相同。

（12）玻璃马赛克

玻璃马赛克也叫玻璃锦砖，它与陶瓷锦砖在外形和使用方法上有相似之处，但它是半透明的玻璃质材料，呈乳浊或半乳浊状，内含少量气泡和未熔颗粒。

玻璃马赛克具有色调柔和、朴实、典雅、美观大方、化学性能稳定、冷热稳定性好等优点。此外，还具有不变色、不积灰、历久常新、重量轻、与水泥黏结性能好等特点，常用于外墙装饰。

五、建筑塑料装饰制品（decorative plastic products）

建筑塑料装饰制品包括塑料壁纸、塑料地板、塑料装饰板及塑料地毯等。塑料装饰制品具有质轻、耐腐蚀、隔声、色彩丰富、外形美观等特点，广泛用于建筑物的内墙、顶棚、地面等部位的装饰。

1. 塑料壁纸

塑料壁纸是以一定材料为基材，表面进行涂塑后，再经过印花、压花或发泡处理等多种工艺而制成的一种墙面装饰材料。

塑料壁纸的装饰效果好，由于塑料表面加工技术的发展，通过印花、压花等工艺，模仿大理石、木材、砖墙、织物等天然材料，花纹图案非常逼真。此外，塑料壁纸防污染性较好，脏了可以清洗，对水和洗涤剂有较强的抵抗力。广泛用于室内墙面、顶棚和柱面的裱糊装饰。

2. 塑料地板

塑料地板品种较多，有聚氯乙烯塑料地板、氯乙烯-乙酸乙烯塑料地板、聚乙烯塑料地板、聚丙烯塑料地板等。其中聚氯乙烯塑料地板产量最大；塑料地板按材质不同，有硬质、半硬质和弹性地板；按外形有块状地板和卷材地板。

3. 塑料地毯

地毯作为地面装饰材料，给人以温暖、舒适及华丽的感觉，具有绝热、保温及吸声性能，还具有缓冲作用，可防止滑倒，使步履平稳。塑料地毯是从传统羊毛地毯发展而来的。由于资源有限，羊毛地毯价格高，而且易被虫蛀，易霉变，使其应用受到限制。塑料地毯以其原料来源丰富，成本较低，各项使用性能与羊毛地毯相近而成为普遍采用的地面装饰材料。地毯按其加工方法的不同，可分为簇绒地毯、针扎地毯、印染地毯和人造草皮四种。

其中簇绒地毯是目前使用最为普遍的一种塑料地毯。

4. 塑料装饰板

塑料装饰板主要用作护墙板和屋面板。其重量轻，能降低建筑物的自重。如塑料贴面装饰板是以印有各种色彩、图案的纸为胎，浸渍三聚氰胺树脂和酚醛树脂，再经热压制成的可覆盖于各种基材上的一种装饰贴面材料，有镜面型和柔光型两种。产品具有图案和色调丰富多彩、耐湿、耐磨、耐烫、耐燃烧，耐一般酸、碱、油脂及乙醇等溶剂的侵蚀，表面平整、极易清洗的特点，适用于装饰室内和家具。

此外，还有聚氯乙烯塑料装饰板、硬质聚氯乙烯透明板、覆塑装饰板、玻璃钢装饰板、钙塑泡沫装饰吸声板等。

六、金属装饰材料 (metallic decorative materials)

各种金属作为建筑装饰材料，有着源远流长的历史。在现代建筑中，金属材料更是以它独特的性能——耐腐、轻盈、高雅、光洁、质地、力度，赢得了建筑师的青睐。从高层建筑的金属铝门窗到围墙、栅栏、阳台、入口、柱面等，金属材料无所不在。金属材料从点缀并延伸到赋予建筑奇特的效果。

金属装饰材料中应用最多的是铝材、装饰钢材、铜材等。

1. 铝合金装饰板

用于装饰工程的铝合金板，其品种和规格很多。按表面处理方法分有阳极氧化处理及喷涂处理的装饰板。按常用的色彩分有银白色、古铜色、金色、红色、蓝色等。按几何尺寸分，有条形板和方形板，条形板的宽度多为 $80 \sim 100mm$，厚度为 $0.5 \sim 1.5mm$，长度为 $6.0m$ 左右。按装饰效果分，则有铝合金压型板、铝合金花纹板、铝合金穿孔板等。

铝合金压型板是目前应用十分广泛的一种新型铝合金装饰材料。它具有重量轻、外形美观、耐久性好、安装方便等优点，通过表面处理可获得各种色彩。主要用于屋面和墙面等。

铝合金花纹板是采用防锈铝合金等坯料，用特制的花纹轧辊轧制而成的。花纹美观大方、筋高适中、不易磨损、防滑性能好、防腐蚀性能强、便于冲洗。通过表面处理可得到各种颜色，广泛用于公共建筑的墙面装饰、楼梯踏板等处。

铝合金穿孔板用铝合金平板机械穿孔而成，其特点造型美观，色泽雅致，立体感强，防火、防潮、防震，耐腐蚀，耐高温，化学稳定性好，对改善音质条件和降低噪声有一定作用。常用于影院、剧院、播音室、车间等。

此外，铝合金还可制成吊顶龙骨，用于装修工程中。

2. 装饰钢材

在普通钢材基体中添加多种元素或在基体表面上进行艺术处理，可使普通钢材不失为一种金属感强、美观大方的装饰材料。在现代建筑装饰中，越来越受到关注。

常用的装饰钢材有不锈钢及制品、彩色涂层钢板、彩色压型钢板、轻钢龙骨等。

（1）不锈钢

向钢材中加入铬，由于铬的性质比铁活泼，铬首先与环境中的氧化合，生成一层与钢材基体牢固结合的致密的氧化膜层，称为钝化膜，它使钢材得到保护，不致锈蚀，这就是所谓的不锈钢。

不锈钢制品具有以下特点。

① 膨胀系数大，约为碳钢的 $1.3 \sim 1.5$ 倍，但热导率只有碳钢的 $1/3$。

② 韧性及延展性均较好，常温下亦可加工。

③ 耐蚀性非常强。

④ 表面光泽性极佳。不锈钢经表面精饰加工后，可以获得镜面般光亮平滑的效果，光反射率达 90% 以上，具有良好的装饰性，极富现代气息。

不锈钢装饰是近几年来较流行的一种建筑装饰方法。短短几年中，已超出旅游宾馆和大型百货商店的范畴，出现在许多中小型商店，并且已从小型不锈钢五金装饰件和不锈钢建筑雕塑的范畴，扩展到用于普通建筑装饰工程之中，如不锈钢包柱、楼梯扶手、门、龙骨等。

（2）彩色涂层钢板

旧称涂层镀锌钢板，简称彩板和钢带，是以热轧钢板或镀锌钢板为基材，在其表面涂以聚氯乙烯、聚丙烯酸酯、环氧树脂、醇酸树脂等有机涂料制得的产品。彩色涂层一方面起到了保护金属的作用，同时又起到了装饰作用，是近年来发展较快的一种装饰板材。

彩色涂层钢板及钢带的最大特点是发挥了金属材料与有机材料各自的特性，板材具有良好的加工性，可切、弯、钻、铆、卷等。彩色涂层附着力强，色彩、花纹多样经加热、低温、沸水、污染等作用后涂层仍能保持色泽新颖如一。主要有红色、绿色、乳白色、棕色、蓝色等。

彩色涂层钢板可用作各类建筑物内外墙板、吊顶、工业厂房的屋面板和壁板。还可作为排气管道、通风管道及其他类似的具有耐腐蚀要求的物件及设备罩等。

（3）彩色压型钢板

彩色压型钢板是以镀锌钢板为基材，经成型轧制，并敷以各种耐腐蚀涂层与彩色烤漆而成的装饰板材。其性能和用途与彩色涂层钢板相同。

本 章 小 结

1. 装饰材料的选用应结合建筑物的特点、环境条件、装饰性三个方面来考虑，并要求材料能长期保持其特征，此外还要求材料具有多功能性，以满足使用中的种种要求。

2. 装饰石材特点见表9-3。

表 9-3 装饰石材特点

分类对比	主要类别	优缺点	一般用途	备 注
天然石材	大理石板材	1. 色彩斑斓，磨光后极为美丽典雅 2. 易受酸雨侵蚀，生成易溶于水的石膏，变得粗糙多孔，甚至出现斑点等现象	一般大理石不用于室外装饰	常用规格为厚度20mm，宽150～915mm，长300～1220mm，也可加工成8～12mm厚的薄板及异型板材
	花岗岩板材	1. 质感丰富，磨光后色彩斑斓、华丽庄重，且材质坚硬、化学稳定性好、抗压强度高和耐久性很好，使用年限可长达500～1000年之久 2. 开采运输困难、修琢加工及铺贴施工耗工费时，因此造价较高，一般只用于重要的大型建筑中	常呈灰色、黄色、蔷薇色、淡红色及黑色等。是公认的高级建筑装饰材料	
人造石材	树脂型人造石材、水泥型人造石材、复合型人造石材、烧结型人造石材	1. 人造石材具有天然石材的质感，但重量轻、强度高、耐腐蚀、耐污染、可锯切、钻孔、施工方便 2. 与天然石材相比，人造石材是一种比较经济的饰面材料	水泥型人造石材的耐腐蚀性较差，且表面容易出现微小龟裂和泛霜，不宜用作卫生洁具，也不宜用于外墙装饰	树脂型人造石材光泽好、基色浅，可调制成各种鲜亮的颜色

3. 陶瓷制品按其致密程度分为陶质、瓷质和炻质三大类。

4. 陶瓷制品特点见表9-4。

表 9-4　陶瓷制品特点

分类对比	优缺点	一般用途	备注
釉面砖	色泽柔和而典雅、美观耐用、朴实大方、防火耐酸、易清洁等特点	主要用作建筑物内部墙面,如厨房、卫生间、浴室、墙裙等的装饰和保护	属于精陶类制品
墙地砖	强度高、耐磨、化学性能稳定、不燃、吸水率低、易清洁、经久不裂等优点	包括外墙砖和地砖两类	属于炻质和瓷质制品
陶瓷锦砖（俗称马赛克）	陶瓷锦砖具有耐磨、耐火、吸水率小、抗压强度高、易清洗以及色泽稳定等特点	广泛适用于建筑物门厅、走廊、卫生间、厨房、化验室等内墙和地面,并可作建筑物的外墙饰面与保护	施工时,可以将不同花纹、色彩和形状的小瓷片拼成多种美丽的图案
陶瓷劈离砖	具有均匀的粗糙表面、古朴高雅的风格、良好的耐久性	广泛用于地面和外墙装饰	又称劈裂砖、劈开砖和双层砖
卫生陶瓷	表面光洁、不透水、易于清洗,并耐化学腐蚀	用于浴室、盥洗室、厕所等处的卫生洁具,如洗面器、坐便器、水槽等	颜色分为白色和彩色
建筑琉璃制品	色彩绚丽、造型古朴、质坚耐久,所装饰的建筑物富有我国传统的民族特色	主要用于具有民族特色的宫殿式房屋和园林中的亭、台、楼阁等	颜色有绿、黄、蓝、青等

5. 常见木材制品特点见表 9-5。

表 9-5　常见木材制品特点

分类对比		优缺点	一般用途	备　注
条木地板		自重轻、弹性好、脚感舒适,并且导热性小,故冬暖夏凉,且易于清洁	适用于办公室、会议室、会客室、休息室、宾馆客房、幼儿园及仪器室等场所	条板宽度一般不大于120mm,板厚为 20～30mm
拼花木地板		纹理美观,耐磨性好,且拼花小木板一般均经过远红外线法干燥,含水率恒定（约12%）,因而变形小,易保持地面平整、光滑而不翘曲变形	高档产品适合于三星级以上中、高级宾馆、大型会场、会议室等室内地面装饰;中档产品适用于办公室、疗养院、体育馆、酒吧等地面装饰;低档的适用于各种民用住宅地面的铺装	拼花小木条的尺寸一般为 250～300mm,宽40～60mm,板厚 20～25cm,木条一般均带有企口
护壁板		加工制作简便、饰件轻巧纤细、表面纹理清晰等特点	木花格多用作建筑物室内的花窗、隔断等	
胶合板		消除了木材的各向异性,热导率小,绝热性好,无明显的纤维饱和点,平衡含水率和吸湿性比木材低,木材的疵病被剔除,板面质量好等	广泛用于室内隔墙板、天花板、护壁板、顶棚板及各种家具、室内装修等	土木工程中常用的是三合板和五合板
复合板	复合地板	表面光滑美观、坚实耐磨、不变形和干裂、不沾污及褪色、不需打蜡、耐久性较好、易清洁和铺设方便	适用于客厅、起居室、卧室等地面铺装	
	复合木板	幅面大,表面平整,使用方便	可代替实木板使用,常用作建筑室内隔墙、橱柜等的装修	

6. 金属装饰材料特点见表 9-6。

表 9-6 金属装饰材料特点

分类对比	主要类别	优缺点	一般用途	备注
铝合金装饰板	铝合金压型板	重量轻、外形美观、耐久性好、安装方便等优点,通过表面处理可获得各种色彩	主要用于屋面和墙面等	
	铝合金花纹板	花纹美观大方,筋高适中、不易磨损、防滑性能好、防腐蚀性能强、便于冲洗。通过表面处理可得到各种颜色	广泛用于公共建筑的墙面装饰、楼梯踏板等处	
	铝合金穿孔板	造型美观,色泽雅致,立体感强,防火、防潮、防震,耐腐蚀,耐高温,化学稳定性好,对改善音质条件和降低噪声有一定作用	常用于影院、剧院、播音室、车间等	
装饰钢材	不锈钢	①膨胀系数大,约为碳钢的 1.3～1.5 倍,但热导率只有碳钢的 1/3。②韧性及延展性均较好,常温下亦可加工。③耐蚀性非常强。④表面光泽性极佳	用于普通建筑装饰工程之中,如不锈钢包柱、楼梯扶手、门、龙骨等	
	彩色涂层钢板	具有良好的加工性,可切、弯、钻、铆、卷等。彩色涂层附着力强,色彩、花纹多样,经加热、低温、沸水、污染等作用后涂层仍能保持色泽新颖如一	彩色涂层钢板可用作各类建筑物内外墙板、吊顶、工业厂房的屋面板和壁板。还可作为排气管道、通风管道及其他类似的具有耐腐蚀要求的物件及设备罩等	
	彩色压型钢板		其性能和用途与彩色涂层钢板相同	

思 考 题

1. 使用装饰材料的目的是什么?

2. 什么是材料的装饰特征?材料的装饰特征一般可通过哪些方面来加以表现?

3. 什么是材料的视感特征?它包括几种作用?

4. 装饰材料的选用原则是什么?

5. 大理石板材和花岗岩板材的性能与应用有何异同?

6. 建筑陶瓷主要由哪些品种?其性能如何?

7. 胶合板的构造如何?它具有哪些特点?用途怎样?

8. 什么是安全玻璃?主要有哪些品种?各有何性能特点?

9. 保温隔热玻璃主要有哪些品种?各有何性能特点?

第十章　建筑材料使用管理

建筑材料管理（material management），是指建筑工程中使用的各类材料在流通领域以及再生产领域中的供应与管理工作。本章重点介绍材料质量监督管理、材料计划与采购供应管理的内容及方法、材料现场的使用管理。

第一节　建筑材料管理概述

一、建筑材料管理的基本概念

1. 建筑材料管理的概念

建筑企业材料管理工作主要包括建筑工程所需要的全部原料、材料、燃料、工具、构件以及各种加工订货的计划、采购、供应、出入库、调拨使用消耗与回收管理。它是在一定的材料（资源）条件下，实现建筑工程项目一次性特定目标过程对物资需求的计划、组织、协调和控制。

2. 建筑工程材料管理的性质

① 建筑工程项目的一次性和单件性给材料管理带来一定的风险性，因此要求周密的计划和科学的管理，必须一次成功。

② 局部的系统性和整体的局部性要求供给与消耗过程建立保证体系，处理好材料与质量、工期的关系。

③ 材料的供给与消耗过程具有众多的结合部分（点），给管理带来一定的复杂性。要求对外建立契约供求双方的权力与义务，对内加强工序间、工种间、部门间的协调。

3. 建筑工程材料管理的意义

搞好建筑工程材料管理，对于建筑施工企业和整个社会都具有长远和现实的意义。

① 建筑工程材料管理可使技术与经济、生产与管理、人力和物力得到优化结合，从而形成新的生产力，有利于提高企业和社会效益。

② 合理使用资源，推进项目建设。材料构成工程项目的实体，一般占工程造价的 2/3，推行建筑工程材料管理使材料的供给与消耗处于严密的控制之下，并通过承包机制层层落实，能使资源得到合理的使用，确保工程施工顺利进行。

③ 完善施工企业的经营机制（management mechanism），增强企业的竞争力。在建筑行业竞争日益加剧的条件下，建筑施工企业只有通过质量、工期、成本的较量才能在社会上取得信誉。而推行建筑工程材料管理，则有利于提高建筑工程质量，缩短工期，降低造价，提高企业的经济效益。

4. 建筑工程材料管理与企业管理的关系

建筑工程施工企业是利润的中心，建筑工程项目是成本的中心。对于建筑施工企业来说，企业的管理水平和管理目的，最终体现在工程项目的成本管理和企业的效益上。建筑工程材料成本占工程项目整个成本的 60%～70%，建筑工程材料管理贯穿于建筑施工企业管理的始终，是企业管理的重要组成部分。

5. 建筑工程材料管理的层次

建筑工程材料管理的层次分为管理层（top executive）和劳务层（servise level）。其中管理层又可分为决策层（decision-making strata）、管理（经营）层和执行层（execution level）。

（1）决策层

由建筑施工企业材料管理的最高领导人员组成，是企业有关材料经营管理的最高参谋部。其主要职责包括：建筑施工企业有关材料经营和资源开发的发展战略的确定，企业材料经营管理的近期方针和目标的制定，以及材料管理队伍的建设和培养，重大工程项目报价的审定与决策，本企业材料管理制度的制定与监督。

（2）管理层

管理层亦称经营层。由建筑施工企业从事材料经营活动的管理人员组成，是材料的经营中心和利润中心。其主要职责是：根据企业的发展战略和经营方针，承办材料资源的开发、采购、储运等业务。负责报价、定价及价格核算，确定工程项目材料管理目标，并负责考核，围绕材料管理制定企业材料管理制度，并组织实施。

（3）执行层

执行层主要指工程项目施工班子，由直接参加材料管理的有关人员（含材料人员）组成，是企业的成本中心。其主要职责是：根据企业下达的材料管理目标所规定的材料、用料范围，组织合理使用，进行量差的核算，搞好材料进场验收、保管和领退料工作，确保目标的实施。

（4）劳务层

劳务层是指工程项目施工现场具有各种技能的施工操作人员。其具体职责是：在限定用料范围内合理使用材料，接受材料管理人员的指导、监督和考核。

凡承包部分材料费的，要负责费用核算，办理材料的领用，实行节约奖、超耗罚。

6. 建筑工程材料目标管理

建筑工程材料目标管理（management by objectives），是指建筑施工企业工程承包中标后，在材料供应和使用过程中，为实现期望获得的结果而进行的一系列工作。材料目标管理的主要内容包括：目标及目标值测算的确定、措施的制定、目标的实施、检查与总结。

二、建筑工程材料管理的任务

建筑工程材料管理具有两大任务。

第一，在流通过程的管理，一般称为供应管理。它包括材料从采购供应前的策划，供方的评审与评定，合格供方的选择、采购、运输、仓储、供应到施工现场（或加工地点）的全过程。

第二，在使用过程的管理，一般称为消耗管理。它包括材料的进场验收、保管出库、拨料、限额领料、耗用过程的跟踪检查、材料盘点，剩余物资的回收利用等全过程。建筑施工企业材料管理的任务归纳起来就是"供"、"管"、"用"三个方面的应用，具体任务如下。

① 编制好材料供应计划，合理组织货源，做好供应工作；

② 按施工计划进度需要和技术要求，按时、按质、按量配套供应材料；

③ 严格控制、合理使用材料，以降低消耗；

④ 加强仓库管理，控制材料储存，切实履行仓库保管和监督的职能；

⑤ 建立、健全材料管理规章制度，使材料管理条理化。

三、建筑工程材料管理的内容

建筑材料是建筑企业生产的三大要素（人工、材料、机械）之一，是建筑生产的物资基础，必须像其他生产要素一样，抓好如下主要环节的管理。

1. 材料计划（material plan）的编制

编制计划的目的，是对资源的投入量、投入时间和投入步骤作出合理的安排，以满足企业生产实施的需要。计划是优化配置和组合的手段。

2. 材料的采购供应

采购是按编制的计划，从资源的来源、投入到施工项目的实施，使计划得以实现，并满足施工项目需要的过程。

3. 使用管理

使用管理是根据每种材料的特性，制定出科学的、符合客观规律的措施，进行动态配置和组合，协调投入、合理使用，以尽可能少的资源满足项目的使用。

4. 经济核算

进行建筑材料投入、使用和产出的核算，发现偏差及时纠正，并不断改进，以实现节约使用资源、降低产品成本、提高经济效益的目的。

5. 分析、总结

进行建筑材料流通过程管理和使用管理的分析，对管理效果进行全面总结，找出经验和问题，为以后的管理活动提供信息，为进一步提高管理工作效率打下坚实的基础。

第二节　材料质量监督管理

一、建设工程材料相关法律法规规范性文件简介

在《中华人民共和国建筑法》、《中华人民共和国产品质量法》等一些法律、法规的条款中对建设工程材料的监督管理提出了一定的要求，对建设工程参建各方在材料供应、采购、

使用、监督、检测等方面的行为作出了明确的规定。这些法律法规中有关建设工程材料质量监督管理的条款介绍于表 10-1 中。

表 10-1　相关法律法规性文件

法律、法规	相 关 条 款
《中华人民共和国建筑法》 （2011 年 4 月 22 日通过）	第二十五条　按照合同约定，建筑材料、建筑构配件和设备由工程承包单位采购的，发包单位不得指定承包单位购入用于工程的建筑材料、建筑构配件和设备或者指定生产厂、供应商
	第三十四条　工程监理单位与被监理工程的承包单位以及建筑材料、建筑构配件和设备供应单位不得有隶属关系或者其他利害关系
	第五十六条　设计文件选用的建筑材料、建筑构配件和设备，应当注明其规格、型号、性能等技术指标，其质量要求必须符合国家规定的标准
	第五十七条　建筑设计单位对设计文件选用的建筑材料、建筑构配件和设备，不得指定生产厂、供应商
	第五十九条　建筑施工企业必须按照工程设计要求、施工技术标准和合同的约定，对建筑材料、建筑构配件和设备进行检验，不合格的不得使用
《中华人民共和国产品质量法》 （1993 年 2 月 22 日通过， 2009 年 8 月 27 日修正）	第二十七条　产品或者其包装上的标识必须真实，并符合下列要求： （一）有产品质量检验合格证明； （二）有中文标明的产品名称、生产厂厂名和厂址； （三）根据产品的特点和使用要求，需要标明产品规格、等级、所含主要成分的名称和含量的，用中文相应予以标明；需要事先让消费者知晓的，应当在外包装上标明，或者预先向消费者提供有关资料； （四）限期使用的产品，应当在显著位置清晰地标明生产日期和安全使用期或者失效日期； （五）使用不当，容易造成产品本身损坏或者可能危机人身、财产安全的产品，应当有警示标志或者中文警示说明
《中华人民共和国产品质量法》 （1993 年 2 月 22 日通过， 2009 年 8 月 27 日修正）	第二十九条至第三十二条　生产者不得生产国家明令淘汰的产品。 生产者不得伪造产地，不得伪造或者冒用他人的厂名、厂址。 生产者不得伪造或者冒用认证标志等质量标志。 生产者生产产品，不得掺杂、掺假，不得以假充真、以次充好，不得以不合格产品冒充合格产品
	第三十三条至第三十九条　销售者应当建立并执行进货检查验收制度，验明产品合格证明和其他标识。 销售者应当采取措施，保持销售产品的质量。 销售者不得销售国家明令淘汰并停止销售的产品和失效、变质的产品。 销售者销售的产品的标识应当符合本法第二十七条的规定。 销售者不得伪造产地，不得伪造或者冒用他人的厂名、厂址。 销售者不得伪造或者冒用认证标志等质量标志。 销售者销售产品，不得掺杂、掺假，不得以假充真、以次充好，不得以不合格产品冒充合格产品
《建设工程质量管理条例》 （2000 年 9 月 20 日通过）	第八条　建设单位应当依法对工程建设项目的勘察、设计、施工、监理以及与工程建设有关的重要设备、材料等的采购进行招标
	第十四条　按照合同约定，由建设单位采购建筑材料、建筑构配件和设备的，建设单位应当保证建筑材料、建筑构配件和设备符合设计文件和合同要求。 建设单位不得明示或者暗示施工单位使用不合格的建筑材料、建筑构配件和设备

法律、法规	相　关　条　款
《建设工程质量管理条例》 （2009 年 8 月 27 日通过）	第二十二条　设计单位在设计文件中选用的建筑材料、建筑构配件和设备,应当注明规格、型号、性能等技术指标,其质量要求必须符合国家规定的标准。 除有特殊要求的建筑材料、专用设备、工艺生产线等外,设计单位不得指定生产厂、供应商
	第二十九条　施工单位必须按照工程设计要求、施工技术标准和合同约定,对建筑材料、建筑构配件、设备和商品混凝土进行检验,检验应当有书面记录和专人签字;未经检验和检验产品不合格的,不得使用
	第三十一条　施工人员对涉及结构安全的试块、试件以及有关材料,应当在建设单位或者工程监理单位监督下现场取样,并送具有相应资质等级的质量检测单位进行检测
	第三十五条　工程监理单位与被监理工程的施工承包单位以及建筑材料、建筑构配件和设备供应单位有隶属关系或者其他利害关系的,不得承担该项建设工程的监理业务
	第三十七条　未经监理工程师签字,建筑材料、建筑构配件、设备不得在工程上使用或者安装,施工单位不得进行下一道工序的施工,未经总监理工程师签字,建设单位不得拨付工程款,不得进行竣工验收
	第五十一条　供水、供电、供气、公安消防等部门或者单位不得明示或者暗示建设单位、施工单位购买其指定的生产供应单位的建筑材料、建筑构配件和设备
《建设工程勘察设计管理条例》 （2000 年 9 月 20 日通过）	第二十七条　设计文件中选用的材料、构配件、设备,应当注明其规格、型号、性能等技术指标,其质量要求必须符合国家规定的标准。除有特殊要求的建筑材料、专用设备和工艺生产线等外,设计单位不得指定生产厂、供应商
	第二十九条　建设工程勘察、设计文件中规定采用的新技术、新材料,可能影响建设工程质量和安全,又没有国家技术标准的,应当由国家认可的检测机构进行试验、论证,出具检测报告,并经国务院有关部门或者省、自治区、直辖市人民政府有关部门组织的建设工程技术专家委员会审定后,方可使用
《实施工程建设强制性标准监督规定》 （2000 年 8 月 25 日发布）	第十条　强制性标准监督检查的内容包括:(三)工程项目采用的材料、设备是否符合强制性标准的规定

二、建设工程材料质量监督管理制度

1. 建设工程材料备案管理制度

部分省市的建设管理部门对进入建设工程现场的建材实施备案管理制度。备案制的特点是先设立、后备案,备案是为了能够行使法定的义务和权利,而不是为了获得审批或核准。

2. 建设工程材料质量监督检查制度

在市场经济中,市场的良好运行,有赖于政府主管部门的依法监督管理。建设工程材料质量监督检查主要有日常监督检查、产品专项检查、现场综合检查、整改复查等形式。

（1）日常监督检查

建材质量监督机构按国家法律法规规章和相关地方性建材规定对建设工程的材料采购、使用、监理、检测等行为进行日常监督检查。

（2）产品专项检查

针对产品质量突发波动或季节性通病,建材质量监督机构组织定期或不定期的专项整治检查。

（3）现场综合检查

根据国家和地方整顿规范建筑建材市场的整体要求和整个建筑建材业监督闭合管理的要求，各级建材监督管理机构以及相关建设管理部门组织综合的联动式检查，也包括建设、工商、技监等管理部门联合组织的打假治劣检查。

（4）整改复查

对存在问题的施工现场和生产、采购、使用、监理、检测单位在整改完毕的基础上，建材质量监督机构组织复查，检查违规行为是否已改正，不合格建材是否已拆除。

3. 建设工程材料抽样检测制度

建材质量监督机构委托具备抽样检测资质的建材抽样检测机构对进入建设工地现场的建材产品实施抽样检测。

4. 建设工程材料警示提示制度

建材质量监督部门对无证建材、不合格建材和有质量违规行为的建材生产企业定期发布警示通知，提醒社会慎用此类建材。另对建材采购、使用、监理、检测的不合格行为进行公布，提示社会对相关违规企业的警惕，加大违规企业的违规成本。

5. 建设工程材料诚信管理制度

建立一个公正权威的建材生产、销售企业诚信制度是组成建材质量长效管理体制的重要制度之一。作为建设行政管理部门掌握着每个市场主体最完整、最权威的信息，利用这一优势，通过建立企业质量诚信信息系统，汇集并公开来自各职能部门对企业的管理信息，可大大降低交易信息的不对称性。同时可以借助市场的"无形之手"，形成对失信行为的社会化"惩罚链"，使失信者长期背负市场的"二次惩罚"，更有效地震慑违规企业，从而引导企业珍视信用，自我约束经营行为，从根本上达到规范建材质量行为的目的。

企业质量诚信信息系统包括：一是基本信息，主要记录企业的登记信息（即企业设备、人员、法人、管理者代表等基本情况）、年检情况、进场交易、质量抽查等信息；二是不良信息，主要记录企业失信行为、违法行为以及受到行政处罚甚至吊证信息；三是良好信息，主要记录企业受到的奖励、表扬信息、质量体系认证信息。

6. 包装和标识管理制度

《中华人民共和国产品质量法》对产品的包装和标识有着明确的规定。国家按照国际通行规则、我国现实状况和不同产品的特点，推行各种包装和标识制度。对有环保、安全要求的建材产品，明确相应的认证机构和标识管理制度，避免造成建材市场局面混乱和消费者真假难辨，促进整个市场的健康发展。

三、建设工程材料质量监督检查处理实务

1. 建设工程材料质量监督检查内容

建材质量监督机构在建设工程施工现场监督检查时，根据被检查人的具体情况一般实施下列监督检查。

① 听取被检查人根据监督检查要求所作的情况介绍。包括对工程概况、材料采购体系、材料管理体系、建材使用情况、建材检测情况、建材报审情况、建材堆放情况、试件试块的取样养护情况等。

② 实地检查现场材料标准计量情况。对混凝土、砂浆搅拌现场的水泥、砂石的计量配比进行核查。

③ 实地检查现场标准养护室情况。对现场养护室内的温湿度情况、养护水情况、温湿

度记录台账、试块标识、试模状况进行核查。并对试块组数进行记录，与相关资料进行核对。

④ 实地检查材料仓库和建材堆放情况。对现场材料堆放处的状态标识牌进行核查，并与实物和相关资料进行核对。对所堆放材料的标识、生产日期、批号进行记录，与备案产品名录和生产许可证企业名录进行核对。对所堆放的建材数量实施清点。

⑤ 实地检查材料使用情况。对已使用的材料（如管道等）和正在使用的材料（如搅拌机旁的水泥等）的标识、生产日期、批号进行记录，与备案产品名录和生产许可证企业名录进行核对。

⑥ 对相关人员进行询问。核对取样人员、见证人员的身份。

⑦ 检查建材采购使用检验台账，核对相应的生产许可证、备案件、质保书或合格证。对质保书上的产品标准和有效期进行核对。

⑧ 检查建材检验报告。与相应质保书进行核对，并根据施工验收规范核对批号和数量。

⑨ 查阅施工图纸和相关设计变更。对已使用的建材是否与设计图纸相符（产品名称、产品规格等）进行核对。

⑩ 检查已使用和正在使用建材的报审资料。

⑪ 检查施工日记、监理日记、隐蔽验收记录、建材销售合同或协议、交易凭证、进货单、退货单等相关资料。作为对违规行为数量、部位、时间上的印证之用。

⑫ 实物抽样检测。对未按规定进行检测、生产厂家不明及质量有怀疑的建材产品进行抽样检测。

2. 当前建设工程现场常见建材质量不合格行为

（1）常见违反国家有关法律和行政法规且涉及行政处罚的质量不合格行为

① 施工单位的质量不合格行为

a. 施工单位使用不合格的建筑材料：有的工地在建材进场复试不合格的情况下，仍继续用于工程结构部位，造成工程质量问题；复试和使用同时进行，复试报告出来后发现不合格，但由于已经使用，也属于使用不合格建材。

相应罚则《建设工程质量管理条例》：责令改正，处工程合同价款 2％以上 4％以下的罚款；造成建设工程质量不符合规定的质量标准的，负责返工、修理，并赔偿因此造成的损失，情节严重的，责令停业整顿，降低资质等级或者吊销资质证书。

b. 不按照工程设计图纸中列明的材料进行施工：如有的工地由于甲方指定更改材料，或图纸要求的材料采购不到，或其他种种原因，施工单位变更使用了建材，而且也未征得设计单位同意并以设计变更等书面形式进行签认。

相应罚则《建设工程质量管理条例》：责令改正，处工程合同价款 2％ 以上 4％ 以下的罚款；造成建设工程质量不符合规定的质量标准的，负责返工、修理，并赔偿因此造成的损失；情节严重的，责令停业整顿，降低资质等级或者吊销资质证书。

c. 施工单位未对建筑材料、建筑构配件、设备和商品混凝土进行检验，或者未对涉及结构安全的试块、试件以及有关材料的取样检测的。有些使用单位在操作过程中要么不按批次随意减少复试次数，要么先使用后复试，而有些监理也不等检测结论出来便已签字同意使用。

相应罚则《建设工程质量管理条例》：责令改正，处 10 万元以上 20 万元以下的罚款；情节严重的，责令停业整顿，降低资质等级或者吊销资质证书；造成损失的，依法承担赔偿责任。

d. 采用的建材不符合强制性标准的规定，见表 10-2。

表 10-2　有关建材强制性标准条款汇总

标 准 名 称	条 款
《建筑工程施工质量验收统一标准》 （GB 50300—2013）	3.0.3　建筑工程的施工质量控制应符合下列规定： 1. 建筑工程采用的主要材料、半成品、成品、建筑构配件、器具和设备应进行进场检验。凡涉及安全、节能、环境保护和主要使用功能的重要材料、产品，应按各专业工程施工规范、验收规范和设计文件等规定进行复验，并应经监理工程师检查认可。
《砌体结构工程施工质量验收规范》 （GB 50203—2011）	4.0.8　凡在砂浆中掺入有机塑化剂、早强剂、缓凝剂、防冻剂等，应经检验和试配符合要求后，方可使用。有机塑化剂应有砌体强度的形式检验报告
	6.1.2　施工时所用的小砌块的产品龄期不应小于 28d
	10.0.4　冬期施工所采用材料应符合下列规定： 1. 石灰膏、电石膏等应防止受冻，如遭冻结，应经融化后使用； 2. 拌制砂浆用砂，不得含有冰块和大于 10mm 的冻结块； 3. 砌体用砖或其他板材不得遭水浸冻
《混凝土结构工程施工质量验收规范》 （GB 50204—2011）	7.2.2　混凝土中掺用外加剂的质量及应用技术应符合现行国家标准《混凝土外加剂》（GB 8076）、《混凝土外加剂应用技术规范》（GB 50119）等和有关环境保护的规定； 预应力混凝土结构中，严禁使用含氯化物的外加剂。钢筋混凝土结构中，当使用含氯化物的外加剂时，混凝土中氯化物的总含量应符合现行国家标准《混凝土质量控制标准》（GB 50164）的规定
《钢结构工程施工质量验收规范》 （GB 50205—2012）	4.2.1　钢材、钢铸件的品种、规格、性能等应符合现行国家产品标准和设计要求。进口钢材产品的质量应符合设计和合同规定标准的要求
	4.3.1　焊接材料的品种、规格、性能应符合现行国家产品标准和设计要求
	4.4.1　钢结构连接用高强度大六角头螺栓连接副、扭剪型高强度螺栓连接副、钢网架用高强度螺栓、普通螺栓、铆钉、自攻螺钉、拉铆钉及螺母、垫圈等标准配件，其品种、规格、性能等应符合现行国家产品标准和设计要求。高强度大六角头螺栓连接副和扭剪型高强度螺栓连接副出厂时应分别随箱带有扭矩系数和紧固轴力（预拉力）的检验报告
《屋面工程质量验收规范》 （GB 50207—2012）	3.0.6　屋面工程所采用的防水、保温隔热材料应有产品合格证书和性能检测报告，材料的品种、规格、性能等应符合现行国家产品标准和设计要求
《地下防水工程质量验收规范》 （GB 50208—2011）	3.0.6　地下防水工程所使用的防水材料，必须具备相应资质的检测单位进行抽样检验，并出具产品性能检测报告。
《建筑地面工程施工质量验收规范》 （GB 50209—2010）	3.0.3　建筑地面工程采用的材料或产品应符号设计要求和国家现行有关标准的规定。无国家现行标准的，应具有省级住房和城乡建设行政主管部门的技术认可文件。材料或产品进场时还应符号下列规定： （1）应有质量合格证明文件； （2）应对型号、规格、外观等进行验收，对重要材料或产品应抽样进行复验。
	3.0.6　厕浴间和有防滑要求的建筑地面的板块材料应符合设计要求
	4.10.8　楼层结构必须采用现浇混凝土或整块预制混凝土板，混凝土强度等级不应小于 C20
	5.7.4　不发火（防爆）面层中碎石的不发火性必须合格；砂应质地坚硬、表面粗糙，其粒径应为 0.15～5mm，含泥量不应大于 3%，有机物含量不应大于 0.5%；水泥应采用硅酸盐水泥、普通硅酸盐水泥，面层分格的嵌条应采用不发生火花的材料配制。配制时应随时检查，不得混入金属或其他易发生火花的杂质。

标 准 名 称	条 款
《建筑装饰装修工程质量验收规范》 （GB 50210—2001）	3.2.3 建筑装饰装修工程所用材料应符合国家有关建筑装饰装修材料有害物质限量标准的规定
	9.1.8 隐框、半隐框幕墙所采用的结构粘接材料必须是中性硅酮结构密封胶，其性能必须符合《建筑用硅酮结构密封胶》（GB 16776）的规定；硅酮结构密封胶必须在有效期内使用
《建筑防腐蚀工程施工及验收规范》 （GB 50212—2002）	1.0.3 用于建筑防腐蚀工程施工的材料，必须具有产品质量证明文件，其质量不得低于国家现行标准的规定；当材料没有国家现行标准时，应符合本规范的规定
	1.0.4 产品质量证明文件，应包括下列内容：(1)产品质量合格证及材料检测报告；(2)质量技术指标及检测方法；(3)复验报告或技术鉴定文件
《建筑给水排水及采暖工程施工质量验收规范》（GB 50242—2008）	4.1.2 给水管道必须采用与管材相适应的管件。生活给水系统所涉及的材料必须达到饮用水卫生标准
《通风与空调工程施工质量验收规范》 （GB 50243—2002）	4.2.3 防火风管的本体、框架与固定材料、密封垫料必须为不燃材料，其耐火等级应符合设计的规定
《通钢与空调工程施工质量验收规范》 （GB 50243—2002）	4.2.4 复合材料风管的覆面材料必须为不燃材料，内部的绝热材料应为不燃或难燃 B1 级，且对人体无害的材料
	5.2.7 防排烟系统柔性短管的制作材料必须为不燃材料
	6.2.1 在风管穿过需要封闭的防火、防爆的墙体或楼板时，应设预埋管或防护套管，其钢板厚度不应小于 1.6mm。风管与防护套管之间，应用不燃且对人体无危害的柔性材料封堵
	7.2.8 电加热器的安装必须符合下列规定： (1)电加热器与钢构架间的绝热层必须为不燃材料；接线柱外露的应加设安全防护罩； (2)电加热器的金属外壳接地必须良好； (3)连接电加热器的风管的法兰垫片，应采用耐热不燃材料
	8.2.7 燃气系统管道与机组的连接不得使用非金属软管
《民用建筑工程室内环境污染控制规范》 （GB 50325—2010）	3.1.1 民用建筑主体工程所使用的无机非金属建筑材料，包括砂、石、砖、砌块、水泥、混凝土、预制构件和新型材料等，其放射性指标限量应符合内照射指数 $I_{Ra}\leqslant 1.0$，外照射指数 $I_\gamma\leqslant 1.0$
	3.1.2 民用建筑工程所使用的无机非金属装修材料，包括石材、建筑卫生陶瓷、石膏板、吊顶材料、无机瓷质砖粘接材料等，进行分类时，其放射性指标限量应符合 A 类：内照射指数 $I_{Ra}\leqslant 1.0$，外照射指数 $I_\gamma\leqslant 1.3$；B 类：内照射指数 $I_{Ra}\leqslant 1.3$，外照射指数 $I_\gamma\leqslant 1.9$
	4.3.1 Ⅰ类民用建筑工程室内装修必须采用 A 类无机非金属建筑材料和装修材料
	4.3.10 Ⅰ类民用建筑工程室内装修粘贴塑料地板时，不应采用溶剂型胶黏剂
	4.3.11 Ⅱ类民用建筑工程中地下室及不与室外直接自然通风的房间贴塑料地板时，不宜采用溶剂型胶黏剂
	4.3.12 民用建筑工程中，不应在室内采用脲醛树脂泡沫塑料作为保温、隔热和吸声材料

续表

标　准　名　称	条　　款
《民用建筑工程室内环境污染控制规范》 （GB 50325—2010）	5.2.1　民用建筑工程中所采用的无机非金属建筑材料和装修材料必须有放射性指标检测报告,并应符合设计要求和本规范的规定
	5.2.4　民用建筑工程室内装修中所采用的人造木板及饰面人造木板,必须有游离甲醛含量或游离甲醛释放量检测报告,并应符合设计要求和本规范的规定
	5.2.5　民用建筑工程室内装修中所采用的水性涂料、水性胶黏剂、水性处理剂必须有同批次产品的挥发性有机化合物（VOC）和游离甲醛含量检测报告;溶剂型涂料、溶剂型胶黏剂必须有同批次产品的挥发性有机化合物（VOC）、苯、甲苯+二甲苯、游离甲苯二异氰酸酯（TDI）含量检测报告,并应符合设计要求和本规范的有关规定
	5.2.6　建筑材料和装修材料的检测项目不全或对检测结果有疑问时,必须将材料送有资格的检测机构进行检验,检验合格后方可使用
	5.3.3　民用建筑工程室内装修所采用的稀释剂和溶剂,严禁使用苯、工业苯、石油苯、重质苯及混苯

相应罚则《实施工程建设强制性标准监督规定》：责令改正，处工程合同价款 2％ 以上 4％ 以下的罚款；造成建设工程质量不符合规定的质量标准的，负责返工、修理，并赔偿因此造成的损失；情节严重的，责令停业整顿，降低资质等级或者吊销资质证书。

② 监理单位的质量不合格行为　当不合格检测报告出来后，还按照合格材料同意使用的现象一般比较少。而未检测或检测结果尚未出来时即在材料报审表上签字同意使用，还是有所发生的。而当检测结果出来是不合格的话，便成为"将不合格的建筑材料按照合格材料使用"了。

相应罚则《建设工程质量管理条例》：责令改正，处 50 万元以上 100 万元以下的罚款，降低资质等级或者吊销资质证书；有违法所得的，予以没收，造成损失的，承担连带赔偿责任。

③ 建设单位的质量不合格行为　明示或者暗示施工单位使用不合格的建筑材料、建筑构配件和设备。

相应罚则《建设工程质量管理条例》：责令改正，处 20 万元以上 50 万元以下的罚款。

（2）常见违反国家有关法律和行政法规但未涉及行政处罚的质量不合格行为

下列质量不合格行为尽管在国家法律法规规章中没有罚则，但有可能间接引发相关罚则，同时也可能在地方性的法律法规规章中设置了具体的罚则。

① 对建筑材料先使用后检测《建设工程质量管理条例》　有些施工单位对现场建材送样检测制度片面理解为只是为了将来竣工资料齐全，于是往往出现建材进场后先用起来再说，然后再去送检的情况。却没有理解如果检测结论不合格的话，作为使用单位已违反了前述的"使用不合格建材"的条款，并将被处以"工程合同价款 2％ 以上 4％ 以下的罚款"。

② 使用未经工程监理签字认可同意使用的建材《建设工程质量管理条例》　监理单位对施工单位报送的拟进场工程材料按有关规定核查相关原始凭证、检测报告等质量证明文件及其质量状况进行审核，并签署审查意见。施工单位在监理未签署审查意见前，或审查意见为不同意使用时已将材料用于工程。缺少了监理对材料的监督把关，劣质材料更容易流入工程。

（3）其他常见的质量不合格行为

　　下列质量不合格行为尽管在国家法律法规规章中没有具体条款涉及，或仅针对某个建材品种在强制性标准中有所涉及，但在有些省市自治区以地方性行政法规、规章的形式，或以国家、地方相关行政主管部门的规范性文件的形式进行了规定。

　　① 施工单位的质量不合格行为

　　a. 采购、使用无生产许可证或无备案件的建材。目前国家对钢筋混凝土用热轧带肋钢筋、建筑防水卷材、建筑用窗（即塑料窗、铝合金窗、彩色涂层钢板窗）、建筑幕墙（构件式幕墙、全玻幕墙、点支撑幕墙、单元式幕墙）实施生产许可证管理。施工单位应核验这些进场材料的生产许可证。在一些实施备案管理的地区，施工单位还要核验实施备案管理的进场建材是否在备案产品目录内。

　　b. 采购、使用国家地方明令禁止或限制使用的建材。

　　c. 未按要求使用建材。指规范性文件明确在某些特殊部位应该使用某类建材却未使用的行为。如 2003 年 12 月 4 日国家发展和改革委员会、建设部、国家质量监督检验检疫总局和国家工商行政管理总局联合发布《建筑安全玻璃管理规定》中就规定 7 层及 7 层以上建筑物外开窗；面积大于 $1.5m^2$ 的窗玻璃或玻璃底边离最终装修面小于 500mm 的落地窗；幕墙（全玻幕除外）；倾斜装配窗、各类顶棚（含天窗、采光顶）、吊顶；观光电梯及其外围护；室内隔断、浴室围护和屏风；楼梯、阳台、平台走廊的栏板和中庭内栏板；用于承受行人行走的地面板；水族馆和游泳池的观察窗、观察孔；公共建筑物的出入口、门厅等部位；易遭受撞击、冲击而造成人体伤害的其他部位等 11 个部位必须使用安全玻璃。

　　d. 现场材料堆放、计量、养护不符合有关规定。大部分建材产品有一定的存放要求，不符合要求的贮存、堆放和运输会导致产品的受潮、生锈、老化、粘接等，直接影响建材产品的质量。但是部分施工工地现场存在随意堆放、野蛮运输的现象。而烧结砖和砌块更是如此，现场由于运输的不重视，材料的破损率相当高。

　　e. 未对进场建材进行验收。建材进场时应对其外观质量、原始凭证（质保书、合格证、检验报告、生产许可证、备案件、送货单）、产品标志等进行核对，符合要求并经监理同意后方可进场使用。另外，强制性标准对钢结构用钢材、钢铸件、焊接材料以及防水材料、保温隔热材料、地面工程所使用的材料和防腐蚀材料的质保书有强制要求，因此这几种材料的质保书不符合要求的话，则将因违反强制性标准受到行政处罚。

　　f. 总承包企业对分包采购使用建材行为不履行管理职能。施工总承包单位未对双包工程的材料采购、使用行为纳入管理范围，致使材料的管理只是简单的"谁采购谁负责"，未形成有效的多层次监管体系。

　　② 监理单位的质量不合格行为

　　a. 未对施工单位的建材质量检测进行监督、检查。监理单位应对施工单位是否按批次按数量进行复验、是否先复验后使用等进行监督和检查。现场监理的监督管理对工程减少甚至避免使用劣质建材有着极其重要的作用。尤其是应该在巡视中加强对现场正在使用的建材进行监督检查。因此，若监理无法履行相应的监督检查责任，则应当视作一种质量不合格行为。

　　b. 未对采购、使用无生产许可证和备案件的建材进行监督、检查。监理单位应当对实施生产许可管理或实施备案管理的建材是否有相应证件进行把关。

　　3. 生产、销售领域常见的违规行为介绍

　　（1）出具不符合要求的质保书或出厂检验证明

有的建材生产企业在填写质保书或出厂检验证明时，漏填某些关键指标数据，如水泥企业不写明窑型，硅酮结构胶不注明出厂日期等，给现场验货使用带来困难。有的企业以送检报告代替质保书交给消费者。有的企业甚至开具盖有红章的空白质保书整本交给销售单位由其视情况填写。因为此类不正规的质保书背后所代表的不是生产企业混乱的管理、低质的产品，就是混乱的销售渠道和假冒的建材。我们不能听信任何"资料马上就办出来"、"资料后补"等托词，不见到正规资料，坚决不进材料。

（2）提供无生产许可证或备案件的建材

一些经销企业将不符合国家和地方规定的无生产许可证或元备案件的建材供应给工地。

（3）产品包装、标识混乱

主要是产品包装袋上未标明企业执行的产品标准的代号、未标明生产日期和有效期。产品标识方面，有的没有标识；有的不按要求进行标识，想当然地自己设计出一套标识。由于建材存在分批进场的现象，有些销售企业在进一批建材的同时夹杂混进一批劣质建材，因此在进场验收时要对每批进场材料都要仔细验收，避免混入劣质建材。

第三节　施工项目材料管理

施工项目材料使用管理就是项目经理部为顺利完成工程施工，合理节约使用材料，努力降低材料成本所进行的材料计划、订货采购、运输、库存保管、供应加工、使用、回收等一系列工作的组织和管理，其重点在现场。

一、施工项目材料的计划和采购供应

必须重视施工项目材料计划的编制，因为施工项目材料计划不仅是项目材料管理工作的基础，也是企业材料管理工作的基础，只有做好施工项目的材料计划，企业的材料计划才能真正落实。

① 施工项目经理部应及时向企业材料管理机构提交各种材料计划，并签订相应的材料合同，实施材料计划管理。

② 经企业材料机构批准，由项目经理部负责采购的企业供应以外的材料、特殊材料和零星材料，由项目部按计划采购，并做好材料的申请、订货采购工作，使所需全部材料从品种、规格、数量、质量和供应时间上都能按计划得到落实、不留缺口。

③ 项目部应做好计划执行过程中的检查工作，发现问题，找出薄弱环节，及时采取措施，保证计划实现。

④ 加强日常的材料平衡工作。

二、材料进场验收

① 根据现场平面布置图，认真做好材料的堆放和临时仓库的搭设，要求做到有利于材料的进出和存放，方便施工，避免和减少场内二次搬运。

② 在材料进场时，根据进料计划、送料凭证、质量保证书或材质证明（包括厂名、品种、出厂日期、出厂编号、试验数据等）和产品合格证，进行数量验收和质量确认，做好验收记录，办理验收手续。

③ 材料的质量验收工作，要按质量验收规范和计量检测规定进行，严格执行验品种、验型号、验质量、验数量、验证件制度。

④ 要求复检的材料要有取样送检证明报告；新材料未经试验鉴定，不得用于工程中；现场配制的材料应经试配，使用前应经签证和批准。

⑤ 材料的计量设备必须经具有资格的机构定期检验，确保计量所需要的精确度，不合格的检验设备不允许使用。

⑥ 对不符合计划要求或质量不合格的材料，应更换、退货或降级使用，严禁使用不合格的材料。

三、材料贮存保管

① 材料须验收后入库，按型号、品种分区堆放，并编号、标识、建立台账。

② 材料仓库或现场堆放的材料必须有必要的防火、防雨、防潮、防盗、防风、防变质、防损坏等措施。

③ 易燃易爆、有毒等危险品材料，应专门存放，专人负责保管，并有严格的安全措施。

④ 有保质期的材料应做好标识，定期检查，防止过期。

⑤ 现场材料要按平面布置图定位放置，有保管措施，符合堆放保管制度。

⑥ 对材料要做到日清、月结、定期盘点、账物相符。

各种材料贮存保管时仓库面积计算所需数据参考指标见表 10-3。

表 10-3　仓库面积计算所需数据参考指标

序 号	材料名称	单 位	储备天数	每平方米储备量	堆置高度	仓储类别
1	钢筋（直条） （盘条）	t	40～50	1.8～2.4 0.8～1.2	1.2 1.0	露天 棚（约占20%）
2	槽钢	t	40～50	0.8～0.9	0.5	露天
3	角钢	t	40～50	1.2～1.8	1.2	露天
4	钢板	t	40～50	2.4～2.7	1.0	露天
5	铸铁管	t	20～30	0.6～0.8	1.2	露天
6	暖气片	t	40～50	0.5	1.5	露天或棚
7	水暖零配件	t	20～30	0.7	1.4	库或棚
8	五金件	t	20～30	1.0	2.2	库
9	钢丝绳	t	40～50	0.7	1.0	库
10	电线电缆	t	40～50	0.3	2.0	库或棚
11	木材	m³	40～50	0.8	2.0	露天
12	胶合板	张	20～30	200～300	1.5	库
13	水泥	t	30～40	1.4	1.5	库
14	生石灰（块状） （袋装）	t	20～30 10～20	1.0～1.5 1.0～1.3	1.5	棚
15	石膏	t	10～20	1.2～1.7	2.0	棚
16	砂石骨料（人工堆置） （机械堆置）	m³	10～30	1.2 2.4	1.5 3.0	露天
17	块石	m³	10～20	1.0	1.2	露天

续表

序 号	材 料 名 称	单 位	储 备 天 数	每平方米储备量	堆 置 高 度	仓 储 类 别
18	普通砖	千块	10～30	0.5	1.5	露天
19	耐火砖	t	20～30	2.5	1.8	棚
20	黏土瓦、水泥瓦	千块	10～30	0.25	1.5	露天
21	石棉瓦	张	10～30	25	1.0	露天
22	水泥管、陶土管	t	20～30	0.5	1.5	露天
23	玻璃	箱	20～30	6～10	0.8	库或棚
24	油漆涂料	桶/t	20～30	50～100/0.3～0.6	1.5	库
25	卷材	卷	20～30	15～24	2.0	库
26	沥青	t	20～30	0.8	1.2	露天
27	小型预制构配件	m³	10～20	0.3～0.4	0.9	露天
28	钢筋混凝土板	m³	3～7	0.14～0.24	2.0	露天
29	钢筋混凝土梁、柱	m³	3～7	0.12～0.18	1.2	露天
30	钢筋骨架	t	3～7	0.12～0.18	—	露天
31	金属结构	t	3～7	0.16～0.24	—	露天
32	铁件	t	10～20	0.9～1.5	1.5	露天
33	金属门窗	t	10～20	0.6	2.0	棚
34	木门窗	m²	3～7	30	2.0	棚
35	木屋架	m³	3～7	0.3	—	露天
36	模板	m³	3～7	0.7	—	露天
37	刨花板	张	3～7	50	1.5	棚
38	大型砌块	m³	3～7	0.9	1.5	露天
39	轻质混凝土制品	m³	3～7	1.1	2.0	露天
40	水、电及卫生设备	t	20～30	0.35	1.0	库、棚(各约占1/4)
41	脚手板	m³	30～40	1.5～1.8	2.0	露天
42	杉槁	根	30～40	15～20	1.5	露天
43	排木	根	30～40	30～40	1.5	露天

四、材料领发

① 严格限额领发料制度，坚持节约预扣，余料退库。收发料具要及时入账上卡，手续齐全。

② 施工设施用料，以设施用料计划进行总控制，实行限额发料。

③ 超限额用料时，必须事先办理手续，填限额领料单，注明超耗原因，经批准后方可领发材料。

④ 建立领发料台账，记录领发状况和节超状况。

五、材料使用监督

① 组织原材料集中加工，扩大成品供应。要求根据现场条件，将混凝土、钢筋、木材、石灰、玻璃、油漆、砂、石等的具体使用情况不同程度地集中加工处理。

② 坚持按分部工程或按层数分阶段进行材料使用分析和核算。以便及时发现问题，防

止材料超用。

③ 现场材料管理责任者应对现场材料使用进行分工监督、检查。检查内容如下。

a. 是否认真执行领发料手续，记录好材料使用台账。

b. 是否按施工场地平面图堆料，按要求的防护措施保护材料。

c. 是否按规定进行用料交底和工序交接。

d. 是否严格执行材料配合比，合理用料。

e. 是否做到工完场清，要求"谁做谁清，随做随清，操作环境清，工完场地清"。

④ 每次检查都要做到情况有记录，原因有分析，明确责任，及时处理。

六、材料回收

① 回收和利用废旧材料，要求实行交旧（废）领新、包装回收、修旧利废。

② 施工班组必须回收余料，及时办理退料手续，在领料单中登记扣除。

③ 余料要造表上报，按供应部门的安排办理调拨和退料。

④ 设施用料、包装物及容器等，在使用周期结束后组织回收。

⑤ 建立回收台账，记录节约或超领记录，处理好经济关系。

七、周转材料现场管理

① 按工程量、施工方案编报需用计划。

② 各种周转材料均应按规格分别整齐码放，垛间留有通道。

③ 露天堆放的周转材料应有规定限制高度，并有防水等防护措施。

④ 零配件要装入容器保管，按合同发放，按退库验收标准回收，做好记录。

⑤ 建立保管使用维修制度。

⑥ 周转材料需报废时，应按规定进行报废处理。

八、材料核算

① 应以材料施工定额为基础，向基层施工队、班组发放材料，进行材料核算。

② 要经常考核和分析材料消耗定额的执行情况，着重于定额与实际用料的差异，非工艺损耗的构成等，及时反映定额达到的水平和节约用料的先进经验，不断提高定额管理水平。

③ 应根据实际执行情况积累并提供修订和补充材料定额的数据。

本 章 小 结

1. 建筑工程材料管理，是指建筑工程中使用的各类材料在流通领域以及再生产领域中的供应与管理工作。

2. 管理目标包括目的目标和措施目标。

3. 建筑工程材料管理的两大任务：第一，在流通过程的管理一般称为供应管理；第二，在使用过程的管理一般称为消耗管理。

4. 在《中华人民共和国建筑法》等一些法律、法规条款中对建设工程材料的监督管理提出了一定的要求，对建设工程参建各方在材料供应、采购、使用、监督、检测等方面的行为作出了明确的规定。

5. 施工项目材料管理就是项目经理部为顺利完成工程施工，合理节约使用材料，努力降低材料成本所进行的材料计划、订货采购、运输、库存保管、供应加工、使用、回收等一系列工作的组织和管理，其重点在现场。

思 考 题

1. 建筑工程材料管理工作包括的内容有哪些？
2. 建筑工程材料管理的任务是什么？
3. 常见违反国家有关法律和行政法规的质量不合格行为有哪些？
4. 建筑材料计划有哪些种类？
5. 材料需用量计划编制的依据是什么？
6. 材料进场验收的要求是什么？

建筑材料试验

试验一　建筑材料的基本性质试验

⌂ 一、密度

1. 试验目的

材料密度测试的目的是为计算材料用量、构件自重以及材料堆放空间提供基本数据。

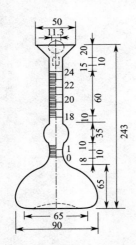

试验图 1-1　李氏瓶

2. 主要仪器

李氏瓶（如试验图 1-1 所示）；天平（称量 500g，感量 0.01g），筛子（孔径 0.2mm 或 900 孔/cm²），烘箱，干燥器，温度计等。

3. 试验步骤

(1) 将试样（砖或石材）磨细、过筛后放入烘箱内，以 105～110℃的温度烘至恒重，然后放入干燥器中，冷却至室温备用。

(2) 在李氏瓶中注入与试样不起化学反应的液体至突颈下部，记下刻度数。将李氏瓶放在盛水的容器中，试验过程中水温为 20℃。

(3) 用天平称取 60～90g 试样。用小勺和漏斗将试样徐徐送入李氏瓶内（不能大量倾倒，那样会妨碍李氏瓶中的空气排出或使咽喉部位堵塞），至液面上升接近 20mL 的刻度。称剩下的试样，计算送入李氏瓶中试样的质量 m（mg）。

(4) 将注入试样后的李氏瓶中液面的读数，减去未注前的读数，得出试样的绝对体积 V（cm³）。

4. 结果计算

(1) 按下式计算密度 ρ（精确至 0.01/cm³）：

$$\rho = \frac{m}{V}(\text{g/cm}^3)$$

(2) 按规定以两次试验结果的平均值表示，两次相差不应大于 0.02g/cm³，否则重做。

⌂ 二、体积密度

1. 试验目的

材料体积密度的测试是为计算材料用量、构件自重以及材料堆放空间提供基本数据。

2. 主要仪器

天平（称量 1000g，感量 0.1g）；游标卡尺（精度为 0.1mm）；烘箱；直尺（精度为 1mm）。如试样较大时可用台秤（称量 10kg，感量 50g）。

3. 试验步骤

（1）将试件放入烘箱内，以 105～110℃ 的温度烘至恒重，然后放入干燥器中，冷却至室温备用。

（2）用游标卡尺量出试件尺寸。

（3）当试件为正方体或平行六面体时，在长、宽、高（a、b、c）各方向量上、中、下三处，各取三次平均值，计算体积：

$$V_0 = \frac{a_1 + a_2 + a_3}{3} \times \frac{b_1 + b_2 + b_3}{3} \times \frac{c_1 + c_2 + c_3}{3} (\text{cm}^3)$$

当试件为圆柱体时，以两个互相垂直的方向量直径，各方向量上、中、下三处，取六次的平均直径 d，以互相垂直的两直径与圆周交界的四点上量高度，取四次的平均高度 h。计算体积：

$$V_0 = \frac{\pi d^2}{4} \times h (\text{cm}^3)$$

4. 结果计算

（1）按下式计算体积密度 ρ_0。

$$\rho_0 = \frac{m}{V_0} \times 1000 (\text{kg/m}^3)$$

（2）按规定以三次试件测值的平均值表示。

试验二　水泥试验

本试验根据国家标准《水泥细度检验方法》（GB/T 1345—2011）、《水泥标准稠度用水量、凝结时间、安定性检验方法》（GB/T 1346—2011）及《水泥胶砂强度检验方法》（GB/T 17671—2005）测定水泥的技术性能。

一、水泥试验的一般规定

（1）以同一水泥厂、同品种、同期到达、同强度的水泥为一个取样单位，取样有代表性，可连续取样，也可以从 20 个以上不同部位抽取等量样品，总量不小于 12kg。

（2）实验室温度应为（20±2)℃，相对湿度应大于 50%，养护箱温度为（20±1)℃，相对湿度应大于 90%。

（3）试样应充分拌匀，通过 0.9mm 方孔筛，并记录筛余物的百分数。

（4）水泥试样、标准砂、拌和用水及试样等的温度均应与实验室温度相同。

（5）实验室用水必须是洁净的淡水。

二、水泥细度试验

1. 试验目的

水泥细度测定的目的，在于通过控制细度来保证水泥的水化活性，从而控制水泥质量。

2. 检验方法

测定水泥细度可用透气式比表面积仪或筛析法测定。以下主要介绍筛析法中的负压筛法、水筛法和手工干筛法。如负压筛法、水筛法或干筛法测定的结果发生争议时，以负压筛法为准。0.045mm筛称取试样10g，0.08mm筛称取试样25g。

（1）负压筛法

① 主要仪器设备

负压筛析仪：由0.045mm或0.08mm方孔负压筛、筛座、负压源、吸尘器组成。

天平：最大称量为100g，感量0.01g。

② 试验步骤

a. 筛析试验前，接通电源，检查控制系统，调节负压至4000～6000Pa范围内，喷气嘴上孔平面应与筛网之间保持2～8mm的距离。

b. 称取试样（精确至0.01g）置于洁净的负压筛中，盖上筛盖，放在筛座上，开动筛析仪连续筛动2min，在此期间如有试样附着在筛盖上，可轻轻敲击，使试样落下。筛毕，用天平称量筛余物的质量R_s（精确至0.01g）。

c. 当工作负压小于4000Pa时，应清理吸尘器内水泥，使气压恢复正常。

（2）水筛法

① 主要仪器设备

标准筛：筛孔为边长0.045mm或0.08mm方孔，筛框有效直径为125mm，高80mm。

筛座：能支撑并带动筛子转动，转速约为50r/min。

喷头：直径55mm，面上均匀分布90个孔，孔径0.5～0.7mm。

天平：最大称量为100g，感量0.01g。

② 试验步骤

a. 筛析试验前，应调整好水压及筛架位置，使其能正常运转，喷头底面和筛网之间距离为35～75mm。

b. 称取试样（精确至0.01g）置于水筛中，立即用洁净水冲洗至大部分细粉通过，再将筛子置于筛座上，用水压为0.03～0.08MPa喷头连续冲洗3min。

c. 筛毕，取下筛子，将筛余物冲到筛的一边，用少量水把筛余物全部移至蒸发皿（或烘样盘）中，等水泥颗粒全部沉淀后，将水倒出，烘干后称量筛余物质量R_s（精确至0.01g）。

（3）手工干筛法

① 主要仪器设备

标准筛：筛孔为边长0.045mm或0.08mm方孔，筛框有效直径为150mm，高50mm。烘箱。

天平：最大称量为100g，感量0.01g。

② 试验步骤

a. 称取试样（精确至0.01g）倒入干筛内，加盖，用一只手执筛往复运动，另一只手轻轻拍打。拍打速度约为120次/min，期间40次向同一方向转动60°，使试样均匀分布在筛网上，直至每分钟通过的试样量不超过0.03g时为止。

b. 称量筛余物的质量R_s（精确至0.01g）。

3. 试验结果计算

水泥试样筛余百分数按下式计算（精确至0.1%）

$$F = R_s / G \times 100\%$$

式中　　F——水泥试样的筛余百分数，%；

　　　　R_s——水泥筛余物的质量，g；

　　　　G——水泥试样的质量，g。

三、水泥标准稠度用水量试验

1. 试验目的

标准稠度用水量是指以标准方法测定水泥净浆在达到标准稠度时所需要的用水量，以水与水泥的质量百分比表示。水泥的凝结时间和安定性都与其有直接关系。测定方法有标准法和代用法两种。

2. 检验方法

（1）标准法

① 主要仪器设备　标准法维卡仪（见试验图 2-1、试验图 2-2）、净浆搅拌机、量水器、天平等。

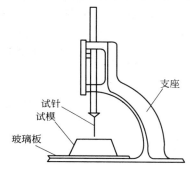

试验图 2-1　标准法维卡仪示意图

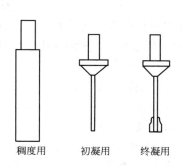

试验图 2-2　标准法维卡仪附件

② 试验步骤

a. 试验前必须检查稠度仪的金属棒能否自由滑动，调整试杆接触玻璃板时，指针应对准标尺的零点，搅拌机运转正常。

b. 用湿布擦拭水泥净浆搅拌机的筒壁及叶片，称取 500g 水泥试样，量取拌和水（按经验确定），水量精确至 0.1mL，倒入搅拌锅，5～10s 内将水泥加入水中，并防止水和水泥溅出。将搅拌锅放到搅拌机锅座上，升至搅拌位置，开动机器，低速搅拌 120s，停止 15s，接着快速搅拌 120s 停机。

c. 拌和完毕，立即将净浆一次装入玻璃板上的试模中，用小刀插捣，轻轻振动数次，刮去多余净浆，抹平后迅速将其放到稠度仪上，并将中心放在试杆下，将试杆恰好降至净浆表面，拧紧螺钉 1～2s 后，突然放松，让试杆自由地沉入水泥净浆中。在试杆停止沉入或释放试杆 30s 时，记录试杆与底板的距离。升起试杆后，擦净试杆，整个过程在 1.5min 内完成。

③ 试验结果的确定

以试杆沉入净浆并距底板（6±1）mm 时的水泥净浆为标准稠度净浆，此拌和用水量与水泥的质量百分比即为该水泥的标准稠度用水量 P，用下式计算。

$$P = (W/500) \times 100\%$$

式中　　W——水泥净浆达到标准稠度时，所需水的质量，g。

如试杆下沉的深度超出上述范围，实验需重做，直至达到（6±1）mm 时为止。

（2）代用法

① 主要仪器设备　代用法维卡仪（由支座、试锥和锥模组成），净浆搅拌机，量水器，

天平等。

② 试验步骤　采用代用法测定水泥标准稠度用水量，有调整用水量法和固定用水量法两种方法。

a. 试验前准备同标准法。

b. 水泥净浆的拌制同标准法。拌和用水量的确定，采用调整用水量的方法时按经验确定，采用固定用水量方法时，用水量为 142.5mL（精确至 0.5mL）。

c. 拌和完毕，立即将净浆一次装入锥模中，用小刀插捣，轻轻振动数次刮去多余净浆，抹平后迅速将其放到试锥下面的固定位置上，将试锥尖恰好降至净浆表面，拧紧螺钉 1～2s 后，突然放松，让试锥自由沉入净浆中，到试锥停止下沉或释放试锥 30s 时，记录试锥下沉的深度。全部操作应在 1.5min 内完成。

③ 试验结果的确定

a. 调整用水量法。以试锥下沉的深度为 28＋2mm 时的水泥浆为标准稠度，此时拌和用水量与水泥质量的百分数为标准稠度用水量 P（计算与标准法相同，精确至 0.1％）。

b. 固定用水量法。标准稠度用水量 P 可以从维卡仪对应标尺上读取，或按下式计算

$$P = 33.4 - 0.185S$$

式中　S——试锥下沉的深度，mm。

当试锥下沉深度小于 13mm 时，固定水量法无效，应用调整水量法测定。

四、水泥凝结时间试验

1. 试验目的

测定水泥的初凝时间，作为评定水泥质量的依据之一。

2. 主要仪器设备

净浆搅拌机，湿热养护箱，天平，凝结时间测定仪。

3. 测定步骤

（1）测前准备

将圆模放在玻璃板上，在膜内侧稍涂一层机油，调整凝结时间测定仪的试针，使之接触玻璃板时，指针对准标尺零点。

（2）试样制备

称取水泥试样 500g，用标准稠度用水量拌制成水泥净浆，立即一次装入圆模，振动数次后刮平，然后放入标准养护箱内养护，记录水泥全部加入水中的时刻作为凝结时间的起始时刻。

（3）凝结时间测定

① 初凝时间测定　自加水开始约 30min 时进行第一次测定。测定时，从养护箱中取出试模放到试针下，让试针徐徐下降与净浆表面接触，拧紧螺钉 1～2s 后，突然放松，试针自由垂直地沉入净浆。观察试针停止下沉或释放试针 30s 时指针的读数。当试针下沉至距底板 4±1mm 时，即水泥达到初凝状态。初凝时间即指自水泥全部加入水中时起，至初凝状态时所需的时间。

② 终凝时间测定　测定时，将试针更换为带环型附件的终凝试针。完成初凝时间测定后，立即将试模和浆体以平移的方式从玻璃板上取下，翻转 180°，直径大端向上，小端向下放在玻璃板上，再放入养护箱中继续养护。临近终凝时间时每隔 15min 测定一次，当试针沉入浆体 0.5mm 时，且在浆体上不留环形附件的痕迹时即水泥达到终凝状态。终凝时间即指：自水泥全部加入水中时起，至终凝状态所需的时间。

（4）注意事项

最初测定时，应轻轻扶持试针的滑棒，使其徐徐下降，以防止试针撞弯，但结果以自由下落的指针读数为准。当临近初凝时，每隔 5min 测定一次；临近终凝时，每隔 15min 测定一次。达到初凝或终凝时，应立即重复测一次，当两次结果相同时，才能定为达到初凝或终凝状态。整个测试过程中试针沉入的位置距试模内壁应大于 10mm，每次测定不得让试针落入原针孔内，每次测试完毕，擦净试针，将试模放回养护箱内，全部测试过程试模不得振动。

五、水泥体积安定性试验

1. 试验目的

测定水泥的体积安定性，作为评定水泥质量的依据之一。安定性检验可用试饼法，也可用雷氏夹法，有争议时，以雷氏夹法为准。

2. 检验方法

（1）标准法（雷氏夹法）

① 主要仪器设备

雷氏夹膨胀值测定仪（见试验图 2-3）、雷氏夹（见试验图 2-4）、水泥净浆搅拌机、沸煮箱、养护箱、天平、量水器、玻璃板等。

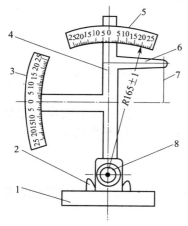

试验图 2-3　雷氏夹膨胀值测定仪
1—底座；2—模子座；3—测探性标尺；
4—立柱；5—测膨胀值标尺；6—悬臂；
7—悬丝；8—弹簧顶扭

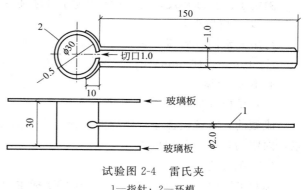

试验图 2-4　雷氏夹
1—指针；2—环模

② 试验步骤

a. 试验准备。将与水泥净浆接触的玻璃板和雷氏夹内侧涂一薄层机油。称取水泥试样 500g，以标准稠度用水量加水，搅拌成标准稠度的水泥净浆。

b. 试样制备。将预先准备好的雷氏夹，放在已擦过油的玻璃板上，并将已拌好的标准稠度净浆一次装满雷氏夹，装模时一只手轻扶雷氏夹，另一只手用宽约 10mm 的小刀插捣数次，然后抹平，盖上稍涂油的另一块玻璃板。接着将试件移至养护箱内养护（24±2）h。

c. 煮沸。先调整好煮沸箱的水位，使之能在整个煮沸过程中都没过试件。不需中途加水，同时保证能在（30±5）min 内加热至沸腾。

脱去玻璃板，取下试件。先测量雷氏夹指针尖端间的距离 A，精确到 0.5mm，接着将试件放入水中篦板上；指针向上，试件之间互不交叉；然后在（30±5）min 内加热至沸腾，并恒沸（180±5）min。

d. 结果判别。煮毕将热水放出，打开箱盖，待箱内温度冷却至室温时，取出试件。

测量雷氏夹指针尖端间的距离 C，精确至 0.5mm。当两个试件煮后增加距离 $(C-A)$ 的平均值不大于 5.0mm 时，安定性即为合格，反之不合格。当两个试件的 $(C-A)$ 值相差超过 4mm 时，应用同一样品立即重做一次试验。再如此，则认为该水泥安定性不合格。

（2）代用法（试饼法）

① 主要仪器设备　水泥净浆搅拌机，沸煮箱，养护箱，天平，量水器，玻璃板等。

② 试验步骤

a. 从拌好的标准稠度净浆中取试样约 150g，分成两等份，分别搓成实心球，放在涂过机油的玻璃板上，轻轻振动玻璃板，并用湿布擦过的小刀，由边缘向中央抹动，制成直径为 70～80mm、中心厚约 10mm、边缘渐薄、表面光滑的试饼，接着将试饼放入养护箱内养护（24±2）h。

b. 煮沸。沸煮箱的要求同雷氏夹法。脱去玻璃板，取下试件放入沸煮箱中，然后在 (30±5)min 内加热至沸腾，并恒沸 (180±5)min。

c. 结果判别。煮毕将热水放出，打开箱盖，待箱内温度冷却至室温时，取出试件。目测试饼，若未发现裂缝，再用直尺检查也没有弯曲时，则水泥安定性合格，反之为不合格。当两个试饼判别结果有矛盾时，认为水泥安定性不合格。

六、水泥胶砂强度试验（ISO 法）

1. 试验目的

测定水泥胶砂在规定龄期的抗压强度和抗折强度，评定水泥的强度等级。

2. 主要仪器设备

行星式水泥胶砂搅拌机，胶砂振实台，模套，试模（为三联模，每个槽模内腔尺寸为 40mm×40mm×160mm），抗折试验机，抗压试验机及抗压夹具，刮平直尺等。

3. 试验步骤

（1）试模准备

成型前，将试模擦净，四周的模板与底座的接触面应涂上一层黄油，紧密装配，防止漏浆，内壁均匀刷一薄层机油。

（2）配合比

实验采用中国 ISO 标准砂。中国 ISO 标准砂可以单级分包装，也可以各级预配合以 (1350±5)g 量的塑料袋混合包装。胶砂的质量比为：水泥∶标准砂∶水＝1∶3∶0.5。每成型三条试件，需要称量水泥 (450±2)g，标准砂 (1350±5)g，拌和用水量为 (225±1)mL。

掺火山灰质混合材料的普通硅酸盐水泥、火山灰质硅酸盐水泥、粉煤灰硅酸盐水泥、复合硅酸盐水泥在进行胶砂强度检验时，其用水量按 0.50 水灰比和胶砂流动度不小于 180mm 来确定。当流动度小于 180mm 时，必须以 0.01 的整倍数递增的方法将水灰比调整至胶砂流动度不小于 180mm。

（3）胶砂制备

把水加入搅拌锅里，再加入水泥，把锅放在固定架上，上升至固定位置。然后立即开动搅拌机，低速搅拌 30s 后，在第二个 30s 开始时，均匀地将标准砂加入。当各级砂为分装时，从最粗粒级开始，依次将所需的各级砂加完。将搅拌机调至高速再拌 30s，停拌 90s，在第一个 15s 内，用以胶皮刮具将叶片和锅壁上的胶砂刮入锅中间。在高速下继续搅拌 60s，各个搅拌阶段，时间误差应在 ±1s 内。

（4）试件成型

胶砂制备后立即进行试件成型。将空试模和模套固定在振实台上，用勺子从搅拌锅里将胶砂分两层装入试模。装第一层时，每个槽里约放 300g 胶砂，用大播料器垂直架在模套顶部沿每个模槽来回一次将料拨平，接着振实 60 次。再装第二层胶砂，用小播料器播平，再振实 60 次。移走模套，从振实台上取下试模，用金属直尺以近似 90°的角度架在试模顶的一端，然后沿试模长度方向以横向锯割动作慢慢向另一端移动，一次将超过试模部分的胶砂刮去，并用同一直尺以近乎水平的情况下将试体表面抹平。在试模上做标记或加字条标明试件编号和试件相对于振实台的位置。

（5）试件养护

立即将做好标记的试模放入雾室或养护箱的水平架子上养护，养护至 20～24h 后，取出脱模。脱模前，用防水墨汁或颜料笔对试件进行编号和做其他标记。两个龄期以上的试件，在编号时应将同一试模中的三条试件分在两个以上龄期内。试件脱模后应立即放入恒温水槽中养护，养护水温度为（20±1）℃，养护期间试件之间应留有至少 5mm 间隙，水面至少高出试件 5mm。

（6）强度测定

试件龄期是从水泥加水搅拌开始计时。各龄期的试件，必须在规定的时间内进行强度试验，规定为：24h±15min、48h±30min、72h±45min、7d±2h、＞28d±8h。在强度试验前 15min 将试件从水中取出，用湿布覆盖。

① 抗折强度测定

a. 测定前将抗折试验夹具的圆柱表面清理干净，并调整杠杆使其处于平衡状态。

b. 然后擦去试件表面水分和砂粒，将试件放入抗折夹具内，使试件侧面与圆柱接触，试件长轴垂直于支撑圆柱。

c. 通过加荷，圆柱以（50±10）N/s 的速率均匀地将荷载垂直地加在棱柱体相对侧面上，直至折断，记录破坏荷载 F_f（N）。

d. 抗折强度 R_f 按下式计算（精确至 0.1MPa）

$$R_f = 1.5 F_f L / b^3$$

式中　R_f——单个试件抗折强度，MPa；

　　　F_f——破坏荷载，N；

　　　L——支撑圆柱之间的距离，mm；

　　　b——棱柱体正方形截面的边长，mm。

e. 抗折强度确定。以一组三个试件测定值的算术平均值为抗折强度的测定结果。当三个强度值中有超出平均值±10％时，应剔除后再取平均值作为抗折强度试验结果。

② 抗压强度测定

a. 抗折试验后的 6 个断块，应立即进行抗压试验。抗压强度试验需用抗压夹具进行，以试件的侧面作为受压面，并使夹具对准压力机压板中心。

b. 以（2400±200）N/s 的速率均匀地加荷至破坏。记录破坏荷载 F_C（N）。

c. 抗压强度 R_C 按下式计算（精确至 0.1MPa）。

$$R_C = F_C / A$$

式中　R_C——单个试件抗压强度，MPa；

　　　F_C——破坏荷载，N；

　　　A——受压面积，40mm×40mm。

d. 抗压强度确定。以一组三个试件得到的 6 个抗压强度测定值的算术平均值为实验结果，如果 6 个测定值中有一个超过它们平均数的±10％，则应剔除这个结果，而以剩下 5 个的平均数为实验结果。如果 5 个测定值中再有超过它们平均数±10％的，则此组结果作废。

4. 试验结果评定

将试验及计算所得到的各标准龄期抗折和抗压强度值，对照国家标准所规定的水泥各标准龄期的强度值，来确定或验证水泥强度等级。

试验三　混凝土综合试验

一、混凝土用砂、石试验

本试验根据《建筑用砂》（GB/T 14684—2011）和《建筑用卵石、碎石》（GB/T 14685—2011）对混凝土用砂、石进行试验，评定其质量，并为混凝土配合比设计提供原材料参数。主要内容包括砂、石的筛分析试验、堆积密度试验、体积密度试验。

1. 取样与缩分

（1）取样

集料应按同产地同规格分批取样。取样前先将取样部位表层除去，然后从料堆或车船上不同部位或深度抽取大致相等的砂 8 份或石子 15 份，其试样总量应多于试验用量的 1 倍。砂、石部分单项试验的取样数量分别见试验表 3-1 和试验表 3-2。

试验表 3-1　砂单项试验最少取样数量　　　　　　　　单位：kg

试 验 项 目	筛 分 析	体 积 密 度	堆 积 密 度	含 水 率
最少取样量	4.4	2.6	5.0	1.1

试验表 3-2　石子单项试验最少取样数量　　　　　　　　单位：kg

试 验 项 目	不同最大粒径(mm)下的最少取样量							
	9.5	16.0	19.0	26.5	31.5	37.5	63.0	75.0
筛分析	9.5	16.0	19.0	25.0	31.5	37.5	63.0	80.0
体积密度	8.0	8.0	8.0	8.0	12.0	16.0	24.0	24.0
堆积密度	40.0	40.0	40.0	40.0	80.0	80.0	120.0	120.0
含水率	9.5	16.0	19.0	25.0	31.5	37.5	63.0	80.0

（2）缩分

砂样缩分可采用分料器或人工四分法进行。四分法缩分的步骤为：将样品放在平整洁净的平板上，在潮湿状态下拌和均匀，摊成厚度约 20mm 的圆饼，然后在饼上画两条正交直径将其分成大致相等的 4 份。取其对角的 2 份，按上述方法继续缩分，直至缩分后的样品数量略多于进行试验所需量为止。

石子缩分采用四分法进行。将样品倒在平整洁净的平板上，在自然状态下拌和均匀，堆成锥体，然后用上述四分法将样品缩分至略多于试验所需量。

2. 砂的试验

（1）砂的筛分析试验

① 试验目的　测定砂的颗粒级配和粗细程度，作为混凝土用砂的技术依据。

② 主要仪器设备　标准筛，天平（称量 1000g，精度 1g），摇筛机，烘箱（能使温度控制在 105℃±5℃），浅盘，硬、软刷等。

③ 试样制备　用于筛分析的试样应先筛除大于 9.5mm 的颗粒，并记录其筛余百分比，然后用四分法缩分至每份不少于 550g 的试样 2 份，在 （105±5)℃烘至恒重，冷却至室温备用。

④ 试验步骤

a. 准确称取烘好的试样 500g，置于按筛孔大小顺序排列的最上面的一只筛上。将筛在摇筛机内固紧，摇筛 10min 左右。

b. 取出筛，按筛孔大小顺序，在清洁的浅盘上逐个进行手筛，直至每分钟的筛出量不超过试样总量的 0.1%时为止，通过的颗粒并入下一个筛中，按此顺序进行，直至每个筛全部筛完为止。如无摇筛机，也可用手筛。

c. 称量各筛筛余试样的质量（精确至 1g），所有各筛的分计筛余量和底盘中剩余量的总和与筛分前的试样总量相比，其相差不得超过筛分前试样总量的 1%。

⑤ 试验结果评定　筛分析试验结果按下列步骤计算。

a. 计算分计筛余百分率，精确至 0.1%。

b. 计算累计筛余百分率，精确至 1%。

c. 根据各筛的累计筛余百分率评定该试样的颗粒级配分布情况。

d. 按下式计算细度模数 M_x（精确至 0.01)：

$$细度模数(M_x) = \frac{(A_2 + A_3 + A_4 + A_5 + A_6) - 5A_1}{100 - A_1}$$

式中，A_1、A_2、A_3、A_4、A_5、A_6 分别为 4.75mm、2.36mm、1.18mm、0.60mm、0.30mm、0.15mm 各筛上的累计筛余百分率。

筛分试验应采用两个试样平行试验，细度模数以两次试验结果的算术平均值为测定值（精确至 0.1)。如两次试验所得的细度模数之差大于 0.20 时，应重新取试样进行试验。

(2) 砂的体积密度试验

① 试验目的　测定砂的体积密度，作为评定砂的质量和混凝土用砂的技术依据。

② 主要仪器设备

a. 天平：称量 1000g，感量 1g。

b. 容量瓶：500mL。

c. 烘箱：能使温度控制在 105℃±5℃。

d. 烧杯：500mL。

e. 干燥器、浅盘、温度计、料勺等。

③ 试样制备　将缩分至约 650g 的试样，置于烘箱中烘至恒重，并在干燥器内冷却至室温备用。

④ 测定步骤

a. 称取烘干试样 300g （m_0)，装入盛有半瓶冷开水的容量瓶中摇动容量瓶，使试样充分搅动，排除气泡。

b. 塞紧瓶塞静置约 24h，再用滴管添水，使水面与瓶颈刻度线平齐，再塞紧瓶塞，并擦干瓶外水分，称其质量（m_1)。

c. 倒出瓶中的水和试样，将瓶内外清洗干净，再注入与上项水温相差不超过 2℃的冷开水至瓶颈刻度线，塞紧瓶塞，并擦干瓶外水分，称其质量（m_2)。

【注】 试验应在 $15\sim25℃$ 的环境中进行，试验过程温度相差应不超过 $2℃$。

⑤ 测定结果　砂的体积密度 ρ_0 按下式计算（精确至 $0.01g/cm^3$）：

$$\rho_0=\frac{m_0}{m_0+m_2-m_1}-\alpha_t$$

式中　m_0——烘干试样的质量，g；

　　　m_1——试样、水及容量瓶的总质量，g；

　　　m_2——水及容量瓶的总质量，g；

　　　α_t——不同水温对体积密度影响的修正系数（见试验表 3-3）。

试验表 3-3　不同水温下砂、石的表观密度温度修正系数

水温/℃	15	16	17	18	19	20	21	22	23	24	25
α_t	0.002	0.003	0.003	0.004	0.004	0.005	0.005	0.006	0.006	0.007	0.008

砂的体积密度试验以两次试验测定的算术平均值作为测定值。若两次试验所得结果之差大于 $0.02g/cm^3$，应重新取样试验。

（3）砂的堆积密度

① 试验目的　测定砂的堆积密度，作为混凝土用砂的技术依据。

② 主要仪器设备　天平（称量 10kg，感量 1g），容量筒（容积 1L），方孔筛（孔径为 4.75mm 的筛），烘箱，漏斗，料勺，直尺，浅盘等。

③ 试验步骤

a. 取缩分试样约 3L，在烘箱中烘至恒重，取出冷却至室温，再用 4.75mm 的筛过筛，分成大致相等的两份备用。

b. 称容量筒质量 m_1（kg），精确至 1g。

c. 用料勺或漏斗将试样徐徐装入容量筒内，出料口距容量筒口不应超过 50mm，直至试样装满超出筒口成锥形为止。

d. 用直尺将多余的试样沿筒口中心线向两个相反方向刮平，称其质量 m_2（kg），精确至 1g。

④ 试验结果　按下式计算砂的堆积密度 ρ_0'（精确至 $10kg/m^3$）：

$$\rho_0'=\frac{m_2-m_1}{V_0}$$

式中　V_0——容量筒容积，L。

砂的堆积密度试验以两次试验测定的算术平均值作为测定值。

3. 石子的试验

石子分项试验的所需最少试样质量如试验表 3-4 所示。

试验表 3-4　石子分项试验的所需最少试样质量　　　　　　　　　　单位：kg

试 验 项 目	最大粒径/mm							
	9.5	16.0	19.0	26.5	31.5	37.5	63.0	75.0
筛分析	1.9	3.2	3.8	5.0	6.3	7.5	12.6	16.0
表观密度	2.0	2.0	2.0	2.0	3.0	4.0	6.0	6.0
堆积密度	40	40	40	40	80	80	120	120

（1）碎石或卵石的筛分析试验

① 试验目的　测定碎石或卵石的颗粒级配、粒级规格，作为混凝土配合比设计和一般使用的依据。

② 主要仪器设备　标准筛 (孔径为 90.0mm、75.0mm、63.0mm、53.0mm、40.0mm、37.5mm、31.5mm、26.5mm、19.0mm、16.0mm、9.5mm、4.75mm 和 2.36mm 的方孔筛)，天平或案秤 (精确至试样量的 0.1%)，烘箱 (能使温度控制在 105℃±5℃)，浅盘等。

③ 试样制备　按试验表 3-2 规定取样，用四分法缩分至不少于试验表 3-4 规定的用量，烘干或风干后备用。

④ 试验步骤

a. 称取按试验表 3-4 规定的试样一份，精确到 1g。

b. 将试样按筛孔大小顺序过筛，当每号筛上筛余层的厚度大于试样的最大粒径值时，应将该号筛上的筛余分成两份，再进行筛分，直至各筛每分钟的通过量不超过试样总量的 0.1%。

c. 称各筛筛余的质量，精确至试样总量的 0.1%。在筛上的所有分计筛余量和筛底剩余的总和与筛分前测定的试样总量相比，其相差不得超过 1%。

⑤ 试验结果计算　筛分析试验结果按下列步骤计算。

a. 由各筛上的筛余量除以试样总量，计算出该号筛的分计筛余百分率 (精确至 0.1%)。

b. 每号筛计算得出的分计筛余百分率与筛孔大于该筛的各筛上的分计筛余百分率相加，计算得出累计筛余百分率 (精确至 1%)。

c. 根据各筛的累计筛余百分率，查表评定该试样的颗粒级配。

（2）碎石或卵石的体积密度试验

本方法不宜用于最大粒径大于 40mm 的碎石或卵石。

① 试验目的　测定石子的体积密度，作为评定石子的质量和混凝土用石的技术依据。

② 主要仪器设备

a. 天平：称量 5000g，感量 5g。

b. 广口瓶：1000mL，磨口并带玻璃片。

c. 试验筛：孔径 4.75mm 方孔筛。

d. 烘箱：能使温度控制在 (105±5)℃。

e. 毛巾，刷子，浅盘等。

③ 试样制备　按试验表 3-2 规定取样，用四分法缩分至不少于试验表 3-4 规定的用量，并将样品筛去 4.75mm 以下的颗粒，洗刷干净，分成两份备用。

④ 测定步骤

a. 将试样浸水饱和后装入广口瓶中。装试样时广口瓶应倾斜放置，然后装入饮用水并用玻璃片覆盖瓶口，上下左右摇晃以排除气泡。

b. 待气泡排尽，向瓶中添加饮用水直至水面凸出瓶口边缘，用玻璃片沿瓶口迅速滑行，使其紧贴瓶口水面。擦干瓶外水分，称取试样、水、瓶和玻璃片的质量 (m_1)。

c. 将瓶中试样倒入浅盘中，置于烘箱中烘至恒重后取出，放在带盖的容器中冷却至室温后，称其质量 (m_0)。

d. 将瓶洗净，重新注入饮用水，用玻璃片紧贴瓶口水面，擦干瓶外水分后称其质量 (m_2)。

【注】试验应在 15~25℃ 的环境中进行，试验过程温度相差应不超过 2℃。

⑤ 测定结果计算

石子的体积密度 ρ_0 按下式计算 (精确至 0.01g/cm³)

$$\rho_0 = \frac{m_0}{m_0 + m_2 - m_1} - \alpha_t$$

式中　m_0——烘干试样的质量，g；

　　　m_1——试样、水、瓶和玻璃片的总质量，g；

　　　m_2——水、瓶和玻璃片的总质量，g；

　　　α_t——不同水温对表观密度影响的修正系数（见试验表 3-3）。

石子的体积密度试验以两次试验测定的算术平均值作为测定值。若两次试验所得结果之差大于 0.02g/cm³，应重新取样试验。对颗粒材质不均匀的试样，如两次试验结果之差大于 0.02g/cm³，可取 4 次试验结果的算术平均值。

（3）石子的堆积密度

① 试验目的　测定石子的堆积密度，作为混凝土配合比设计和一般使用的依据。

② 主要仪器设备　磅秤（称量 50kg，感量 50g），台秤（称量 10kg，感量 10g），容量筒（规格见试验表 3-5），平头铁铲，烘箱等。

试验表 3-5　石子堆积密度试验用容量筒规格要求

石子最大粒径/mm	容量筒体积/L	容量筒规格/mm		筒壁厚/mm
		内　径	净　高	
9.5、16.0、19.0、26.5	10	208	294	2
31.5、37.5	20	294	294	3
53.0、63.0、75	30	360	294	4

③ 试样制备　按试验表 3-2 规定取样，用四分法缩分至不少于试表 3-4 规定的用量，烘干或风干后，拌匀并把试样分为大致相等的两份备用。

④ 试验步骤

a. 称容量筒质量 m_1（kg），精确至 10g。

b. 取烘干或风干的试样一份，置于平整干净的地板（或铁板）上。用铁铲将试样距筒口 5cm 左右处自由落入容量筒，装满容量筒并除去凸出筒口表面的颗粒，以合适的颗粒填入凹陷部分，使表面凸起部分和凹陷部分的体积大致相等，称取容量筒和试样总质量 m_2（kg），精确至 10g。

⑤ 试验结果　按下式计算石子的堆积密度（精确至 10kg/m³）。以两份试样测定结果的算术平均值为试验结果。

$$\rho_0' = \frac{m_2 - m_1}{V_0'}$$

式中　V_0'——容量筒容积，L。

二、普通混凝土试验

本试验依据《普通混凝土拌合物性能试验方法标准》（GB/T 50080—2002）、《普通混凝土力学性能试验方法标准》（GB/T 50081—2002）等相关规定进行试验。主要内容包括混凝土拌合物和易性试验、混凝土拌合物表观密度试验、混凝土立方体抗压强度试验。

1. 混凝土拌合物制备

（1）一般规定

① 拌制混凝土的原材料应符合技术要求，并与实际施工材料相同，在拌和前材料的温

度应与室温［应保持在（20±5）℃］相同，水泥如有结块现象，应用 64 孔/cm² 筛过筛，筛余团块不得使用。

② 配料时精度要求：集料为±1％，水、水泥及混凝土混合材料为±0.5％。

③ 砂、石集料质量以干燥状态为基准。

④ 拌制混凝土所用的各种用具（如搅拌机、拌和铁板和铁铲、抹刀等），应预先用水湿润，使用完毕后必须清洗干净，上面不得有混凝土残渣。

（2）主要仪器设备

搅拌机，磅秤（称量 50kg，精度 50g），天平（称量 5kg，精度 1g），量筒（200cm³，1000cm³），拌板，拌铲，盛器等。

（3）拌和步骤

① 人工拌和

a. 按所定配合比称取各材料用量。

b. 把称好的砂倒在铁拌板上，然后加水泥，用铲自拌板一端翻拌至另一端，如此重复，拌至颜色均匀，再加入石子翻拌混合均匀。

c. 将干混合料堆成堆，在中间做一凹槽，将已称量好的水倒一半左右在凹槽中，仔细翻拌，勿使水流出。然后再加入剩余的水，继续翻拌，其间每翻拌一次，用拌铲在拌合物上铲切一次，直至拌和均匀为止。

d. 拌和时间自加水时算起，应符合标准规定。拌合物体积在 30L 以下时，拌 4～5min；拌合物体积为 30～50L，拌 5～9min；拌合物体积超过 50L 时，拌 9～12min。

② 机械搅拌

a. 按给定的配合比称取各材料用量。

b. 用按配合比称量的水泥、砂、水及少量石子在搅拌机中预拌一次，使水泥砂浆部分黏附在搅拌机的内壁及叶片上，并刮去多余砂浆，以避免影响正式搅拌时的配合比。

c. 依次向搅拌机内加入石子、砂和水泥，开动搅拌机干拌均匀后，再将水徐徐加入，全部加料时间不超过 2min，加完水后再继续搅拌 2min。

d. 将拌合物自搅拌机卸出，倾倒在铁板上，再经人工拌和 2～3 次。即可做拌合物的各项性能试验或成型试验。从开始加水起，全部操作必须在 30min 内完成。

2. 拌合物和易性试验

在此进行拌合物坍落度与坍落扩展度法试验。

本方法适用于测定集料最大粒径不大于 40mm、坍落度不小于 10mm 的混凝土拌合物稠度测定。

① 试验目的　本试验通过测定混凝土拌合物的坍落度，观察其流动性、黏聚性和保水性，从而综合评定混凝土的和易性，作为调整配合比和控制混凝土质量的依据。

② 主要仪器设备　坍落度筒（金属制圆锥体形，底部内径 200mm，顶部内径 100mm，高 300mm，壁厚大于或等于 1.5mm，见试验图 3-1），捣棒，拌板，铁锹，小铲，钢尺等。

③ 试验步骤

a. 湿润坍落度筒及其他用具，并把筒放在不吸水的刚性水平底板上，用脚踩住脚踏板，使坍落度筒在装料时保持位置固定。

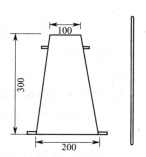

试验图 3-1　坍落度筒及捣棒

b. 把混凝土试样用铁铲分三层均匀地装入筒内，每层高度约为筒高的 1/3。每层用捣棒沿螺旋方向由外向中心插捣 25 次，每次插捣应在截面上均匀分布。插捣筒边混凝土时，捣棒可以稍稍倾斜。插捣底层时，捣棒应贯穿整个深度，插捣第二层和顶层时，捣棒应插透本层至下一层的表面。顶层插捣完后，刮去多余的混凝土并用抹刀抹平。

c. 清除筒边底板上的混凝土后，在 5~10s 内垂直平稳地提起坍落度筒。从开始装料到提起坍落度筒的整个进程应在 150s 内完成。

d. 提起坍落度筒后，量测筒高与坍落后混凝土试体最高点之间的高度差，即为该混凝土拌合物的坍落度值（以 mm 为单位，结果表达精确至 5mm）。坍落度筒提离后，如试件发生崩坍或一边剪坏现象，则应重新取样进行测定。如第二次仍出现这种现象，则表示该拌合物和易性不好。当坍落度大于 220mm 时，用钢尺测量混凝土扩展后最终的最大和最小直径，在这两个直径之差小于 50mm 的条件下，用其算术平均值作为坍落扩展度值；否则，此次试验无效（以 mm 为单位，结果精确至 5mm）。

e. 在测定坍落度过程中，应注意观察黏聚性与保水性，并记录。

黏聚性：用捣棒在已坍落的拌合物锥体侧面轻轻击打，如果锥体逐渐下沉，表示黏聚性良好，如果锥体倒坍、部分崩裂或出现离析，即为黏聚性不好。

保水性：提起坍落度筒后如有较多的稀浆从底部析出，锥体部分的拌合物也因失浆而集料外露，则表明保水性不好。如无这种现象，则表明保水性良好。

f. 坍落度调整。当拌合物的坍落度达不到要求或黏聚性、保水性不满意时，可掺入备用的 5%~10% 的水泥和水；当坍落度过大时，可酌情增加砂和石子，尽快拌和均匀，重做坍落度测定。

3. 拌合物体积密度试验

（1）试验目的

测定混凝土拌合物捣实后单位体积的质量，作为调整混凝土配合比的依据。

（2）主要仪器设备

容量筒，台秤，振动台，捣棒等。

（3）试验步骤

① 用湿布润湿容量筒，称出筒质量（m_1），精确至 50g。

② 将配制好的混凝土拌合料装入容量筒并使其密实，坍落度不大于 70mm 的混凝土，用振动台振实为宜，大于 70mm 的用捣棒捣实为宜。

a. 采用捣棒捣实，应根据容量筒的大小决定分层与插捣次数。用 5L 容量筒时，混凝土拌合物应分两层装入，每层的插捣次数应为 25 次。用大于 5L 的容量筒时，每层混凝土的高度应不大于 100mm，每层插捣次数应按每 100cm^2 截面不小于 12 次计算。各次插捣应均匀地分布在每层截面上，插捣底层时捣棒应贯穿整个深度，插捣第二层时，捣棒应插透本层至下一层的表面。每一层捣完后用橡皮锤轻轻沿容器外壁敲打 5~10 次，进行振实。

b. 采用振动台振实时，应一次将混凝土拌合物灌到高出容量筒口，装料时可用捣棒稍加插捣，振动过程中如混凝土沉落到低于筒口，则应随时添加混凝土，振动直至表面出浆为止。

③ 用刮尺将筒口多余料浆刮去并抹平，将容量筒外壁擦净，称出混凝土与容量筒总质量（m_2），精确至 50g。

④ 试验结果计算。混凝土拌合物体积密度 ρ_0（kg/m³）应按下式计算（精确至 10kg/m³）：

$$\rho_0 = \frac{m_2 - m_1}{V}$$

式中 V——容量筒的容积，L。

4. 混凝土立方体抗压强度试验

（1）试验目的

测定混凝土立方体抗压强度，作为确定混凝土强度等级和调整配合比的依据。

（2）一般规定

① 以同一龄期至少三个同时制作并同样养护的混凝土试件为一组。

② 每一组试件所用的拌合物应从同盘或同一车运送的混凝土拌合物中取样，或试验室用人工或机械单独制作。

③ 检验工程和构件质量的混凝土试件成型方法应尽可能与实际施工方法相同。

④ 试件尺寸按标准根据集料的最大粒径选取。

（3）主要仪器设备

压力机，振动台，试模，捣棒，小铁铲，金属直尺，镘刀等。

（4）试验步骤

① 试件制作 制作试件前，清刷干净试模并在试模的内表面涂一薄层矿物油脂。成型方法根据混凝土的坍落度确定。

a. 坍落度不大于 70mm 的混凝土用振动台振实。将拌合物一次装入试模，并稍有富余，然后将试模放在振动台上并固定。开动振动台至拌合物表面呈现水泥浆为止，记录振动时间。振动结束后用镘刀沿试模边缘刮去多余的拌合物，并抹平表面。

b. 坍落度大于 70mm 的混凝土，采用人工捣实。混凝土拌合物分两层装入试模，每层厚度大致相等。插捣按螺旋方向从边缘向中心均匀垂直进行。插捣底层时，捣棒应达到试模底面，插捣上层时，捣棒应穿入下层深度约 20～30mm。每层插捣次数应按每 100cm² 截面不小于 12 次计算。然后刮除多余的混凝土，并用镘刀抹平。

② 试件的养护

a. 采用标准养护的试件成型后用不透水的薄膜覆盖表面，以防止水分蒸发，并应在温度为（20±5）℃情况下静置一昼夜，然后编号拆模。

拆模后的试件应立即放在温度为（20±2）℃，湿度为 95％以上的标准养护室中养护。在标准养护室内试件应放在架上，彼此间隔为 10～20mm，并应避免用水直接冲淋试件。

b. 无标准养护室时，混凝土试件可在温度为（20±2）℃的不流动水中养护。水的 pH 值不应小于 7。

c. 与构件同条件养护的试件成型后，应覆盖表面。试件的拆模时间可与实际构件的拆模时间相同。拆模后，试件仍需保持同条件养护。

③ 抗压强度试验

a. 试件自养护室取出后，随即擦干并量出其尺寸（精确至 1mm），据以计算试件的受压面积 A（mm²）。

b. 将试件安放在下承压板上，试件的承压面应与成型时的顶面垂直。试件的中心应与试验机下压板中心对准。开动试验机，当上承压板与试件接近时，调整球座，使接触均衡。

c. 加压时，应连续而均匀地加荷，加荷速率应为：

混凝土强度等级＜C30 时，取 0.3～0.5MPa/s；

混凝土强度等级≥C30 且＜C60 时，取 0.5～0.8MPa/s；

混凝土强度等级≥C60 时，取 0.8～1.0MPa/s。

当试件接近破坏而迅速变形时，关闭油门，直至试件破坏，记录破坏荷载 F（N）。

（5）试验结果计算

①试件的抗压强度 f_{cu}。按下式计算（结果精确到 0.1MPa）：

$$f_{cu} = \frac{F}{A}$$

式中　A——试件受压面积，mm^2。

② 混凝土试件经强度试验后，其强度代表值的确定，应符合下列规定。

a. 以三个试件抗压强度的算术平均值作为每组试件的强度代表值。

b. 当一组试件中强度的最大值或最小值与中间值之差超过中间值的 15％时，取中间值作为该组试件的强度代表值。

c. 当一组试件中强度的最大值和最小值与中间值之差均超过中间值的 15％时，该组试件的强度不应作为评定的依据。

取 150mm×150mm×150mm 试件的抗压强度为标准值，用其他尺寸试件测得的强度值均应乘以尺寸换算系数。

试验四　钢　筋　试　验

一、钢筋试验的一般规定

按《钢筋混凝土用钢　第 1 部分：热轧光圆钢筋》（GB 1499.1—2008）和《钢筋混凝土用钢　第 2 部分：热轧带肋钢筋》（GB 1499.2—2007）的规定进行。

（1）钢筋混凝土用热轧钢筋，应有出厂证明书或试验报告单。验收时应抽样做力学性能试验，包括拉力试验和冷弯试验两个项目。两个项目中如有一个项目不合格，该批钢筋即为不合格品。

（2）同一批号、牌号、尺寸、交货状态分批检验和验收，每批质量不大于 60t。

（3）取样方法和结果评定规定。自每批钢筋中任意抽取两根，于每根距端部 50cm 处各取一套试样（2 根试件），每套试样中一根做拉力试验，另一根做冷弯试验。在拉力试验中，如果其中有一根试件的屈服点、抗拉强度和伸长率三个指标中有一个指标达不到钢筋标准规定的数值，应再抽取双倍（4 根）钢筋，制成双倍（根）试件重新试验。复检时，如仍有一根试件的任意指标达不到标准要求，则不论该指标在第一次试验中是否达到标准要求，拉力试验项目也判为不合格。在冷弯试验中，如有一根试件不符合标准要求，应同样抽取双倍钢筋，制成双倍试件重新试验，如仍有一根试件不符合标准要求，冷弯试验项目即为不合格。整批钢筋不予验收。另外，还要检验尺寸、表面状态等。如使用中钢筋有脆断、焊接性能不良或力学性能显著不正常时，尚应进行化学分析。

（4）钢筋拉伸和弯曲试验不允许车削加工，试验时温度为 10～35℃。如温度不在此范围内，应在实验记录和报告中注明。

二、拉伸试验

按国家规范《金属材料拉伸试验　第1部分：室温试验方法》（GB/T 228.1—2010）进行。

1. 试验目的

对钢材进行冷拉，可以提高钢材的屈服强度，达到节约钢材的目的。通过试验，应掌握钢材拉伸试验方法，熟悉钢材的性质。

2. 主要仪器设备

（1）拉力试验机。试验时所有荷载的范围应在试验机最大荷载的20%～80%。试验机的测力示值误差应小于1%。

（2）钢筋划线机、游标卡尺（精确度为0.1mm）、天平等。

3. 试件制作和准备

（1）抗拉试验用钢筋不得进行车削加工，钢筋拉力试件形状和尺寸如试验图4-1所示。试件在l_0范围内，按10等分划线、分格、定标距，量出标距，长度（精确度为0.1mm）。

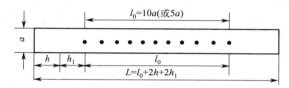

试验图 4-1　钢筋拉伸试件

h_1—（0.5～1）a；h—夹具长度；a—试件直径；l_0—标距长度

（2）测试试件的质量和长度，不经车削的试件按质量计算截面面积A_0（mm^2）：

$$A_0 = \frac{m}{7.85L}$$

式中　　m——试件质量，g；

　　　　L——试件长度，mm；

　　　7.85——钢材密度，g/cm^3。

计算钢筋强度时所用截面面积为公称横截面积，故计算出钢筋受力面积后，应据此取靠近的公称受力面积A（保留4位有效数字），如试验表4-1所示。

试验表 4-1　钢筋的公称横截面积

公称直径/mm	公称横截面积/mm²	公称直径/mm	公称横截面积/mm²
8	50.27	22	380.1
10	78.54	25	490.9
12	113.1	28	615.8
14	153.9	32	804.2
16	201.1	36	1018
18	254.5	40	1257
20	314.2	50	1964

4. 试验步骤

（1）将试件上端固定在试验机夹具内，调整试验机零点，装好描绘器、纸、笔等，再用下夹具固定试件下端。

（2）开动试验机进行试验，确定拉伸速率，屈服前应力施加速率为10MPa/s；屈服后试验机活动夹头在荷载下移动速率每分钟不大于 $0.5l_c$。（不经车削试件 $l_c = l_0 + 2h_1$），直至试件拉断。

（3）拉伸过程中，描绘器自动绘出荷载-变形曲线，由荷载变形曲线和刻度盘指针读出屈服荷载 F_s（N）（指针停止转动或第一次回转时的最小荷载）与最大极限荷载 F_b（N）。

（4）量出拉伸后的标距长度 l_1。将已拉断的试件在断裂处对齐，尽量使轴线位于一条直线上。如断裂处到邻近标距端点的距离大于 $l_0/3$ 时，可用卡尺直接量出 l_1；如果断裂处到邻近标距端点的距离小于或等于 $l_0/3$ 时，可按下述移位法确定 l_1：在长段上自断点起，取等于短段格数得 B 点，再取等于长段所余格数〔偶数如试验图 4-2(a) 所示〕之半得 C 点，或者取所余格数〔奇数如试验图 4-2(b) 所示〕减 1 与加 1 之半得 C 与 C_1 点。移位后的 l_1' 分别为 $AB + 2BC$ 或 $AB + BC + BC_1$。如用直接量测所得的伸长率能达到标准值，则可不采用移位法。

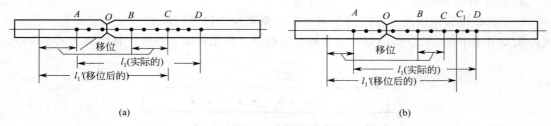

试验图 4-2 用移位法计算标距

5. 计算结果

（1）屈服强度 σ_s（精确至 5MPa）：

$$\sigma_s = F_s/A$$

（2）抗拉强度 σ_b（精确至 5MPa）：

$$\sigma_b = F_b/A$$

（3）断后伸长率 δ（精确至 1%）：

$$\delta_5 (\delta_{10}) = \frac{l_1 - l_0}{l_0} \times 100\%$$

式中，δ_5、δ_{10} 分别表示 $l_0 = 5a$ 和 $l_0 = 10a$ 时的断后伸长率。

拉断处位于标距之外，则断后伸长率无效，应重做试验。

测试值的修约方法：当修约精确至尾数 1 时，按前述四舍六入五成双方法修约（保留位右边的数字对保留位的数字来说，若大于 0.5，保留位加 1，若小于 0.5，保留位不变，若等于 0.5，保留位是偶数时不变，是奇数时保留位加 1）；当修约精确至尾数为 5 时，按二五进位法修约（即精确至 5 时，小于等于 2.5 时尾数取 0；大于 2.5 且小于 7.5 时尾数取 5；大于等于 7.5 时尾数取 0 并向左进 1）。

三、冷弯试验

按《金属材料 弯曲试验方法》（GB/T 232—2010）的规定进行。

1. 试验目的

冷弯是在苛刻条件下对钢材塑性和焊接质量的检验，为钢材的重要工艺性质。

2. 主要仪器设备

压力机或万能试验机，有两支撑辊，支辊间距离可以调节，具有不同直径的弯心，弯心直径由有关标准规定（如试验图 4-3 所示）。

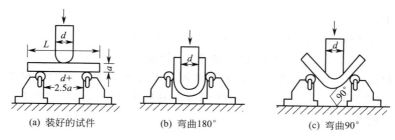

试验图 4-3　钢筋冷弯试验装置

3. 试件制作

试件长 $L=0.5\pi(d+a)+140$。式中，a 为试件直径；d 为弯心直径；π 为圆周率，其值取 3.1；L 的单位为 mm。

4. 试验步骤

（1）按试验图 4-3(a) 调整两支辊间的距离为 x，使 $x=d+2.5a$。

（2）选择弯心直径 d，Ⅰ级钢筋 $d=a$，Ⅱ、Ⅲ级钢筋 $d=3a$（a 为 8～25mm）或 $4a$（a 为 28～40mm），Ⅳ级钢筋 $d=5a$（a 为 10～25mm）或 $6a$（a 为 28～30mm）。

（3）将试件按试验图 4-3(a) 装置好后，平稳地加荷，在荷载作用下，钢筋绕着冷弯压头，弯曲到要求的焦度（Ⅰ、Ⅱ级钢筋为 180°，Ⅲ、Ⅳ级钢筋为 90°），如试验图 4-3(b) 和 (c) 所示。

5. 结果评定

取下试件检查弯曲处的外缘及侧面，如无裂缝、断裂或起层，即判为冷弯试验合格。

试验五　墙用烧结砖及砌块试验

一、烧结普通砖

本试验根据《烧结普通砖》（GB 5101—2003）进行，烧结普通砖检验项目分出厂检验（包括尺寸偏差、外观质量和强度等级）和型式检验（包括出厂检验项目、抗风化性能、石灰爆裂和泛霜等）两种。

1. 试验目的

确定烧结普通砖的强度等级，熟悉烧结普通砖的有关性能和技术要求。

2. 取样方法

烧结普通砖以 3.5 万～15 万块为一个检验批，不足 3.5 万块也按一批计；采用随机抽样法取样，外观质量检验的砖样在每一检验批的产品堆垛中抽取，数量为 50 块；尺寸偏差检验的砖样从外观质量检验后的样品中抽取，数量为 20 块；其他项目的砖样从外观质量和尺寸偏差检验后的样品中抽取。抽样数量为强度等级 10 块；泛霜、石灰爆裂、冻融及吸水率与饱和系数各 5 块；放射性 4 块。只进行单项检验时，可直接从检验批中随机抽取。

3. 抗压强度试验

（1）主要仪器设备

压力试验机，锯砖机或切砖器，钢直尺等。

（2）试验步骤

① 试件制备。将砖样锯成两个半截砖，断开的半截砖边长不得小于 100mm，否则应另取备用砖样补足。将已切断的半截砖放入净水中浸 10～20min 后取出，并以断口相反方向叠放，两者中间用 32.5 级的普通硅酸盐水泥调制成稠度适宜的水泥净浆粘接，其厚度不超过 5mm，上下两表面用厚度不超过 3mm 的同种水泥浆抹平，制成的试件上下两个面应相互平行，并垂直于侧面（见试验图 5-1）。

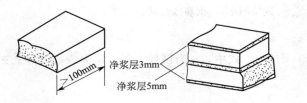

试验图 5-1　砖试件的制作

② 制成的试件置于不通风的室内养护 3d，室温不低于 10℃。

③ 测量每个试件连接面长（a）、宽（b）尺寸各两个，精确至 1mm，取其平均值计算受力面积。

④ 将试件平放在压力试验机加压板中央，以 4kN/s 的速率均匀加荷，直至试件破坏，记录破坏荷载 P(N)。

（3）结果计算与评定

烧结普通砖抗压强度试验结果按下列公式计算（精确至 0.1MPa）。

单块砖样抗压强度测定值：

$$f_{ci} = \frac{P}{ab}(\text{MPa})$$

10 块砖样抗压强度平均值：

$$\overline{f} = \frac{1}{10}\sum_{i=1}^{10} f_{ci}(\text{MPa})$$

10 块试样的抗压强度标准差：

$$S = \sqrt{\frac{1}{9}\sum_{i=1}^{10}(f_{ci} - \overline{f})^2}(\text{MPa})$$

砖抗压强度标准值：

$$f_k = \overline{f} - 1.8S(\text{MPa})$$

强度变异系数：

$$\delta = \frac{S}{\overline{f}}$$

参照表 7-3 对所用砖进行强度等级确定。

二、烧结多孔砖试验

本试验根据《砌墙砖试验方法》（GB/T 2542—2012）进行。

1. 试验目的

通过本试验，确定烧结多孔砖的强度等级，熟悉烧结多孔砖的有关性能和技术要求。

2. 取样方法

烧结普通砖以 3.5 万～15 万块为一检验批，不足 3.5 万块也按一批计；采用随机抽样法取样，外观质量检验的砖样在每一检验批的产品堆垛中抽取，数量为 50 块；尺寸偏差检验的砖样从外观质量检验后的样品中抽取，数量为 20 块；其他项目的砖样从外观质量和尺寸偏差检验后的样品中抽取。抽样数量为强度等级 10 块；孔型孔洞率及孔洞排列、泛霜、石灰爆裂、冻融及吸水率与饱和系数各 5 块。只进行单项检验时，可直接从检验批中随机抽取。

3．强度试验

（1）主要仪器设备

材料试验机，抗折夹具，抗压试件制备平台，水平尺（250～300mm），钢直尺（分度值为 1mm）。

（2）试验步骤

① 抗折强度试验

a．按尺寸偏差试验中规定的尺寸测量方法，测量试样的宽度和高度尺寸各两个，分别取其算术平均值，精确至 1mm。

b．调整抗折夹具下支辊的跨距为砖规格长度减去 40mm。但规格长度为 190mm 的砖，其跨距为 160mm。

c．将试样大面平放在下支辊上，试样两端面与下支辊的距离应相同，当试样有裂缝或凹陷时，应使有裂缝或凹陷的大面朝下，以 50～150N/s 的速率均匀加荷，直至试样断裂，记录最大破坏荷载 $P(N)$。

② 抗压强度试验

a．以单块整砖沿竖孔方向加压。试件制作采用坐浆法操作，即将玻璃板置于试件制备平台上，其上铺一张湿的垫纸，纸上铺一层厚度不超过 5mm 的用 32.5 的普通硅酸盐水泥制成稠度适宜的水泥净浆，再将试件在水中浸泡 10～20min，在钢丝网架上滴水 3～5min 后平稳地将受压面坐放在水泥浆上，在另一受压面上稍加压力，使整个水泥层与砖受压面相互粘接，砖的侧面应垂直于玻璃板。待水泥浆适当凝固后，连同玻璃板翻放在另一铺纸放浆的玻璃板上，再进行坐浆，用水平尺校正好玻璃板的水平。

b．制成的抹面试件应置于不低于 10℃的不通风室内养护 3d，再进行试验。

c．测量每个试件连接面或受压面的长、宽尺寸各两个，分别取其平均值，精确至 1mm。

试件平放在加压板的中央，垂直于受压面加荷，应均匀平稳，不得发生冲击或振动。加荷速率以 4kN/s 为宜，直至试件破坏为止，记录最大破坏荷载 $P(N)$。

（3）结果计算与评定

① 抗折强度试验　每块试样的抗折强度 R_c 按下式计算，精确至 0.01MPa。

$$R_c = \frac{3PL}{2BH^2}$$

式中　L——跨距，mm；

B——试样宽度，mm；

H——试样高度，mm。

试验结果以试样抗折强度的算术平均值和单块最小值表示，精确至 0.01MPa。

② 抗压强度试验　每块试样的抗压强度 R_p，按下式计算，精确至 0.01MPa。

$$R_p = \frac{P}{LB}$$

式中　L——受压面（连接面）的长度，mm；

B——受压面（连接面）的宽度，mm。

试验结果以试样抗压强度的算术平均值和标准值或单块最小值表示，精确至 0.1MPa。

③ 强度等级评定　试验结果按表 7-5 评定强度等级。

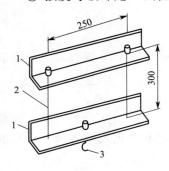

a. 平均值-标准值方法评定。变异系数 $\delta \leqslant 0.21$ 时，按表 7-5 中抗压强度平均值 $\overline{f}$、强度标准值 f_k 指标评定砖的强度等级，精确至 0.01MPa。

样本量 $n=10$ 时的强度标准值 f_k 按下式计算，精确至 0.1MPa。

$$f_k = \overline{f} - 1.8S$$

b. 平均值-最小值方法评定。变异系数 $\delta > 0.21$ 时，按表 7-5 中抗压强度平均值 $\overline{f}$、单块最小抗压强度值 f_{min} 评定砖的强度等级，精确至 0.1MPa。

试验图 5-2　吊架
1—角钢（30mm×30mm）；
2—拉筋；3—钩子
（与两端拉筋等距离）

4. 孔洞率及孔洞结构测定

（1）主要仪器设备

台秤，分度值为 5g；水池或水箱；水桶，大小应能悬浸一个被测砖样；吊架，见试验图 5-2；砖用卡尺，分度值 0.5mm。

（2）试验步骤

① 宽、高均在砖的各相应面的中间处测量，每一方向以两个测量尺寸的算术平均值表示，精确至 1mm。计算每个试件的体积 V，精确至 $0.001mm^3$。

② 将试件浸入室温的水中，水面应高出试件 20mm 以上，24h 后将其分别移到水桶中，称出试件的悬浸质量 m_1，精确至 5g。

称取悬浸质量的方法如下：将秤置于平稳的支座上。在支座的下方与磅秤中线重合处放置水桶。在秤底盘上放置吊架，用铁丝把试件悬挂在吊架上，此时试件应离开水桶的底面且全部浸泡在水中，将秤读数减去吊架和铁丝的质量，即为悬浸质量。

③ 盲孔砖称取悬浸质量时，有孔洞的面朝上，称重前晃动砖体排出孔中的空气，待静置后称重。通孔砖任意放置。

④ 将试件从水中取出，放在铁丝网架上滴水 1min，再用拧干的湿布拭去内、外表面的水，立即称其面干潮湿状态的质量 m，精确至 5g。

⑤ 测量试件最薄处的臂厚、肋厚尺寸，精确至 1mm。

（3）结果计算与评定

每个试件的孔洞率 Q 按下式计算，精确至 0.1%：

$$Q = 1 - \frac{\dfrac{m_2 - m_1}{d}}{V} \times 100\%$$

式中　d——水的密度，$1000kg/m^3$。

试验结果以 5 块试样孔洞率的算术平均值表示，精确至 1%。

孔结构以孔洞排数及壁、肋厚最小尺寸表示。

三、混凝土小型空心砌块检验

本检验方法依照《混凝土砌块和砖试验方法》（GB/T 4111—2013）进行。本标准适用于墙体用的以各种混凝土制成的小型空心砌块，其主要规格尺寸为 390mm ×190mm×（140～190）mm（长×宽×高），空心率不小于 25%。砌块各部分的名称见试验图 5-3。

1. 试验目的

检验混凝土小型空心砌块的尺寸和外观、抗压强度、抗折强度、材料容重、块体容重、空心率等。

2. 取样方法

砌块按外观质量等级和强度等级分批检验。它以同一种原材料配制成的相同外观质量等级、强度等级和同一工艺生产的 10000 块砌块为一批。

每批随机抽取 32 块做尺寸偏差和外观质量检验；从尺寸偏差和外观质量检验合格的砌块中抽取如下数量进行其他项目检验，强度等级 5 块；相对含水率 3 块；抗渗性 3 块；抗冻性 10 块；空心率 3 块。

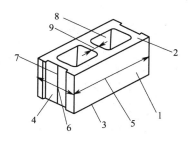

试验图 5-3　砌块各部位的名称
1—条面；2—坐浆面（肋厚较小的面）；
3—铺浆面（肋厚较大的面）；4—顶面；
5—长度；6—宽度；7—高度；
8—壁；9—肋

3. 尺寸和外观检验

（1）主要仪器设备

① 钢尺或钢卷尺　精确至毫米。

② 钢尺或木直尺　长度超过 400mm，其不直度在全长内不超过 1mm。

（2）尺寸测量

① 长度在条面的中间，宽度在顶面的中间，高度在顶面的两侧测量。每项在对应两面各测一次，精确至毫米。

② 壁、肋厚在最小部位测量，每顶选两处各测一次，精确至毫米。

（3）弯曲测量

将直尺贴靠坐浆面、铺浆面和条面，测量直尺与试件相应面的最大距离（见试验图 5-4），精确至毫米。

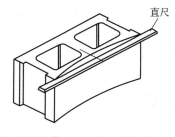

试验图 5-4　弯曲测量法

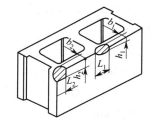

试验图 5-5　缺棱掉角尺寸测量法
L—缺棱掉角在长度方向的投影尺寸；
b—缺棱掉角在宽度方向的投影尺寸；
h—缺棱掉角在高度方向的投影尺寸

（4）缺棱掉用检查

将直尺贴靠棱边，测量直尺与缺陷间最大距离在长、宽、高三个方向的投影尺寸（见试验图 5-5），精确至毫米。

（5）裂纹检查

用钢尺测量裂纹在所在面最大的投影尺寸，精确至毫米。如裂纹由一个面延伸到另一个面时，则累计其延伸的投影尺寸（见试验图 5-6）。

（6）试验结果

试件尺寸的测量结果要逐项逐次分别记录，弯曲、缺棱掉角和裂纹长度则记录最大测

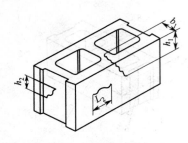

试验图 5-6 裂纹长度测量法

L—裂纹在长度方向的投影尺寸；

b—裂纹在宽度方向的投影尺寸

量值。

4. 抗压强度

（1）主要仪器设备

① 材料试验机。

② 钢板：厚度不小于 10mm，平面尺寸应大于440mm× 240mm。钢板的一面需平整，精度要求在长向范围内的不平度不大于 0.1mm。

③ 玻璃平板：厚度不小于 6mm，平面尺寸与钢板的要求相同。

④ 水平尺。

（2）试件

① 试件数量为五个砌块。

② 处理试件的坐浆面和铺浆面，使成互相平行的平面。将钢板置于稳固的底座上，平整面向上，用水平尺调至水平。在钢板上先薄薄地涂一层机油，或铺一张湿纸，然后铺一层以 1 质量份的 325 号以上水泥和 2 质量份细砂，加入适量的水调成的砂浆，将试件的坐浆面或铺浆面平稳地压入砂浆层内，使砂浆层尽可能均匀，厚度为 3~5mm。将多余的砂浆沿试件棱边刮掉，静置 24h 以后，再按上述方法处理试件的另一面。为使上下两面能彼此平行，在处理第二面时，应将水平尺置于现已向上的第一面上调至水平。在 10℃ 以上静置 3 天后做抗压强度试验。

③ 为缩短时间，也可在第一个砂浆层处理后，不经静置，立即在向上的面上铺一层砂浆，压上事先涂油的玻璃平板，边压边观察砂浆层，将气泡全部排除，并用水平尺调至水平，直至砂浆层平而均匀，厚度达 3~5mm。

④ 试件表面处理用的水泥砂浆，急需时可掺入适量熟石膏。也可用纯熟石膏浆处理表面。

（3）检验步骤

① 按上述的方法测量每个试件的长度和宽度，分别求出各个方向的平均值，再算出每个试件的水平毛面积值，精确至 1cm²。

② 将试件置于试验机内，使试件的轴线与试验机压板的压力中心重合，以每秒 1~ 2kgf/cm² （1kgf/cm²＝98.0665kPa，下同）的速率加荷，直至试件破坏，读出破坏荷重 P。

若试验机压板不足以覆盖试件受压面时，可在试件的上、下承压面加辅助钢压板。辅助钢压板的表面光洁度应与试验机原压板相同，其厚度至少为原压板边至辅助钢压板最远角距离的三分之一。

（4）试验结果

① 每个试件的抗压强度按下式计算，精确至 1kgf/cm²：

$$R=\frac{P}{A}$$

式中 R——试件的抗压强度，kgf/cm²；

P——破坏荷重，kgf（1kgf＝98.0665N，下同）；

A——试件受压毛面积，cm²。

② 分别报告五个试件的抗压强度及其算术平均值，精确至 1kgf/cm²。

5．抗折强度

（1）主要仪器设备

① 材料试验机。

② 钢棒：直径 35～40mm，长度 210mm，数量为三根。

③ 抗折支座：由安放在底板上的两根钢棒组成，其中至少有一根是可以自由滚动的（见试验图 5-7）。

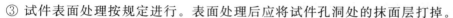

试验图 5-7　抗压强度试验

（2）试件

① 试件数量为五个砌块。

② 根据本标准的方法测量每个试件的高度和宽度，分别求出各个方向的平均值。

③ 试件表面处理按规定进行。表面处理后应将试件孔洞处的抹面层打掉。

（3）检验步骤

① 将抗折支座置于材料试验机内，调整钢棒轴线间的距离，使其等于试件长度减一个坐浆面处的肋厚，再使抗折支座的中线与试验机压板的压力中心重合。

② 将试件的坐浆面置于抗折支座上。

③ 在试件的上部二分之一长度处放置一根钢棒（见试验图 5-8）。

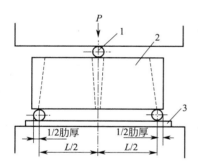

试验图 5-8　抗折强度示意图

1—钢棒；2—试件；3—抗折支座

④ 以 25kgf/s 的速率加荷，直至试件破坏，读出破坏荷重 P。

（4）试验结果

① 每个试件的抗折强度按下式计算，精确至 1kgf/cm²：

$$R_{折} = \frac{3PL}{2bh^2}$$

式中　$R_{折}$——试件的抗折强度，kgf/cm²；

$\quad\quad\ P$——破坏荷重，kgf；

$\quad\quad\ L$——抗折支座上两钢棒轴心间距，cm；

$\quad\quad\ b$——试件宽度，cm；

$\quad\quad\ h$——试件高度，cm。

② 分别报告五个试件的抗折强度及其算术平均值，精确至 1kgf/cm²。

6．材料容重、块体容重和空心率

（1）设备

① 磅秤：最大称量 50kg，感量为 0.05kg。

② 水池或水箱。

③ 水桶：大小应能悬浸一个主规格的砌块。

④ 吊架：见试验图 5-2。

（2）试件数量　试件数量为三个砌块。

（3）检验步骤

① 将试件在室内放置 7 天以上，称其质量 W，精确至 0.01kg，然后按本标准 2.2.1 的方法测量每个试件的长度、宽度、高度，分别求出各个方向的平均值，再算出每个试件的体积，精确至 0.001L。

② 将试件浸入室温的水中，水面应高出试件 2cm 以上。24h 后将其分别移到水桶中，称出试件的悬浸质量 W_1，精确至 0.01kg。

③ 称取悬浸质量的方法如下：将磅秤置于平稳的支座上，在支座的下方与磅秤中线重合处放置水桶。在磅秤底盘上放置吊架，用铁丝把试件悬挂在吊架上，此时试件应离开水桶的底面而仍全部浸泡在水中。将磅秤读数减去吊架和铁丝的质量，即为悬浸质量。

④ 将试件从水中取出，放在铁丝网架上滴水 1min，再用拧干的湿布拭去内、外表面的水，立即称其面干潮湿状态的质量 W_2，精确至 0.01kg。

（4）试验结果

① 按下式计算每个试件的块体容重，精确至 0.01kg/L：

$$\gamma = \frac{W}{V}$$

式中 γ——气干状态下的块体容重，kg/L；

$\quad$ W——气干状态下的块体重量，kg；

$\quad$ V——块体体积，L。

以三个试件计算结果的算术平均值表示块体的容重。

② 按下式计算每个试件的材料容重，精确至 0.01kg/L：

$$\rho = \frac{W}{\dfrac{W_1 - W_2}{d}}$$

式中 ρ——气干状态下的材料容重，kg/L；

$\quad$ W——气干状态下的块体质量，kg；

$\quad$ W_1——试件的悬浸质量，kg；

$\quad$ W_2——试件面干潮湿状态的质量，kg；

$\quad$ d——水的密度，1kg/L。

以三个试件计算结果的算术平均值表示砌块材料容重。

③ 按下式计算每个试件的空心率，精确至 1%：

$$K_v = \left(1 - \frac{\dfrac{W_2 - W_1}{d}}{V}\right) \times 100\%$$

式中 K_v——砌块的空心率，%。

其他符号同前。

以三个试件计算结果的算术平均值表示砌块的空心率。

试验六　木材试验

一、木材试验的一般规定

1. 取样

木材试样的截取必须按《木材物理力学试材锯解及试样截取方法》（GB/T 1929—2009）

的规定进行。

2. 试验制作

试样毛坯达到当地平衡含水率时，方可制作试样。试样各面均应平整，其中一对相对面必须是正确的弦切面，试样上不允许有明显的可见缺陷，且必须清楚地写上编号。

试样制作精度，除在各项试验方法中有具体的要求外，试样各相邻面均应呈标准的直角。试样长度允许误差为±1mm，宽度和厚度允许误差为±0.5mm。试样相邻面直角的准确性，用钢直角尺检查。

3. 主要仪器设备

(1) 木材全能试验机：承载力为20～50kN。

(2) 天平（感量0.001g）、烘箱［能保持在（103±2)℃］、玻璃干燥器和称量瓶等。

(3) 测量工具：钢直角尺，量角卡规（角度为106°32′）、钢尺、游标卡尺（精度0.05mm）。

🏠 二、木材含水率测定

1. 试验目的

木材含水率与木材的表观密度、强度、耐久性、加工性、导热性等有一定关系。尤其是纤维饱和点是木材物理力学性能性质发生变化的转折点。通过试验，掌握木材含水率测定的方法，熟悉木材的性质。

2. 试验步骤

(1) 试样截取后应立即称量 m_1，精确至0.001g。

(2) 将试样放入温度为（103±2)℃的烘箱中烘8h后，自烘箱中任意取出2～3个试样进行第一次称量，以后每隔2h试称一次。最后两次质量差不超过0.002g时，即为恒重。

(3) 将试样从烘箱中取出放入玻璃干燥器内的称量瓶中，盖好称量瓶和干燥器盖。试样冷却到室温后，即从称量瓶中取出称量 m_0，精确至0.001g。

3. 结果计算

试样的含水率 W 按下式计算，准确至0.1%。

$$W = \frac{m_1 - m_0}{m_0} \times 100\%$$

🏠 三、木材顺纹抗压强度试验

1. 试验目的

木材的力学性质具有明显的方向性。通过试验，掌握木材顺纹抗压强度试验方法，熟悉木材的性质，在工程中合理使用木材。

2. 试样制备

试样尺寸为20mm×20mm×30mm，长度为顺纹方向，并垂直于受压面。

3. 试验步骤

(1) 在试样长度中央，用卡尺测量试件受力面的宽度 b 及厚度 t（精确至0.1mm）。

(2) 将试件放在试验机球面活动支座的中心位置，以均匀速度加荷，在1.5～2min内使试样破坏，试验机指针明显退回时为止。记录破坏荷载 P_{max}（N），精确至100N。

(3) 试验后立即对试样进行含水率测定。

4. 结果计算

(1) 试样含水率为 W 时的木材顺纹抗压强度 σ_{cw}，按下式计算，准确至 0.1MPa。

$$\sigma_{cw} = \frac{P_{max}}{bt}$$

(2) 按下式换算含水率为 12% 时的顺纹抗压强度 σ_{c12}，准确至 0.1MPa：

$$\sigma_{c12} = \sigma_{cw}[1+0.05(W-12)]$$

试样含水率在 9%～15% 范围内，按上式计算有效。

四、木材顺纹抗拉强度试验

1. 试验目的

木材的力学性质具有明显的方向性，其顺纹抗拉强度是各种力学强度中最高的。通过试验，掌握木材顺纹抗拉强度试验方法，熟悉木材的性质，在工程中合理使用木材。

2. 试样制备

试样的形状和尺寸按试验图 6-1 制作。试样纹理必须通直，年轮的切线方向应垂直于试样有效部分（指中部 60mm 一段）的宽面，有效部分与两端夹持部分之间的过渡弧表面应

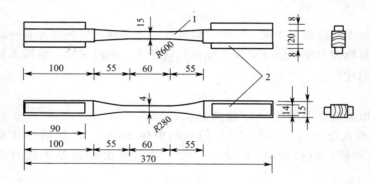

试验图 6-1　顺纹抗拉强度试样形状和尺寸（单位：mm）

1—试样；2—木夹垫

平滑，并与试样中心线相对称。有效部分宽、厚尺寸允许误差不超过 ±0.5mm，并在全长上相差不得大于 0.1mm。软材树种的试样，须在夹持部分的窄面，附以 90mm×14mm×8mm 的硬木夹垫，用胶合剂或木螺钉固定在试样上。

3. 试验步骤

(1) 在试样有效部分中央，用卡尺测量厚度 b 和宽度 t，精确至 0.1mm。

(2) 将试样两端夹紧在试验机的钳口中，使两端靠近弧形部分露出 20～25mm，先夹上端，调试验机零点，再夹下端。

(3) 试验以均匀速率加荷，在 1.5～2min 内使试样破坏，记录破坏荷载 P_{max}（N），精确至 100N。若试样拉断处不在有效部分，试验结果作废。

(4) 试样试验后，应立即在有效部分截取一段，测定其含水率 W。

4. 结果计算

(1) 试样含水率为 W 时的木材顺纹抗拉强度 σ_{tw}，按下式计算，准确至 0.1MPa。

$$\sigma_{tw} = \frac{P_{max}}{bt}$$

(2) 按下式换算含水率为 12% 时的木材试样顺纹抗拉强度 σ_{t12}，准确至 0.1MPa：

$$\sigma_{t12}=\sigma_{tw}[1+0.015(W-12)]$$

试样含水率在9%～15%范围内按上式计算有效。

五、木材抗弯强度试验

1. 试验目的

木材的力学性质具有明显的方向性，其抗弯强度较高，是顺纹抗压强度的1.5～2倍。通过试验，掌握木材抗弯强度试验方法，熟悉木材的性质，在工程中合理使用木材。

2. 试样制备

试样尺寸为20mm×20mm×300mm，长度为顺纹方向。

3. 试验步骤

（1）抗弯强度只作弦向试验。在试样长度中央，用卡尺沿径向测量宽度b，沿弦向测量高度h，精确至0.1mm。

（2）采用中央加荷，将试样放于试验机抗弯支座上，沿年轮切线方向以均匀速率加荷，在1～2min内使试样破坏，记录破坏荷载P_{max}（N），精确至10N。

（3）试样试验后，应立即从靠近试样破坏处，锯取长约20mm的木块一段，随即测定其含水率W。

4. 结果计算

（1）试样含水率为W时的抗弯强度σ_{bw}，按下式计算，准确至0.1MPa。

$$\sigma_{bw}=\frac{3P_{max}l}{2bh^2}$$

式中 l——支座间距离，mm。

（2）按下式换算含水率为12%时的木材抗弯强度σ_{b12}，准确至0.1MPa：

$$\sigma_{b12}=\sigma_{bw}[1+0.04(W-12)]$$

试样含水率在9%～15%范围内，按上式计算有效。

六、木材顺纹抗剪强度试验

1. 试验目的

木材的力学性质具有明显的方向性，其顺纹抗剪强度只有顺纹抗压强度的15%～30%。通过试验，掌握木材顺纹抗剪强度试验方法，熟悉木材的性质，在工程中合理使用木材。

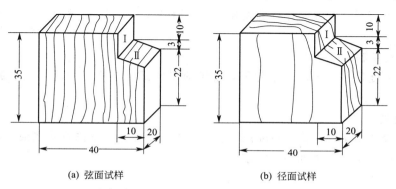

(a) 弦面试样   (b) 径面试样

试验图6-2 顺纹抗剪试样的形状和尺寸

2. 试样制备

制作抗剪试样时，应使受剪面为正确的弦面或径面，长度为顺纹方向。试样形状、尺寸

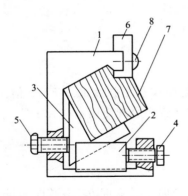

试验图 6-3　顺纹抗剪试验装置
1—附件主杆；2—楔块；
3—L 形垫块；4、5—螺杆；
6—压块；7—试样；8—圆头螺钉

如试验图 6-2 所示，试样尺寸误差不超过 ±0.5mm，试样缺角部分的角度须用特制的角度为 106°40′ 的角规进行检查。

3. 试验步骤

（1）用卡尺测量试样受剪面的宽度 b 和长度 l，精确至 0.1mm。

（2）将试样装于试验装置的垫块 3 上（见试验图 6-3），调整螺杆 4 和 5，使试样的顶端和 Ⅰ 面（试验图 6-3）上部贴紧试验装置上部凹角的相邻面侧面，至试样不动为止。再将压块 6 置于试样斜面 Ⅱ 上，并使其侧面紧靠试验装置的主体。

（3）将装好试样的抗剪夹具置于试验机上，使压块 6 的中心对准试验机上压头的中心位置。

（4）试验以均匀速率加荷，在 1.5～2min 内使试样破坏，记录破坏荷载 $P_{\max}$（N），精确至 10N。

（5）将试样破坏后的小块部分，立即称量，按前述试验方法测定含水率 W。

4. 结果计算

（1）试样含水率为 W 时的顺纹抗剪强度 τ_w 按下式计算，准确至 0.1MPa。

$$\tau_w = \frac{0.96P}{b \cdot l}$$

（2）按下式换算含水率为 12% 时的木材顺纹抗剪强度 τ_{12}，准确至 0.1MPa：

$$\tau_{12} = \tau_w[1 + 0.03(W - 12)]$$

试验七　沥青试验

针入度、延度、软化点是黏稠沥青最主要的技术指标，通常称为三大技术指标。本试验介绍《公路工程沥青及沥青混合料试验规程》（JTJ 052—2011）中关于沥青三大指标的测试方法。

一、针入度试验

沥青的针入度是在规定温度条件下，规定质量的试针在规定的时间贯入沥青试样的深度，以 0.1mm 为单位。

1. 试验目的

针入度试验适用于测定道路石油沥青、改性沥青、液体石油沥青蒸馏或乳化沥青蒸发后残留物的针入度，用于评价其条件黏度。

2. 仪具与材料

（1）针入度仪

凡能保证针和针连杆在无明显摩擦下垂直运动，并能指示针贯入深度准确至 0.1mm 的仪器均可使用。针和针连杆组合件总质量为（50±0.05）g，另附（50±0.05）g 砝码一只，试验时总质量为（100±0.05）g，当采用其他试验条件时应在试验结果中注明。仪器设有调节水平的装置，针连杆与平台垂直。仪器设有针连杆制动按钮，使针连杆可自由下落。针连杆易于装拆以便检查其质量。针入度仪有手动和自动两种。

标准针由硬化回火的不锈钢制成，洛氏硬度 HRC 为 54～60，表面粗糙度 Ra 为 0.2～0.3mm 针及针杆总质量为（2.5±0.05）g，针杆上应打印号码标志并定期检验。

（2）盛样皿

金属制，圆柱形平底。小盛样皿内径 55mm，深 35mm（适用于针入度小于 200 的试样）；大盛样皿内径 70mm，深 45mm（适用于针入度为 200～350 的试样）；针入度大于 350 的试样需使用特殊盛样皿，深度不小于 60mm，试样体积不少于 125mL。

（3）恒温水槽

容量不少于 10L，控温的准确度为 0.1℃。水槽中应设一带孔搁架，位于水面下不少于 100mm，距水槽底不少于 50mm。

（4）平底玻璃皿

容量不少于 1L，深度不少于 80mm，内设一不锈钢三脚架，能使盛样皿稳定。

（5）其他

温度计：分度 0.1℃。秒表：分度 0.1s。盛样皿盖：平板玻璃，直径不小于盛样皿开口尺寸。溶剂：三氯乙烯等，电炉或砂浴，石棉网，金属锅等。

3．方法与步骤

（1）准备工作

① 按试验要求将恒温水槽调节到要求的试验温度，25℃、15℃、30℃ 或 5℃ 并保持稳定。

② 将脱水、经 0.6mm 滤筛过滤后的沥青注入盛样皿中，试样深度应超过预计针入度值 10mm，盖上盛样皿盖以防灰尘。在室温中冷却 1.5～2.5h（视盛样皿大小）后移入恒温水槽，恒温 1.5～2.5h（视盛样皿大小）。

③ 调整针入度仪使之水平；检查针连杆和导轨以确认无水和其他外来物，无明显摩擦；用三氯乙烯或其他溶剂清洗标准针并拭干；将标准针插入针连杆，固紧；按试验条件加上砝码。

（2）试验方法

① 取出达到恒温的盛样皿并移入水温控制在试验温度±0.1℃的平板玻璃皿中的三脚支架上，水面高出试样表面不少于 10mm。

② 将盛有试样的平底玻璃皿置于针入度仪平台上，慢慢放下针连杆，用适当位置的反光镜或灯光反射观察，使针尖恰好与试样表面接触。拉下刻度盘拉杆使之与针连杆顶端轻轻接触，调节刻度盘或深度指示器的指针，指示为零。

③ 开动秒表，在指针正指 5s 的瞬间用手压紧按钮使标准针自动下落贯入试样，经规定时间停压按钮使标准针停止移动。拉下刻度盘拉杆与针连杆顶端接触，读取刻度盘指针或位移指示器读数，准确至 0.5（0.1mm）即为针入度。若采用自动针入度仪，计时与标准针落下贯入试样同时开始，在设定的时间自动停止。

④ 同意试样平行试验至少 3 次，各测点间及与盛样皿边缘的距离不应小于 10mm。每次试验后应将盛有盛样皿的平底玻璃皿放入恒温水槽，每次试验应换一根干净标准试针或将标准针取下用蘸有三氯乙烯溶剂的棉花或布揩净，再用干棉花或布擦干。

⑤ 测定针入度指数 PI 时，按同样的方法在 15℃、25℃、30℃（或 5℃）三个温度条件下分别测定沥青针入度。计算针入度指数、当量软化点及当量脆点。

4. 试验结果

（1）同一试样 3 次平行试验结果的最大值和最小值之差在试验表 7-1 允许范围内时，计算 3 次试验结果的平均值，取整数作为针入度试验结果，以 0.1mm 为单位。

试验表 7-1 针入度试验允许偏差范围

针入度/0.1mm	0～49	50～149	150～249	250～500
允许差值/0.1mm	2	4	12	20

（2）当试验结果小于 50（0.1mm）时，重复性试验的允许差为 2（0.1mm），复现性试验的允许差为 4（0.1mm）；当试验结果等于或大小 50（0.1mm）时，重复性试验的允许差为平均值的 4%，复现性试验的允许差为平均值的 8%。

二、延度试验

沥青的延度是在规定温度条件下，规定形状的试样按规定的拉伸速率水平拉伸至断裂时的长度，以 cm 表示。通常的试验温度为 25℃、15℃、10℃、5℃，拉伸速率为 (5 ± 0.25) cm/min，当低温采用（1 ± 0.05）cm/min 拉伸速率时应在报告中注明。

1. 试验目的

延度试验适用于测定道路石油沥青、液体石油沥青蒸馏或乳化沥青蒸发后残留物的延度，用于评价其塑性形变能力。

2. 仪具与材料

① 延度仪　将试件浸没于水中，能保持规定的试验温度、按规定拉伸速度拉伸试件且试验时无明显振震动延度仪均可使用。其组成及形状如试验图 7-1 所示。

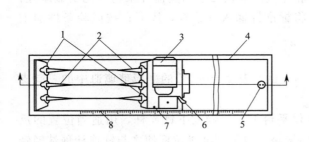

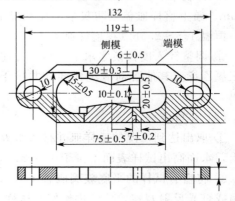

试验图 7-1　沥青延度仪示意图
1—试模；2—试样；3—电机；4—水槽；5—泄水孔；
6—开关柄；7—指针；8—标尺

试验图 7-2　沥青延度试模尺寸（单位：mm）

② 试模　黄铜制，由两个端模和两个侧模组成，其形状和尺寸如试验图 7-2 所示。试模内侧表面粗糙度 $Ra=0.2\mu m$。试模底板为玻璃板或磨光铜板、不锈钢板，表面粗糙度 $Ra=0.2\mu m$。

③ 恒温水槽　容量不少于 10L，控制温度准确度为 0.1℃，水槽中应设带孔搁架，搁架距水槽底不少于 50mm，试件浸入水中的深度不小于 100mm。

④ 甘油滑石粉隔离剂　　甘油：滑石粉＝2∶1（质量比）。

⑤ 其他　　温度计：分度 0.1℃；砂浴或其他加热炉具；平刮刀；石棉网；酒精；食盐等。

3. 方法与步骤

（1）准备工作

① 将隔离剂拌和均匀，涂于清洁干燥的试模底板和两个侧模的内表面，并将试模在底板上装妥。

② 将脱水、经 0.6mm 筛过滤后的沥青自试模一端至另一端往返数次缓缓注入模中，最后略高出试模，灌注时应注意勿使空气混入。

③ 试件在室温中冷却 30～40min 后置于规定试验温度的恒温水槽中保持 30min，用热刮刀刮除高出试模的沥青，使沥青面与试模面齐平。

④ 检查延度仪拉伸速率是否符合要求，移动滑板使其指针正对标尺零点，将延度仪注水并达到规定的试验温度。

（2）试验方法

① 将保温后的试件连同底板移入延度仪水槽中，取下底板，将试模两端的孔分别套在滑板及槽端固定板的金属柱上，取下侧模。水面距试件表面不小于 25mm。

② 开动延度仪并观察试样的延伸情况。在试验中如发现沥青丝上浮或下沉，应在水中加入酒精或食盐调整水的密度至与试样相近后，重新试验。

③ 试件拉断时读取指针所指标尺上的读数，以 cm 计，即为延度。

4. 试验结果

（1）同一试样每次平行试验不少于 3 个，如 3 个测定结果均大于 100cm，试验结果记作"＞100cm"；特殊需要也可分别记录实测值。如 3 个测定结果中有一个以上的测定值小于 100cm，若最大值或最小值与平均值之差满足重复性试验精密度要求，则取 3 个测定结果的平均值的整数作为延度试验结果，若平均值大于 100cm，记作"＞100cm"；若最大值或最小值与平均值之差不符合重复性试验精密度要求，试验重新进行。

（2）当试验结果小于 100cm 时，重复性试验的允许差为平均值的 20%；复现性试验的允许差为平均值的 30%。

🏠 三、软化点（环球法）试验

沥青的软化点是将沥青试样注入内径 19.8mm 的铜环中，环上置质量为 3.5g 的钢球，在规定起始温度、按规定升温速率加热条件下加热，直至沥青试样逐渐软化并在钢球荷重作用下达到 25.4mm 垂度（即接触下底板），此时的温度（℃）即为软化点。

1. 试验目的

环球法试验适用于测定道路石油沥青、煤沥青、液体石油沥青蒸馏或乳化沥青蒸发后残留物的软化点，用于评价其感温性能。

2. 仪具与材料

（1）软化点试验仪

软化点试验仪如试验图 7-3 所示。

（2）钢球

直径为 9.53mm，质量为（3.5±0.05）g。

（3）试验环

黄铜或不锈钢制成，如试验图 7-4 所示。

（4）钢球定位环

黄铜或不锈钢制成。

（5）金属支架

由两个主杆和三层平行的金属板组成。上层为圆盘，直径约大于烧杯直径，中间有一圆孔用于插温度计；中层板上有两孔用于放置金属环，中间有一圆孔用于支持温度计测温端部；下板距环底面 25.4mm，下板距烧杯底不小于 12.7mm，也不大于 19mm。

（6）耐热烧杯

容量 800～1000mL，直径不小于 86mm，高不小于 120mm。

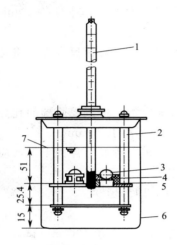

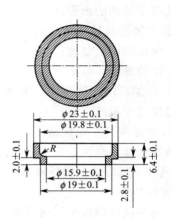

试验图 7-3　沥青环球软化点试验仪（单位：mm）　　　　试验图 7-4　试验环（单位：mm）

1—温度计；2—立杆；3—钢球；

4—钢球定位环；5—金属环；

6—烧杯；7—液面

（7）其他

环夹：薄钢条制成。电炉或其他加热炉具：可调温。试样底板：金属板或玻璃板，恒温水槽，平直刮刀，甘油滑石粉隔离剂，蒸馏水，石棉网等。

3. 方法与步骤

（1）准备工作

① 将试样环置于涂有甘油滑石粉隔离剂的试样底板上，将脱水、过筛的沥青试样徐徐注入试样环内至略高于环面为止。

② 试样在室温冷却 30min 后用环夹夹着试样环并用热刮刀刮平。

（2）试验方法

① 试样软化点在 80℃以下者采用水浴加热，起始温度为（5±0.5）℃；试样软化点在 80℃以下者采用甘油浴加热，起始温度为（32±1）℃。

② 将装有试样的试样环连同试样底板置于（5±0.5）℃水或（32±1）℃甘油的恒温槽中至少 15min，金属支架、钢球、钢球定位环等亦置于恒温槽中。

③ 烧杯中注入 5℃的蒸馏水或 32℃甘油，液面略低于立杆上的深度刻度。

④ 从恒温槽中取出试样环放置在支架的中层板上，套上定位环和钢球，并将环架放入烧杯中，调整液面至深度刻度线，插入温度计并与试样环下面齐平。

⑤ 加热，并在 3min 内调节至每分钟升温（5±0.5）℃。

⑥ 试样受热软化逐渐下坠，当与下板表面接触时记录此时的温度，准确至 0.5℃，即为软化点。

4. 试验结果

（1）同一试样平行试验两次，当两次测定值的差符合重复性试验精密度要求时，取其平均值作为软化点试验结果，准确至 0.5℃。

（2）当试样软化点等于或大于 80℃时，重复性试验的允许差为 2℃，复现性试验允许差为 8℃。

参 考 文 献

[1]　吴芳主编. 新编土木工程材料教程. 北京：中国建材工业出版社，2007.

[2]　湖南大学，天津大学，同济大学，东南大学合编. 土木工程材料. 第2版. 北京：中国建筑工业出版社，2011.

[3]　王世芳. 建筑材料. 北京：中央广播电视大学出版社，1998.

[4]　马眷荣. 建筑材料辞典. 北京：化学工业出版社，2004.

[5]　建材局标准化所编. 建筑材料标准汇编. 北京：中国标准出版社，2000.

[6]　邱忠良，蔡飞. 建筑材料. 北京：高等教育出版社，2000.

[7]　温如镜，田中旗，文书明，丛林. 新型建筑材料应用. 北京：中国建筑工业出版社，2009.

[8]　现行建筑材料规范大全（修订缩印本）. 北京：中国建筑工业出版社，1995.

[9]　现行建筑材料规范大全（增补本）. 北京：中国建筑工业出版社，2000.

[10]　张常庆，叶伯铭. 材料员必读. 北京：中国建筑工业出版社，2005.

[11]　张文举. 建筑工程现场材料管理入门. 北京：中国电力出版社，2006.

[12]　魏鸿汉. 建筑材料. 第4版. 北京：建筑工业出版社，2012.